高职交通运输与土建类专业规划教材

施工内业资料整理

主　编　徐　燕
副主编　赵　静　李印乐
主　审　于景臣　王伟岩

人民交通出版社

内 容 提 要

本教材根据工程单位施工内业资料员岗位要求，按照工程施工顺序，系统地对内业资料整理的内容、责任要求给予阐述。全书共九章，包括施工资料、监理资料、评定资料、验收资料、工程管理资料等全方面内容，涵盖土建工程、公路工程、铁道工程等。

本教材适宜高职高专及各类成人教育铁道工程、公路工程、土建工程等相关专业学生选作教材使用，也可作为工程技术人员参考用书。

图书在版编目(CIP)数据

施工内业资料整理/徐燕主编. —北京：人民交通出版社，2009. 1

ISBN 978-7-114-07580-3

I.施… II.徐… III.建筑工程-工程施工-技术档案-档案整理-高等学校：技术学校-教材 IV.TU712 G275.3

中国版本图书馆 CIP 数据核字(2009)第 012386 号

书　　名：施工内业资料整理
著 作 者：徐　燕
责任编辑：杜　琛
出版发行：人民交通出版社
地　　址：(100011)北京市朝阳区安定门外外馆斜街 3 号
网　　址：http://www.ccpcl.com.cn
销售电话：(010)59757973
总 经 销：人民交通出版社发行部
经　　销：各地新华书店
印　　刷：北京虎彩文化传播有限公司
开　　本：787×1092　1/16
印　　张：19.25
字　　数：456 千
版　　次：2009 年 1 月第 1 版
印　　次：2023 年 8 月第 17 次印刷
书　　号：ISBN 978-7-114-07580-3
定　　价：39.00 元

前言 Preface

工程内业资料是直接反映施工过程质量控制的重要载体。它反映的是施工过程中的各种状态和责任，能够真实再现施工过程中的各种情况，从而找到施工过程中存在的各种问题；也是以后工程使用及管理过程中的重要依据。加强和规范施工阶段的内业资料整理，是当前工程施工管理的一项重要内容，也是反映工程施工管理水平的主要方面。

本教材是根据人民交通出版社"高职交通运输与土建类专业规划教材编审委员会"关于系列教材编写的指导思想而编写的；按照工程施工顺序，系统地对内业资料整理的内容、责任要求给予了阐述。本教材在编写过程中收集了大量工程的一线施工资料，并采用现行行业标准、规范，增加了教材的实用性和时代性。符合高职教育以培养学生过硬的职业能力为目标、强调理论与实践环节密切统一、突出岗位能力的培养理念。

本教材由哈尔滨铁道职业技术学院徐燕任主编并统稿；哈尔滨铁道职业技术学院赵静、李印乐任副主编；哈尔滨铁道职业技术学院于景臣、中交一航局王伟岩任主审。

全书共分九章，具体编写分工如下：徐燕编写第一章、第五章和第六章；赵静编写第二章和第三章；李印乐编写第四章和第七章；葛宁编写第八章、沈艳编写第九章。

本教材在编写过程中得到了中铁二十四局南昌分公司技术负责人张鹏、中铁二十二局六公司乔研的大力协助，在此，对他们表示感谢。

由于编写人员水平有限，有未尽善之处，希望有关院校师生及读者予以批评指正，以便及时修改完善。

编者

2008 年 12 月

目录 Contents

第一章　施工原始资料

第一节　路 基 工 程

一　路基土石方工程

1.地表处理资料

工程开工前应按设计要求完成公路用地放样，路基用地范围内的既有房屋、道路、河沟、通信、电力设施、上下水道、坟墓及其他建筑物，均应协助有关部门先拆迁或改造，对于路基附近的危险建筑应予以适当加固，对文物古迹应妥善保护。路基用地范围内的树木、灌木丛等均应在施工前砍伐或移植清理，砍伐的树木应移植于路基用地之外妥善处理。

路基施工前，应详细检查、核对纵横断面图，发现问题时应进行复测。若设计单位未提供横断面图应全部补测。

对填方和借方地段的原始地面应进行表面清理，清理深度应根据种植土厚度决定，清出的种植土应集中堆放。填方地段地表清理完毕后，应整平压实到规定要求，方可进行填方作业。基层强度、稳定性不足时，应进行处理，以保证路基稳定，减少工后沉降。

地表处理资料见表1-1。

地表处理资料的内容　　表1-1

序　号	资料编号	资料名称
1	监表11	《中间交工证书》
2	监表05	《检验申请报验单》
3	监表01	《施工放样报验单》
4	检验记录表1	《压实度试验记录表》(灌沙法)
5	检验记录表3	《纵断高程检验记录表》
6	检验记录表4	《中线偏位检验记录表》
7	检验记录表5	《路基宽度检验记录表》

2.不良地质处理方案、施工资料、检测资料

近年来软土地基处治技术发展很快，目前不良地质处理方法通常采用挖除换填、抛石挤淤、砂垫层、反压护道、碎石柱、粉喷桩、袋装砂井、塑料排水板以及铺设土工织物和设置土工合成材料处理层等处理方法。

(1)抛出软土面后抛石挤淤。当软土地层平坦时，抛石挤淤应沿线路中线向前抛填，再渐次向两侧扩展。片石应用较小石块填塞垫平，并用重型机械碾压紧密，然后在其上设反滤层再行填土。

(2)砂垫层。通过砂垫层或浅层处治，刻意达到增加地表强度，防止地基局部剪切变形的目的。砂垫层摊铺后适当洒水，分层压实，压实厚度宜为15～20cm。砂垫层宽度应宽出路基边脚0.5～1.0m，两侧端以片石护砌或采用其他方式防护以免砂料流失。

(3)反压护道。反压护道宜与路堤同时填筑。

(4)袋装砂井。为控制砂井的设计入土深度，在钢管上应划出标尺，以确保井底高程符合设计要求。砂袋灌砂率按下式计算：

$$R=\frac{m_{sd}\times 100\%}{0.78d^2L\rho_d}$$

式中：m_{sd}——实际灌入砂的质量(kg)；

d——井直径(m)；

L——井深度(m)；

ρ_d——中粗砂的干密度(kg/cm^3)。

(5)塑料排水板。塑料排水板是由芯体和滤套组成的复合体，或是由单一材料制成的多孔道板带。

(6)砂桩。砂的含水量对桩体密度影响很大，所以采用单管冲击法、一次打桩成桩法或复打成桩法时，应使用饱和砂；采用双管冲击法、重复压拔施工时，使用含水量7%～9%的砂，饱和土中采用天然湿砂。

实际灌砂量未达到设计用量要求时，应在原位将桩管打入，补充灌砂后复打1次，或在旁边补桩1根。

(7)碎石柱。碎石柱施工应根据制桩试验结果，严格控制水压，电流和振冲器在固定深度位置的留振时间。填料要分批加入，不宜一次加料过量，原则上要“少吃多餐”，保证试桩标定的资料量。每一深度的桩体在未达到规定的密实电流时应继续振实，严防“断桩”和“井缩桩”现象发生。

软土地基处理资料见表1-2。

软土地基处理资料的内容 表1-2

序　号	资料编号	资料名称
1	监表11	《中间交工证书》
2	监表05	《检验申请报验单》
3	监表01	《施工放样报验单》
4	检验记录表8	《砂垫层检验记录表》
5	检验记录表9	《粉喷桩检验记录表》
6	检验表3	《垂直排水井处理软基现场检验报告单》
7	检验表4	《碎石桩(砂桩)处理软基现场质量检验报告单》

3.分层压实资料

路基分层压实指上路床顶面以外的路基填筑各层，即路堤、下路床、上路床底层三部分。路基填筑施工必须根据设计断面要求，按照路基设计横断面全宽，采用水平分层填筑的方法逐层向上填筑，层层压实。

如原地地面不平，应由最低处分层填起。每填起一层经过压实符合规定要求后再填上一层。若填方分几个作业段施工，两段交接处不在同一时间填筑，则先填地段应按1：1坡度分层留台阶；若两个地段同时填筑，则分层相互交叠衔接，其搭接长度不得小于2.0cm。

路基填筑过程中为避免线路偏位、宽度不足、松铺厚度过大等现象发生，路基分层压实检测必须随工程进展按每填筑层、每工作班或每作业段为工序逐层进行报验。

(1)填筑厚度。采用机械压实时，高速公路及一级公路土方路堤填筑，每层最大松铺层度不超过30cm，石方路堤不宜大于50cm。

(2)填筑宽度。路基填土宽度，每侧应宽于填层设计宽度，压实宽度不得小于设计宽度，最后削坡。

(3)压实度检测位置。采用灌砂法检查压实度时，取土样的底面位置为每一压实层底部。采用环刀法试验时，环刀中部处于压实厚度的1/2深度；采用核子密度仪试验时，应根据其类型，按说明书要求处理。

分层压实资料见表1-3。

分层压实资料的内容 表1-3

序　　号	资 料 编 号	资 料 名 称
1	监表05	《检验申请报验单》
2	监表01	《施工放样报验单》
3	检验表1	《土方路基现场质量检验报告单》
4	检验表2	《石方路基现场质量检验报告单》
5	检验记录表1	《压实度试验记录表》(灌砂法)
6	检验记录表3	《纵断高程检验记录表》
7	检验记录表4	《中线偏位检验记录表》
8	检验记录表5	《路基宽度检验记录表》

4.路基检测、验收资料

上路床顶面是路基填筑的最后一层。路基成型后，对上路床顶面除按常规进行中线偏位、纵断高程、宽度、压实度检测外，还应对弯沉、平整度、横坡度、边坡等检查项目进行检验，作为分项工程质量检验评定的数据。

(1)填筑厚度。土方路基填筑，上路床顶面的最小压实厚度不应小于8cm。

(2)填料要求。填石路基，高速路基，高速公路及一级公路路床顶面以下50cm范围内，应填筑符合路床要求的土，并分层压实。填料最大半径不得大于10cm。

路基检测、验收资料见表1-4。

路基检测、验收资料的内容 表1-4

序　　号	资 料 编 号	资 料 名 称
1	监表11	《中间交工证书》
2	监表05	《检验申请报验单》
3	监表01	《施工放样报验单》
4	检验表1	《土方路基现场质量检验报告单》
5	检验表2	《石方路基现场质量检验报告单》
6	检验记录表1	《压实度试验记录表》(灌砂法)
7	检验记录表2	《回弹弯沉值测定检验记录表》

续上表

序　号	资料编号	资料名称
8	检验记录表 3	《纵断高程检验记录表》
9	检验记录表 4	《中线偏位检验记录表》
10	检验记录表 5	《路基宽度检验记录表》
11	检验记录表 6	《路基平整度检验记录表》
12	检验记录表 7	《路基横坡检验记录表》

5.路基土石方工程施工资料常用表格及填写范例

(1)路基土石方工程常用检验记录表共9个,见表1-5。

路基土石方工程常用检验记录表名称　　表1-5

序　号	资料编号	资料名称
1	检验记录表 1	《压实度试验记录表》(灌砂法)
2	检验记录表 2	《回弹弯沉值测定检验记录表》
3	检验记录表 3	《纵断高程检验记录表》
4	检验记录表 4	《中线偏位检验记录表》
5	检验记录表 5	《路基宽度检验记录表》
6	检验记录表 6	《路基平整度检验记录表》
7	检验记录表 7	《路基横坡检验记录表》
8	检验记录表 8	《砂垫层检验记录表》
9	检验记录表 9	《粉喷桩检验记录表》

(2)路基土石方工程施工资料常用表格的填写范例见表1-6～表1-21。

中间交工证书　　表1-6

承包单位:××集团有限公司××公路工程A2标段项目经理部　　合同号:A2

监理单位:××工程咨询有限公司××公路工程A2标段监理部　　编　号:

下列工程已完,申请交验,以便进行下一步路面底基层作业 工程内容: K3+000～K4+000段路基添置施工已完成,申请中间交工,以便进行下道工序施工。					
桩号	K3+000～K4+000	日期	××年×月×日	承包人签字	×××
监理工程师收件日期:××年×月×日 签字:×××					
结论: 经检验,符合设计及规范要求,同意进行下道工序施工。 监理工程师:×××× 日期:××年×月×日					
承包人收件日期:××年×月×日 签字:×××					

注:本表填写说明参见表3-11。

检验申请批复单

表 1-7

承包单位：××集团有限公司××公路工程 A2 标段项目经理部　　合同号：A2

监理单位：××工程咨询有限公司××公路工程 A2 标段监理部　　编　号：

工程项目	××公路工程 A2 标段
工程地点及桩号	K3+000～K3+200
具体部位	上路床顶面
检验内容	中线偏位、纵断高程、路基宽度、平整度、压实度、横坡度、回弹弯沉
要求到现场检验时间：××年 4 月 20 日上午 8:00	
承包人递交日期、时间和签字：××年 4 月 19 日上午 8:00	
监理员收件日期、时间和签字：××年 4 月 19 日上午 8:00	
监理员评论和签字： 符合设计及规范要求。	
本项目可以继续进行。	质量证明附件： (1)《施工放样报验单》 (2)《土石路基现场质量检验报验单》 (3)《中线偏位检验记录表》 (4)《路基逐层填筑纵断高程检验记录表》 (5)《路基宽度检验记录表》 (6)《平整度检验记录表》 (7)《横坡检验记录表》 (8)《压实度试验记录》(灌砂法) (9)《回弹弯沉测定记录》
监理工程师签字：×××　　日期：××年 4 月 20 日 同意进行下道工序施工。	承包人收到日期、时间签字：××× ××年 4 月 14 日

注：本表填写说明见表 3-5。

施工放样报验单

表 1-8

承包单位：××集团有限公司××公路工程 A2 标段项目经理部　　合同号：A2

监理单位：××工程咨询有限公司××公路工程 A2 标段监理部　　编　号：

致(监理工程师)：

根据合同要求，业已完成 K3+000～K3+200 段，上路堤第三层线路中线，施工放样工作清单如下，请予查验。

承包人：×××

日期：××年×月×日

桩号或位	工程或部位名称	放样内容	备注
K3+000～K3+200	上路床顶面	线路中线	路基土石方工程

附件：测量及放样资料

(1)放样依据：

(2)放样成果：

监理员意见：符合设计及规范要求。

监理工程师结论：

符合设计及规范要求。

监理工程师：×××

日期：××年×月×日

注：本表填写说明参见表 3-1。

①《现场质量检验报告单》填写说明

Ⅰ—《土方路基现场质量检验报告单》(表1-9)使用于土方路基填筑各层。相应地,《石方路基现场质量检验报告单》(表1-10)使用于石方路基填筑各层。

Ⅱ—工程名称:填写报验的分项工程名称,如土方路基、石方路基、软土地基、土工合成材料处治层等。

Ⅲ—桩号及部位:填写此次报验的具体桩号及部位,如K3+000～K4+000,上路堤第三层。

Ⅳ—检验结果:根据检验记录的计算结果如实填写。当检验记录合格率为100%或质量评定为合格时,在检验结果栏填写符合《验评标准》、符合设计要求或直接填写"合格"。不再填写其他数据,因为检验记录里面已经记录的很全面了。

Ⅴ—检验频率和方法:根据《验评标准》的要求填写。

土石路基现场质量检验报验单 表1-9

<table>
<tr><td colspan="4">工程名称</td><td colspan="3">土方路基</td><td>施工时间</td><td>××年×月×日</td></tr>
<tr><td colspan="4">桩号及部位</td><td colspan="3">K2+000～K3+000
上路床顶面</td><td>检验时间</td><td>××年×月×日</td></tr>
<tr><td rowspan="3">项次</td><td colspan="3" rowspan="3">检查项目</td><td colspan="3">规定值或允许偏差</td><td rowspan="3">检验结果</td><td rowspan="3">检验频率和方法</td></tr>
<tr><td rowspan="2">高速公路
一级公路</td><td colspan="2">其他公路</td></tr>
<tr><td>二级公路</td><td>三、四级公路</td></tr>
<tr><td rowspan="4">1</td><td>填及挖方/m</td><td>零</td><td>0～0.30</td><td>—</td><td>—</td><td>94</td><td></td><td rowspan="4">每200m压实层测4处</td></tr>
<tr><td colspan="2" rowspan="3">压实
填方/m
度/%</td><td>0～0.80</td><td>≥96</td><td>≥95</td><td>—</td><td>符合《验评标准》要求</td></tr>
<tr><td>0.80～1.50</td><td>≥96</td><td>≥95</td><td>≥94</td><td></td></tr>
<tr><td>>1.50</td><td>≥94</td><td>≥94</td><td>≥93</td><td></td></tr>
<tr><td>2</td><td colspan="3">弯沉(0.01mm)</td><td colspan="3">不大于设计要求值</td><td>符合设计要求</td><td></td></tr>
<tr><td>3</td><td colspan="3">纵断高程/mm</td><td>+10,−15</td><td colspan="2">+10,−20</td><td>符合《验评标准》要求</td><td>水准仪:每200m测4断面</td></tr>
<tr><td>4</td><td colspan="3">中线偏位/mm</td><td>50</td><td colspan="2">100</td><td>符合《验评标准》要求</td><td>经纬仪:每200m测4点,弯道加HY、YH两点</td></tr>
<tr><td>5</td><td colspan="3">宽度/mm</td><td colspan="3">符合设计要求</td><td>符合设计要求</td><td>米尺:每200m测4处</td></tr>
<tr><td>6</td><td colspan="3">平整度/mm</td><td>15</td><td colspan="2">20</td><td>符合《验评标准》要求</td><td>3m直尺:每200m测2处×10尺</td></tr>
<tr><td>7</td><td colspan="3">横坡/%</td><td>±0.3</td><td colspan="2">±0.5</td><td>符合《验评标准》要求</td><td>水准仪:每200m测4断面</td></tr>
<tr><td>8</td><td colspan="3">边坡</td><td colspan="3">符合设计要求</td><td>符合《验评标准》要求</td><td>尺量:每200m测4处</td></tr>
<tr><td colspan="5">自检说明:
符合设计规范及《验评标准》的要求。
施工员:×××
××年×月×日</td><td colspan="4">监理评语:
符合设计规范及《验评标准》的要求。
监理员:×××
××年×月×日</td></tr>
</table>

施工负责人:××× 质量检查员:××× 监理工程师:×××

石方路基现场质量检验报告单 表 1-10

承包单位：××集团有限公司××公路工程 A2 标段项目经理部 合同号：A2

监理单位：××工程咨询有限公司××公路工程 A2 标段监理部 编　号：

工程名称	石方路基	施工时间	××年×月×日
桩号及部位	K2＋000～K3＋000 上路堤第三层	检验时间	××年×月×日

项次	检查项目		规定值或允许偏差		检验结果	检验频率和方法
			高速公路 一级公路	其他公路		
1	压实		层厚和碾压遍数符合要求		符合设计要求	查施工记录
2	纵断高程/mm		＋10，－20	＋10，－30	符合《验评标准》	水准仪：每 200m 测 4 断面
3	中线偏位/mm		50	100	符合《验评标准》	经纬仪：每 200m 测 4 点，弯道加 HY、YH 两点
4	宽度/mm		符合设计要求		符合设计要求	米尺：每 200m 测 4 处
5	平整度/mm		20	30	符合《验评标准》	3m 直尺：每 200m 测 2 处×10 尺
6	横坡/%		±0.3	±0.5	符合《验评标准》	水准仪：每 200m 测 4 断面
7	边坡	坡度	符合设计要求		符合设计要求	尺量：每 200m 测 4 处
		平整度	符合设计要求		符合设计要求	

自检说明：	监理评语：
符合设计规范及《验评标准》的要求。 施工员：××× ××年×月×日	符合设计规范及《验评标准》的要求。 监理员：××× ××年×月×日

施工负责人：××× 质量检查员：××× 监理工程师：×××

垂直排水井（即袋装砂井、塑料排水板）处理软基现场质量检验报告单 表 1-11

承包单位：××集团有限公司××公路工程 A2 标段项目经理部 合同号：A2

监理单位：××工程咨询有限公司××公路工程 A2 标段监理部 编　号：

工程名称		路基土石方工程	施工时间	××年×月×日
桩号及部位		软土地基处置 （K3＋400～K3＋600）	检验时间	××年×月×日
项次	检查项目	规定值或允许偏差	检验结果	检验频率和方法
1	数量/根	不小于设计	符合设计要求	查施工记录
2	井（板）长度	不小于设计	符合实际要求	查施工记录
3	井（板）间距/mm	±150	符合《验评标准》	抽查 2%
4	砂井直径/cm	＋10，－0	符合《验评标准》	挖验 2%

续上表

项次	检查项目	规定值或允许偏差	检验结果	检验频率和方法
5	竖直度/%	1.5	符合《验评标准》	查施工记录
6	灌砂量/%	-5	符合《验评标准》	查施工记录

自检说明：	监理评语：
符合设计规范及《验评标准》的要求。 施工员：××× ××年×月×日	符合设计规范及《验评标准》的要求。 监理员：××× ××年×月×日

施工负责人：××× 质量检查员：××× 监理工程师：×××

碎石柱(砂桩)处理软土地基现场质量检验报告单 表1-12

承包单位：××集团有限公司××公路工程A2标段项目经理部 合同号：A2

监理单位：××工程咨询有限公司××公路工程A2标段监理部 编 号：

工程名称		路基土石方工程	施工时间	××年×月×日
桩号及部位		软土地基处置 (K3+600～K3+800)	检验时间	××年×月×日
项次	检查项目	规定值或允许偏差	检验结果	检验频率和方法
1	数量/根	不小于设计	符合设计要求	查施工记录
2	直径/cm	不小于设计	符合设计要求	抽查2%
3	桩长/cm	不小于设计	符合设计要求	查施工记录
4	桩距/cm	±150	符合《验评标准》	挖验2%
5	竖直度/%	1.5	符合《验评标准》	查施工记录
6	灌石(砂)量/%	不小于设计	符合设计要求	查施工记录
7	平均标贯击数	不小于设计	符合设计要求	查施工记录

自检说明：	监理评语：
符合设计规范及《验评标准》的要求。 施工员：××× ××年×月×日	符合设计规范及《验评标准》的要求。 监理员：××× ××年×月×日

施工负责人：××× 质量检查员：××× 监理工程师：×××

压实度试验记录表(灌砂法) 表1-13

承包单位：××集团有限公司××公路工程A2标段项目经理部 合同号：A2

监理单位：××工程咨询有限公司××公路工程A2标段监理部 编 号：

工程名称	土方路基	试验单位	××集团有限公司
土样类别	中粒土	试验完成日期	××年×月×日
最佳含水量	8.3%	试验人签字	×××
最大干密度	2.08	审核人签字	×××

续上表

桩号		K2+000		K2+020		K2+040		K2+060		K2+080	
取样位置/m		左 2.0		右 2.0		左 4.0		右 4.0		中线位置	
a	灌砂前:筒+砂重/g	7600		7600		7600		7600		7600	
b	灌砂后:筒+砂重/g	2298		2348		2345		2328		2316	
c	锥体砂重/g	1480		1480		1480		1480		1480	
d	试坑砂重=a−b−c(g)	3822		3772		3775		3792		3804	
e	砂密度/(g/cm^3)	1.43		1.43		1.43		1.43		1.43	
f	试坑体积 $V=d/e$(cm^3)	2673		2638		2640		2652		2660	
g	试坑土中	5806		5643		5544		5803		5700	
h	湿密度=g/f(g/cm^3)	2.172		2.139		2.10		2.188		2.143	
	盒号	1	2	3	4	5	6	7	8	9	10
i	盒+湿土重/g	1143	1130	1141	1154	1142	1136	1188	1140	1141	1136
j	盒+干土重	1063	1051	1068	1086	1062	1053	1108	1062	1067	1066
k	水重/g	80.2	79.9	72.9	68.3	80.0	83.4	80.3	77.6	74.0	70.2
l	盒重量/g	132.4	130.5	432.6	139.3	132.4	130.5	132.6	133.1	131	131.9
m	干土重/g	930.4	920.5	935.5	946.4	929.6	922.1	975.1	929.3	936.0	933.9
n	含水量/%	8.6	8.6	7.8	7.2	8.6	9.0	8.2	8.4	7.9	7.5
o	平均含水量/%	8.6	7.5	8.8	8.3	7.7					
p	干密度=g/f(g/cm^3)	2.00	1.99	1.93	2.02	1.99					
压实度/%		96.2		95.7		95.8		97.1		95.7	
路基部位(第几层)		上路堤第三层									
压实度标准/%		95									
结论		合格									

回弹弯沉值测定检验记录表

表 1-14

承包单位:××集团有限公司××公路工程 A2 标段项目经理部　　合同号:A2

监理单位:××工程咨询有限公司××公路工程 A2 标段监理部　　编　号:

线路名称:××公路工程 A2 合同段　　试验车型号:BZZ-100　　后轴重/kN:100

当量圆直径/cm:21.4　　轮胎气压/MPa:0.72　　弯沉仪型号:×××

路面结构:水泥混凝土　　层次:土方路基路床顶面

测定日期:××年×月×日　　天气:晴　　温度:25℃

桩号	左			左中			右中			右		
	初读数	未读数	弯沉值	初读数	未读数	弯沉值	初读数	未读数	弯沉值	初读数	未读数	弯沉值
K2+000	12	53	130	10	53	126						
K2+020							6	54	120	4	62	132
K2+040	15	55	140	13	55	136						
K2+060							11	64	150	13	65	156
K2+080	8	61	138	11	56	134						
K2+100							15	49	128	19	46	130

续上表

桩号	左			左中			右中			右		
	初读数	未读数	弯沉值	初读数	未读数	弯沉值	初读数	未读数	弯沉值	初读数	未读数	弯沉值
K2＋120	5	67	144	8	61	138						
K2＋140							12	53	130	10	54	128
K2＋160	15	69	168	21	55	152						

自检说明：	监理评语：
符合设计规范及《验评标准》的要求。 施工员：××× ××年×月×日	符合设计规范及《验评标准》的要求。 监理员：××× ××年×月×日

施工负责人：××× 质量检查员：××× 监理工程师：×××

纵断高程检验记录表

表 1-15

承包单位：××集团有限公司××公路工程 A2 标段项目经理部 合同号：A2

监理单位：××工程咨询有限公司××公路工程 A2 标段监理部 编 号：

工程名称		土方路基			施工时间		××年×月×日		
桩号		K2＋000～K3＋000			检验时间		××年×月×日		
桩号或位置	左幅			路中			右幅		
	设计/m	实测/m	偏差/mm	设计/m	实测/m	偏差/mm	设计/m	实测/m	偏差/mm
K3＋000				20.000	20.008	＋8			
K3＋020 左 10m	19.820	19.825	＋5	20.020					
K3＋040				20.040	20.050	＋10			
K3＋060 右 10m				20.060			19.860	19.850	－10
K3＋080				20.080					
K3＋100 左 5m	20.000	20.006	＋6	20.100					
K3＋120				20.120	20.128	＋8			
K3＋140 右 5m				20.140			20.040	20.050	＋10
K3＋160				20.160	20.150	－10			
K3＋180 左 2m	20.140	20.150	＋10	20.180					
K3＋200 右 4m				20.200					
允许偏差/mm			＋10,－15		检测点数			11	
合格点数			11		合格率			100%	

施工负责人：××× 质量检查员：××× 监理工程师：×××

中线偏位检验记录表　　表 1-16

承包单位：××集团有限公司××公路工程 A2 标段项目经理部　　合同号：A2

监理单位：××工程咨询有限公司××公路工程 A2 标段监理部　　编　号：

工程名称	土方路基	施工时间	××年×月×日
桩号及部位	K2＋000～K3＋000 上路床顶面	检验时间	××年×月×日
桩号或位置	偏差/mm	桩号或位置	偏差/mm
K3＋000	30	K3＋020	33
K3＋040	40	K3＋060	44
K3＋080	35	K3＋100	45
K3＋120	45	K3＋140	36
K3＋160	30	K3＋180	28
K3＋200	42		
允许偏差/mm	50	检测点数	11
合格点数	11	合格率	100%

施工负责人：×××　　质量检查员：×××　　监理工程师：×××

路基宽度检验记录表　　表 1-17

承包单位：××集团有限公司××公路工程 A2 标段项目经理部　　合同号：A2

监理单位：××工程咨询有限公司××公路工程 A2 标段监理部　　编　号：

工程名称	土方路基				施工时间	××年×月×日			
桩号及部位	K2＋000～K3＋000 上路床顶面				检验时间	××年×月×日			
桩号或位置	设计/m		实测/m		桩号或位置	设计/m		实测/m	
	左	右	左	右		左	右	左	右
K3＋000	15	15.2	15	15.2	K3＋020	15.1	15.3	15.1	15.3
K3＋040	15.2	15.4	15.2	15.4	K3＋060	15.3	15.5	15.3	15.5
K3＋080	15.4	15.6	15.4	15.6	K3＋100	15.5	15.7	15.5	15.7
K3＋120	15.6	15.8	15.6	15.8	K3＋140	15.7	15.9	15.7	15.9
K3＋160	15.8	16	15.8	16	K3＋180	15.9	16.1	15.9	16.1
K3＋200	16	16.2	16	16.2					
设计宽度/m	20				检查点数	11			
合格点数	11				合格点数	100%			

施工负责人：×××　　质量检查员：×××　　监理工程师：×××

路基平整度检验记录表　　表 1-18

承包单位：××集团有限公司××公路工程 A2 标段项目经理部　　合同号：×××

监理单位：××工程咨询有限公司××公路工程 A2 标段监理部　　编　号：

工程名称	土方路基										施工日期	××年×月×日								
检验部位	K2＋000～K3＋000 上路床顶面										检验日期	××年×月×日								
桩号	左幅实测/mm										右幅实测/mm									
	1	2	3	4	5	6	7	8	9	10	1	2	3	4	5	6	7	8	9	10
	7	8	9	10	11	12	13	14	15	14	13	12	11	10	9	8	7	8	9	10
	10	11	12	13	14	15	14	13	12	11	10	9	8	7	8	9	10	9	8	7
	9	10	11	12	13	14	15	14	13	12	11	10	9	8	7	8	9	10	9	8
	8	9	10	11	12	13	14	15	14	13	12	11	10	9	8	7	8	9	10	9

施工负责人：×××　　质量检查员：×××　　监理工程师：×××

路基横断检验记录表

表 1-19

承包单位：××集团有限公司××公路工程 A2 标段项目经理部　　合同号：A2

监理单位：××工程咨询有限公司××公路工程 A2 标段监理部　　编　号：

工程名称	土方路基							施工日期			××年×月×日			
检测部位	K2＋000～K3＋000 上路床顶面							检验日期			××年×月×日			
桩号	左　幅							右　幅						
	实测值/mm				横坡/mm			实测值/mm				横坡度/mm		
允许偏差/mm		±0.3						检测点数					10	
合格点数		10						合格率					100％	

施工负责人：×××　　质量检查员：×××　　监理工程师：×××

砂垫层检验记录表

表 1-20

承包单位：××集团有限公司××公路工程 A2 标段项目经理部　　合同号：×××

监理单位：××工程咨询有限公司××公路工程 A2 标段监理部　　编　号：

工程名称	路基土石方工程			施工时间		××年×月×日		
桩号及部位	软土地地基处置 （K3＋200～K3＋400）			检验时间		××年×月×日		
桩号	砂垫层厚度/cm		砂垫层宽度/cm		反滤层厚度/cm		反滤层宽度/cm	
	设计	实测	设计	实测	设计	实测	设计	实测
K3＋220	40	42	16	16.5	20	22	20	21
K3＋280	40	40	16	16.2	20	20	20	20.5
K3＋340	40	42	16	16.5	20	22	20	20
K3＋380	40	41	16	16.4	20	21	20	21
自检说明： 符合设计要求。 施工员：××× ××年×月×日				监理评语： 符合设计要求。 施工员：××× ××年×月×日				

施工负责人：×××　　质量检查员：×××　　监理工程师：×××

粉喷桩检验记录表

表 1-21

承包单位：××集团有限公司××公路工程 A2 标段项目经理部　　合同号：×××

监理单位：××工程咨询有限公司××公路工程 A2 标段监理部　　编　号：

工程名称	软土地基				施工日期		××年×月×日		检验时间		××年×月×日	
桩号及编号	桩距/mm		桩径/mm		桩长/m		竖直度/%		单桩喷粉量/kg		强度/MPa	
	允许偏差	实测	设计	实测	设计	实测	允许偏差	实测	设计	实测	设计	实测
001	1000	1020	600	620	8	8.1	1.5	1.2	100	105	10	12
002	1000	1040	600	610	8	8.2	1.5	1.4	100	110	10	11
003	1000	1020	600	620	8	8.1	1.5	1.2	100	105	10	12
004	1000	1060	600	605	8	8.2	1.5	1.3	100	108	10	12

自检说明：	监理评语：
符合设计规范及《验评标准》的要求。 施工员：××× ××年×月×日	符合设计规范及《验评标准》的要求。 监理员：××× ××年×月×日

施工负责人：×××　　质量负责人：×××　　监理工程师：×××

②《检验记录表》(表 1-13～表 1-21)填写说明

I—《检验记录表》是根据《现场质量检验报告》或《验评标准》中的各项检查内容确定的。比如《土方路基现场质量检验报告》有压实度、弯沉、纵断高程、中线偏位、路基宽度、平整度、横坡、边坡等 8 个检查项目。土方路基则根据检验项目要求相应的制定了 8 个检验记录表。

II—检查记录表中的规定值与允许偏差、设计值等项目应根据《验评标准》和设计文件的具体要求填写。

III—检验记录表中的检查点数、合格点数、合格率等项内容，主要是为了工序质量判定方便，根据合格率不但刻意直接判定工程石方合格，而且还可以进行分项工程评分。

二 构造及防护工程

1.一般规定

(1)构造物主要包括砌体或混凝土挡土墙、大型挡土墙、加筋土挡土墙等三部分。防护工程主要包括保护护坡和锚喷支护等两部分。

(2)根据《验评标准》要求，当平均墙高小于 6m 或墙身面积小于 1200m^2 时，砌体挡土墙每处可作为一个分项工程进行组卷。否则，应作为分部工程进行组卷。

(3)悬臂式和扶壁式挡土墙、加筋土挡土墙应作为分部工程进行组卷。

(4)大型砌体或混凝土挡土墙可分为基础和墙身两个分项工程。基础使用桥梁工程“浆砌片石基础”和“混凝土基础”表格，墙身使用一般挡土墙表格。

(5)大型加筋挡土墙可划分为基础、面板预制、面板安装和加筋土挡土墙总体四个分项工程。其中基础、面板预制使用桥梁工程混凝土现浇相关表格。

(6)护坡、锚坡支护,以每处作为一个分项工程。

2.基坑开挖、处理试验、检测资料

基坑开挖、处理试验、检测资料见表1-22。

基坑开挖、处理试验、检测资料的内容 表1-22

序　号	资料编号	资料名称
1	监表05	《检验申请批复单》
2	监理11	《施工放样报验单》
3	检验记录表10	《基坑检验记录表》
4	检验记录表11	《地基钎探记录表》

3.成品检测资料

成品检测资料见表1-23。

成品检测资料的内容 表1-23

序　号	资料编号	资料名称
1	监表11	《中间交工证书》
2	监表05	《检验申请批复单》
3	监表01	《施工放样报验单》
4	检验表05	《砌体挡土墙现场质量检验报告单》
5	检验表06	《干砌挡土墙现场质量检验报告单》
6	检验表07	《悬臂式和扶壁式挡土墙现场质量检验报告单》
7	检验表08	《加筋土挡土墙面板预制现场质量检验报告单》
8	检验表09	《加筋土挡土墙面板安装现场质量检验报告单》
9	检验表10	《加筋土挡土墙总体现场质量检验报告单》
10	检验表11	《锥、护坡现场质量检验报告单》
11	检验表12	《浆砌砌体现场质量检验报告单》
12	检验表13	《干砌片石现场质量检验报告单》
13	检验表14	《导流工程现场质量检验报告单》
14	检验表15	《石笼防护现场质量检验报告单》

4.构造物及防护工程《检验申请批复单》与《中间交工证书》

(1)《检验申请批复单》(监表05,见第三章)填写说明

①工程项目:填写分部(子分部)工程名称,如加筋挡土墙。

②工程地点、桩号:以每处为单元,填写该处的起止桩号。如K2+000～K3+000路基左侧加筋土挡土墙。

③具体部位：填写具体分项工程名称，如大型挡土墙，应填写基础、墙身、墙背填土、构件预制、构件安装、筋带、锚杆、拉杆、总体等。

④要求到现场检验时间：填写为保证正常施工要求的最迟检验时间，如 2005 年 10 月 14 日上午 8:00。

⑤递交日期、时间、签字：承包人一般应提前 24 小时，以书面形式通知监理工程师，递交人签字。

⑥监理员收到日期、时间、签字：填写监理员实际收到时间，接收人员签字。

⑦监理评论和签字：监理员根据设计图纸和施工规范要求进行现场检查后，如实填写。

⑧监理工程师签字：监理工程师根据监理员审查情况，决定是否进行下道工序施工。

⑨质量证明文件：根据申请检验项目具体情况填写。

(2)《中间交工证书》(监表 11，参见第三章)填写说明

①工程内容：填写分部分项工程名称，如大型挡土墙，应填写基础、墙身、墙背填土、构件预制、构件安装、筋带、锚杆、拉杆、总体等。工程内容的附件应汇总各道工序的检查记录。

②桩号：以每处为单元，填写此次交工验收的起止桩号。

5. 构造物及防护工程施工资料表格填写范例(见表 1-24～表 1-36)

基坑检验记录表 表 1-24

承包单位：××集团有限公司××公路工程 A2 标段项目经理部 合同号：×××

监理单位：××工程咨询有限公司××公路工程 A2 标段监理部 编 号：

工程名称	防护工程	施工时间	××年×月×日
桩号及部位	K8＋000～K8＋200 左侧加筋土挡土墙基坑	检验时间	××年×月×日
检查项目	规定值或允许偏差	检验结果	检验方法与频率
轴线偏位/mm	25	符合《验评标准》	经纬仪：纵横各 2 处
基底高程/m	±50	符合《验评标准》	水准仪：纵横各 2 处，四脚各 1 处
基底土质	粉质黏土	与设计相符	按设计要求检查
基底承载力/MPa	20	25	按设计要求检查
基坑平面尺寸/m	不小于设计要求	符合设计要求	尺量：长宽各 3 处
基坑平面位置：		地基处理方法：(无)	
自检说明： 符合设计规范及《验评标准》的要求。 施工员：××× ××年×月×日		监理评语： 符合设计规范及《验评标准》的要求。 监理员：××× ××年×月×日	

施工负责人：××× 质量检查员：××× 监理工程师：×××

地基钎探记录表

表 1-25

承包单位：××集团有限公司××公路工程 A2 标段项目经理部　　合同号：×××

监理单位：××工程咨询有限公司××公路工程 A2 标段监理部　　编　号：

工程名称	防护工程			施工时间		××年×月×日	
桩号及部位	K8＋000～K8＋200 左侧加筋土挡土墙基坑			检验时间		××年×月×日	
套锤重	kg			自由落距	cm	钎径	mm
顺序号	各步锤数						
	0～30cm	31～60cm	61～90cm	91～120cm	121～150cm	151～180cm	181～210cm
001	28	26	24	22	20	18	18
002	30	28	28	26	24	22	20
003	28	26	26	24	22	20	18
004	30	30	28	28	26	26	24
005	28	28	26	24	22	20	20
006	30	28	26	24	22	20	18
……	……	……	……	……	……	……	……
自检说明： 符合设计规范及《验评标准》的要求。 施工员：××× ××年×月×日				监理评语： 符合设计规范及《验评标准》的要求。 监理员：××× ××年×月×日			

施工负责人：×××　　质量检查员：×××　　监理工程师：×××

砌体现场质量检验报告单

表 1-26

承包单位：××集团有限公司××公路工程 A2 标段项目经理部　　合同号：×××

监理单位：××工程咨询有限公司××公路工程 A2 标段监理部　　编　号：

工程名称		防护工程		施工时间	××年×月×日
桩号及部位		K8＋200～K8＋400 左侧加筋土挡土墙基础		检验时间	××年×月×日
项次	检查项目		规定值或允许偏差	检验结果	检验频率和方法
1	砂浆强度/MPa		在合格标准内		
2	平面位置/mm		50		经纬仪：每 20m 检查墙顶外边线 3 点
3	顶面高程		±20		水准仪：每 20m 检查 1 点
4	竖直度或坡度/%		0.5		吊垂线：每 20m 检查 2 点
5△	断面尺寸/mm		不小于设计		尺量：每 20m 量 2 个断面
6	底面高程/mm		±50		水准仪：每 20m 检查 1 点
7	平面平整度/mm	块石	20		2m 直尺：每 20m 检查 3 处，每处检查竖直和墙长两个方向
		片石	30		
		混凝土块、料石	10		

续上表

自检说明： 符合设计规范及《验评标准》的要求。 施工员：××× ××年×月×日	监理评语： 符合设计规范及《验评标准》的要求。 监理员：××× ××年×月×日

施工负责人：××× 质量检查员：××× 监理工程师：×××

干砌挡土墙现场质量检验报告单 表1-27

承包单位：××集团有限公司××公路工程A2标段项目经理部 合同号：×××

监理单位：××工程咨询有限公司××公路工程A2标段监理部 编 号：

工程名称		防护工程	施工时间	××年×月×日
桩号及部位		K8+400～K8+600 左侧干砌挡土墙	检验时间	××年×月×日
项次	检查项目	规定值或允许偏差	检验结果	检验频率和方法
1	平面位置/mm	50		经纬仪：每20m检查3点
2	顶面高程/mm	±30		水准仪：每20m检查3点
3	竖直度或坡度	0.5		尺量：每20m吊垂线检查3点
4△	断面尺寸/mm	不小于设计		尺量：每20m检查2处
5	底面高程/mm	±50		水准仪：每20m检查1点
6	表面平整度/mm	50		2m直尺：每20m检查3处，每处检查竖直和墙长两个方向

自检说明： 符合设计规范及《验评标准》的要求。 施工员：××× ××年×月×日	监理评语： 符合设计规范及《验评标准》的要求。 监理员：××× ××年×月×日

施工负责人：××× 质量检查员：××× 监理工程师：×××

悬臂式和扶壁式挡土墙现场质量检验报告单 表1-28

承包单位：××集团有限公司××公路工程A2标段项目经理部 合同号：×××

监理单位：××工程咨询有限公司××公路工程A2标段监理部 编 号：

工程名称		防护工程	施工时间	××年×月×日
桩号及部位		K8+200～K8+400 右侧扶壁式挡土墙	检验时间	××年×月×日
项次	检查项目	规定值或允许偏差	检验结果	检验频率和方法
1△	混凝土强度/MPa	在合格标准内		
2	平面位置/mm	30		经纬仪：每20m检查3点
3	顶面高程	±20		水准仪：每20m检查1点

续上表

项次	检查项目	规定值或允许偏差	检验结果	检验频率和方法
4	竖直度或坡度/%	0.3		吊垂线:每20m检查两点
5△	断面尺寸/mm	不小于设计		尺量:每20m量两个断面,抽查扶壁两个
6	表平面整度/mm	5		2m直尺:每20m检查两处,每处检查竖直和墙长两个方向
自检说明: 符合设计规范及《验评标准》的要求。 施工员:××× ××年×月×日			监理评语: 符合设计规范及《验评标准》的要求。 监理员:××× ××年×月×日	

施工负责人:××× 质量检查员:××× 监理工程师:×××

加筋挡土墙面板预制现场质量检验报告单

表1-29

承包单位:××集团有限公司××公路工程A2标段项目经理部 合同号:×××

监理单位:××工程咨询有限公司××公路工程A2标段监理部 编　号:

工程名称	防护工程	施工时间	××年×月×日
桩号及部位	K8+600~K8+800 左侧加筋土挡土墙面板预制	检验时间	××年×月×日

项次	检查项目	规定值或允许偏差	检验结果	检验频率和方法
1△	混凝土强度/MPa	在合格标准内	符合《验评标准》	
2	边长/mm	±5huo 0.5%边长	符合《验评标准》	尺量:长宽各量1次,每批抽查10%
3	两对角线差/mm	10或0.7% 最大对角线	符合《验评标准》	尺量:每批抽查10%
4△	厚度/mm	+5,-3	符合《验评标准》	尺量:检查2处,每批抽查10%
5	表面平整度/mm	4或0.3%边长	符合《验评标准》	2m直尺:长宽方向各测1次,每批抽查10%
6	预埋件位置/mm	5	符合《验评标准》	尺量:检查每件,每批抽查10%
自检说明: 符合设计规范及《验评标准》的要求。 施工员:××× ××年×月×日			监理评语: 符合设计规范及《验评标准》的要求。 监理员:××× ××年×月×日	

施工负责人:××× 质量检查员:××× 监理工程师:×××

加筋挡土墙面板安装现场质量检验报告单 表 1-30

承包单位:××集团有限公司××公路工程 A2 标段项目经理部 合同号:×××

监理单位:××工程咨询有限公司××公路工程 A2 标段监理部 编 号:

<table>
<tr><td colspan="2">工程名称</td><td>防护工程</td><td>施工时间</td><td>××年×月×日</td></tr>
<tr><td colspan="2">桩号及部位</td><td>K8+600～K8+800
左侧加筋土挡土墙面板安装</td><td>检验时间</td><td>××年×月×日</td></tr>
<tr><td>项次</td><td>检查项目</td><td>规定值或允许偏差</td><td>检验结果</td><td>检验频率和方法</td></tr>
<tr><td>1</td><td>每层面板顶面高程/mm</td><td>±10</td><td>符合《验评标准》</td><td>水准仪:每 20m 抽查 3 组板</td></tr>
<tr><td>2</td><td>轴线偏位/mm</td><td>10</td><td>符合《验评标准》</td><td>挂线、尺量:每 20m 量 3 处</td></tr>
<tr><td>3</td><td>面板竖直度或坡度</td><td>0,-0.5%</td><td>符合《验评标准》</td><td>吊垂线或坡度板:每 20m 检查 3 处</td></tr>
<tr><td>4</td><td>相邻面板错台</td><td>5</td><td>符合《验评标准》</td><td>尺量:每 20m 验面板交界处查 3 处</td></tr>
<tr><td></td><td></td><td></td><td></td><td></td></tr>
<tr><td colspan="3">自检说明:
符合设计规范及《验评标准》的要求。
施工员:×××
××年×月×日</td><td colspan="2">监理评语:
符合设计规范及《验评标准》的要求。
监理员:×××
××年×月×日</td></tr>
</table>

施工负责人:××× 质量检查员:××× 监理工程师:×××

加筋挡土墙总体现场质量检验报告单 表 1-31

承包单位:××集团有限公司××公路工程 A2 标段项目经理部 合同号:×××

监理单位:××工程咨询有限公司××公路工程 A2 标段监理部 编 号:

<table>
<tr><td colspan="3">工程名称</td><td>防护工程</td><td>施工时间</td><td>××年×月×日</td></tr>
<tr><td colspan="3">桩号及部位</td><td>K8+600～K8+800
左侧加筋土挡土墙面板总体</td><td>检验时间</td><td>××年×月×日</td></tr>
<tr><td>项次</td><td colspan="2">检查项目</td><td>规定值或允许偏差</td><td>检验结果</td><td>检验频率和方法</td></tr>
<tr><td rowspan="2">1</td><td rowspan="2">墙顶平面位置/mm</td><td>路堤式</td><td>+50,-100</td><td>符合《验评标准》</td><td rowspan="2">经纬仪:每 20m 抽查 3 处</td></tr>
<tr><td>路肩式</td><td>±50</td><td>符合《验评标准》</td></tr>
<tr><td rowspan="2">2</td><td rowspan="2">墙顶高程/mm</td><td>路堤式</td><td>±50</td><td>符合《验评标准》</td><td rowspan="2">水准仪:每 20m 测 3 点</td></tr>
<tr><td>路肩式</td><td>±30</td><td>符合《验评标准》</td></tr>
<tr><td>3</td><td colspan="2">墙面倾斜度/mm</td><td>+0.5%H 且不大于+50,-1%且不小于-100</td><td>符合《验评标准》</td><td>吊垂线或坡度板:每 20m 测两处</td></tr>
<tr><td>4</td><td colspan="2">面板缝宽/mm</td><td>10</td><td>符合《验评标准》</td><td>尺量:每 20m 至少检查 5 条</td></tr>
<tr><td>5</td><td colspan="2">墙面平整度</td><td>15</td><td>符合《验评标准》</td><td>两直尺:每 20m 测 3 处,每处检查竖直和墙身两个方向</td></tr>
<tr><td></td><td colspan="2"></td><td></td><td></td><td></td></tr>
</table>

续上表

自检说明： 符合设计规范及《验评标准》的要求。 施工员：××× ××年×月×日	监理评语： 符合设计规范及《验评标准》的要求。 监理员：××× ××年×月×日

施工负责人：××× 质量检查员：××× 监理工程师：×××

锥、护坡现场质量检验报告单 表 1-32

承包单位：××集团有限公司××公路工程 A2 标段项目经理部 合同号：×××

监理单位：××工程咨询有限公司××公路工程 A2 标段监理部 编 号：

工程名称		防护工程	施工时间	××年×月×日
桩号及部位		K9＋200～K9＋300 右侧护坡	检验时间	××年×月×日
项次	检查项目	规定值或允许偏差	检验结果	检验频率和方法
1△	砌浆强度/MPa	在合格标准内	符合《验评标准》	
2	顶面高程/mm	±50	符合《验评标准》	水准仪：每 50m 检查 3 点，不足 50m 至少两点
3	表面平整度/mm	30	符合《验评标准》	2m 直尺：锥坡检查 3 处，护坡 50m 检查 3 处
4	坡度	不大于设计	符合《验评标准》	坡度尺量：每 50m 量 3 处
5△	厚度/mm	不小于设计	符合《验评标准》	尺量：每 100m 检查 3 处
6	底面高程/mm	±50		水准仪：每 50m 检查 3 点

自检说明： 符合设计规范及《验评标准》的要求。 施工员：××× ××年×月×日	监理评语： 符合设计规范及《验评标准》的要求。 监理员：××× ××年×月×日

施工负责人：××× 质量检查员：××× 监理工程师：×××

浆砌砌体现场质量检验报告单 表 1-33

承包单位：××集团有限公司××公路工程 A2 标段项目经理部 合同号：×××

监理单位：××工程咨询有限公司××公路工程 A2 标段监理部 编 号：

工程名称			防护工程	施工时间	××年×月×日
桩号及部位			K9＋300～K9＋400 左侧挡土墙	检验时间	××年×月×日
项次	检查项目		规定值或允许偏差	检验结果	检验频率和方法
1	砂浆强度/MPa		在合格标准内	符合《验评标准》	
2	顶面高程/mm	料、块石	±15	符合《验评标准》	水准仪：每 20m 检查 3 点
		片石	±20		

续上表

项次	检查项目		规定值或允许偏差	检验结果	检验频率和方法
3	竖直度或坡度	料、块石	0.3%	符合《验评标准》	吊垂线：每 50m 检查 3 点
		片石	0.5%		
4	断面尺寸/mm	料石	±20	符合《验评标准》	尺量：每 20m 检查两处
		块石	±30		
		片石	±50		
5	表面平整度/mm	料石	10	符合《验评标准》	2m 直尺：每 20m 检查 5 处×3 尺
		块石	20		
		片石	30		

自检说明：	监理评语：
符合设计规范及《验评标准》的要求。 施工员：××× ××年×月×日	符合设计规范及《验评标准》的要求。 监理员：××× ××年×月×日

施工负责人：××× 质量检查员：××× 监理工程师：×××

干砌片石现场质量检验报告单 表 1-34

承包单位：××集团有限公司××公路工程 A2 标段项目经理部 合同号：×××

监理单位：××工程咨询有限公司××公路工程 A2 标段监理部 编 号：

工程名称	防护工程	施工时间	××年×月×日
桩号及部位	K9+400～K9+500 左侧挡土墙	检验时间	××年×月×日

项次	检查项目	规定值或允许偏差	检验结果	检验频率和方法
1	顶面高程/mm	±30	符合《验评标准》	水准仪：每 20m 检查 3 点
2	外形尺寸/mm	±100	符合《验评标准》	尺量：每 20m 或自然段，长宽各 3 处
3	厚度/mm	±50	符合《验评标准》	尺量：每 20m 检查 3 处
4	表面平整度/mm	50	符合《验评标准》	2m 直尺：每 20m 检查 5 处×3 尺

自检说明：	监理评语：
符合设计规范及《验评标准》的要求。 施工员：××× ××年×月×日	符合设计规范及《验评标准》的要求。 监理员：××× ××年×月×日

施工负责人：××× 质量检查员：××× 监理工程师：×××

导流工程现场质量检验报告单

表 1-35

承包单位:××集团有限公司××公路工程 A2 标段项目经理部　　　　合同号:×××

监理单位:××工程咨询有限公司××公路工程 A2 标段监理部　　　　编　号:

工程名称		防护工程	施工时间	××年×月×日
桩号及部位		K9＋500～K9＋600 左侧导流工程	检验时间	××年×月×日
项次	检查项目	规定值或允许偏差	检验结果	检验频率和方法
1	砌浆强度/MPa	在合格标准内	符合《验评标准》	
2	平面位置/mm	30	符合《验评标准》	经纬仪:按设计图控制坐标检查
3	长度/mm	不小于设计长度－100	符合设计要求	尺量:每个检查
4	断面尺寸/mm	不小于设计	符合设计要求	尺量:检查 5 处
5	高程/mm 基底	符合设计要求	符合设计要求	水准仪:检查 5 点
	高程/mm 顶面	±30	符合《验评标准》	

自检说明:	监理评语:
符合设计规范及《验评标准》的要求。 施工员:××× ××年×月×日	符合设计规范及《验评标准》的要求。 监理员:××× ××年×月×日

施工负责人:×××　　　　质量检查员:×××　　　　监理工程师:×××

石笼防护现场质量检验报告单

表 1-36

承包单位:××集团有限公司××公路工程 A2 标段项目经理部　　　　合同号:×××

监理单位:××工程咨询有限公司××公路工程 A2 标段监理部　　　　编　号:

工程名称		防护工程	施工时间	××年×月×日
桩号及部位		K9＋600～K9＋700 右侧石笼防护	检验时间	××年×月×日
项次	检查项目	规定值或允许偏差	检验结果	检验频率和方法
1	平面位置/mm	符合设计要求	符合设计要求	经纬仪:按设计图控制坐标检查
2	长度/mm	不小于设计长度－300	符合设计要求	尺量:每个(段)检查
3	宽度/mm	不小于设计宽度－200	符合设计要求	尺量:每个(段)量 5 处
4	高度/mm	不小于设计	符合设计要求	水准仪或尺量:每个(段)检查 5 处
5	底面高程/mm	不高于设计	符合设计要求	水准仪:每个(段)检查 5 点

续上表

<table>
<tr><td>自检说明：

符合设计规范及《验评标准》的要求。

施工员：×××
××年×月×日</td><td>监理评语：

符合设计规范及《验评标准》的要求。

监理员：×××
××年×月×日</td></tr>
</table>

施工负责人：××× 质量检查员：××× 监理工程师：×××

《现场质量检验报告单》(表1-26～表1-36)填写说明

(1)工程名称：填写分部(子分部)工程名称，如加筋土挡土墙。

(2)桩号及部位：填写报验的分项工程名称，如大型挡土墙，应填写基础、墙身、墙背填土、构件预制、构件安装、筋带、锚杆、拉杆、总体等。以每处单元，填写该处的起止桩号。如K2＋000～K3＋000路基左侧加筋挡土墙基础。

(3)检验结果：根据检验记录的计算结果如实填写。当检验记录合格率为100%或质量评定为合格时，再检验结果栏填写符合《验评标准》、符合设计要求或直接填写“合格”。不再填写其他数据，因为检验记录里面已经记录的很全面了。

(4)检验频率和方法：根据《验评标准》的要求填写。

三 排水工程

路基排水包括坡面和路界内地表排水、路面和中央分隔带排水。破面和路界内地表排除由边沟、排水沟、跌水和急流槽、盲沟、截水沟等结构物组成。路面和中央分隔带排水包括纵、横、竖向排水管、渗沟、缝隙式圆形集水管、集水井、路肩排水沟和拦水等结构物。

1.各工序施工、检测记录

以浆砌排水沟为例，一般以每工作班或每个作业段作为一个工序进行报验。浆砌排水沟工序报验资料见表1-37。

浆砌排水沟工序报验资料内容 表1-37

序　号	资料编号	资料名称
1	监表05	《检验申请批复单》
2	监表01	《施工放样报验单》
3	检验表19	《浆砌排水沟现场质量检验报告单》

2.成品检查记录

排水工程成品检查记录见表1-38。

排水工程成品检查记录的内容 表1-38

序　号	资料编号	资料名称
1	监表11	《中间交工证书》
2	监表05	《检验申请批复单》
3	监表01	《施工放样报验单》
4	检验表16	《管节预制现场质量检验报告单》

续上表

序　　号	资 料 编 号	资 料 名 称
5	检验表 17	《管道基础及管节安装现场质量检验报告单》
6	检验表 18	《检查(雨水)井砌筑现场质量检验报告单》
7	检验表 19	《浆砌排水沟现场质量检验报告单》
8	检验表 20	《盲沟现场质量检验报告单》
9	检验表 21	《排水泵站现场质量检验报告单》

3. 排水工程《检验申请批复单》与《中间交工证书》

(1)《检验申请批复单》(监表 05,见第三章)填写说明

①工程项目:填写分部工程名称,如排水工程。

②工程地点、桩号:和路基工程分项划分相应,填写此次交工验收的对应桩号,如 K2＋000～K3＋000。

③具体部位:填写具体分项工程名称,如管节预制、管道基础及管节安装、检查(雨水)井砌筑、土沟、浆砌排水沟、盲沟、跌水、急流槽、水簸箕、排水泵站等。如 K2＋000～K3＋000 左侧浆砌片石排水沟。

④要求到现场检验时间:填写为保证正常施工要求的最迟检验时间,如 2005 年 10 月 14 日上午 8:00。

⑤递交日期、时间、签字:承包人一般应提前 24 小时,以书面形式通知监理工程师,递交人签字。

⑥监理员收到日期、时间、签字:填写监理员实际收到时间,接收人员签字。

⑦监理员评论和签字:监理员根据设计图纸和施工规范要求进行现场检查后,如实填写。

⑧监理工程师签字:监理工程师根据监理员审查情况,决定是否进行下道工序施工。

⑨质量证明文件:根据申请检验项目具体情况填写。

(2)《中间交工证书》(监表 11,见第三章)填写说明:

①工程内容:填写分项工程名称,如管节预制、管道基础及管节安装、检查(雨水)井砌筑、土沟、浆砌排水沟、盲沟、跌水、急流槽、水簸箕、排水泵站等。工程内容的附件应汇总各道工序的检查记录。

②桩号:和路基工程分项划分相对应,填写此次交工验收的对应桩号。

4. 排水工程施工资料常用表格填写范例

排水工程施工资料常用表格填写范例见表 1-39～表 1-44。

管节预制现场质量检验报告单　　　　表 1-39

承包单位:××集团有限公司××公路工程 A2 标段项目经理部　　　　合同号:×××

监理单位:××工程咨询有限公司××公路工程 A2 标段监理部　　　　编　号:

工程名称		排水工程	施工时间	××年×月×日
桩号及部位		K9＋200～K9＋400 左侧排水管节预制	检验时间	××年×月×日
项次	检查项目	规定值或允许偏差	检验结果	检验频率和方法
1	混凝土强度/MPa	在合格标准内	符合《验评标准》	
2	内径/mm	不小于设计值	符合设计要求	尺量:两个断面

续上表

项次	检查项目	规定值或允许偏差	检验结果	检验频率和方法
3	壁厚/mm	不小于设计壁厚－3	符合设计要求	尺量：两个断面
4	顺直度	矢度不大于0.2%管节长	符合设计要求	沿管节拉线量，取最大矢高
5	长度/mm	＋5，－0	符合《验评标准》	尺量

自检说明：	监理评语：
符合设计规范及《验评标准》的要求。 施工员：××× ××年×月×日	符合设计规范及《验评标准》的要求。 监理员：××× ××年×月×日

施工负责人：×××　　质量检查员：×××　　监理工程师：×××

管道基础及管节安装现场质量检验报告单　　表1-40

承包单位：××集团有限公司××公路工程A2标段项目经理部　　合同号：×××

监理单位：××工程咨询有限公司××公路工程A2标段监理部　　编　号：

工程名称	排水工程	施工时间	××年×月×日
桩号及部位	K9＋200～K9＋400 左侧排水管道基础及管节安装	检验时间	××年×月×日

项次	检查项目		规定值或允许偏差	检验结果	检验频率和方法
1	混凝土抗压强度或砂浆强度/MPa		在合格标准内		
2	管轴线偏位/mm		15	符合《验评标准》	经纬仪或拉线：每两井间测3处
3	管内底高程/mm		±10	符合《验评标准》	水准仪：每两井间测两处
4	基础厚度/mm		不小于设计	符合设计要求	尺量：每两井同测3处
5	管座	肩宽/mm	＋10，－5	符合《验评标准》	尺量或挂边线：每周井间测两处
		肩高/mm	±10	符合《验评标准》	
6	抹带	宽度	不小于设计	符合设计要求	尺量：按10%抽查
		厚度	不小于设计	符合设计要求	

自检说明：	监理评语：
符合设计规范及《验评标准》的要求。 施工员：××× ××年×月×日	符合设计规范及《验评标准》的要求。 监理员：××× ××年×月×日

施工负责人：×××　　质量检查员：×××　　监理工程师：×××

检查(雨水)井砌筑现场质量检验报告单 表 1-41

承包单位:××集团有限公司××公路工程 A2 标段项目经理部 合同号:×××

监理单位:××工程咨询有限公司××公路工程 A2 标段监理部 编 号:

<table>
<tr><td colspan="3">工程名称</td><td>排水工程</td><td>施工时间</td><td>××年×月×日</td></tr>
<tr><td colspan="3">桩号及部位</td><td>K9+200 检查井砌筑</td><td>检验时间</td><td>××年×月×日</td></tr>
<tr><td>项次</td><td colspan="2">检查项目</td><td>规定值或允许偏差</td><td>检验结果</td><td>检验频率和方法</td></tr>
<tr><td>1</td><td colspan="2">浆砌强度/MPa</td><td>在合格标准内</td><td>符合《验评标准》</td><td></td></tr>
<tr><td>2</td><td colspan="2">轴线偏位/mm</td><td>50</td><td>符合《验评标准》</td><td>经纬仪:每个检查井检查</td></tr>
<tr><td>3</td><td colspan="2">圆井直径或方井直径长、宽/mm</td><td>±20</td><td>符合《验评标准》</td><td>尺量:每个检查井检查</td></tr>
<tr><td>4</td><td colspan="2">井底高程/mm</td><td>±15</td><td>符合《验评标准》</td><td>水准仪:每个检查井检查</td></tr>
<tr><td rowspan="2">5</td><td rowspan="2">井盖与相邻路面高差/mm</td><td>雨水井</td><td>+0,−4</td><td>符合《验评标准》</td><td rowspan="2">水准仪、水平尺:每个检查井检查</td></tr>
<tr><td>检查井</td><td>+4,−0</td><td>符合《验评标准》</td></tr>
<tr><td></td><td colspan="2"></td><td></td><td></td><td></td></tr>
<tr><td></td><td colspan="2"></td><td></td><td></td><td></td></tr>
<tr><td colspan="4">自检说明:
符合设计规范及《验评标准》的要求。
施工员:×××
××年×月×日</td><td colspan="2">监理评语:
符合设计规范及《验评标准》的要求。
监理员:×××
××年×月×日</td></tr>
</table>

施工负责人:××× 质量检查员:××× 监理工程师:×××

浆砌排水沟现场质量检验报告单 表 1-42

承包单位:××集团有限公司××公路工程 A2 标段项目经理部 合同号:×××

监理单位:××工程咨询有限公司××公路工程 A2 标段监理部 编 号:

<table>
<tr><td colspan="2">工程名称</td><td>排水工程</td><td>施工时间</td><td>××年×月×日</td></tr>
<tr><td colspan="2">桩号及部位</td><td>K10+200~K10+400
左侧浆砌排水沟</td><td>检验时间</td><td>××年×月×日</td></tr>
<tr><td>项次</td><td>检查项目</td><td>规定值或允许偏差</td><td>检验结果</td><td>检验频率和方法</td></tr>
<tr><td>1</td><td>浆砌强度/MPa</td><td>在合格标准内</td><td>符合《验评标准》</td><td></td></tr>
<tr><td>2</td><td>轴线偏位/mm</td><td>50</td><td>符合《验评标准》</td><td>经纬仪或尺量:每 200m 测 5 处</td></tr>
<tr><td>3</td><td>沟底高程/mm</td><td>±15</td><td>符合《验评标准》</td><td>水准仪:每 200m 测 5 点</td></tr>
<tr><td>4</td><td>墙面直顺度或坡度/mm</td><td>30 或符合设计要求</td><td>符合设计要求</td><td>20m 拉线、坡度尺:每 200m 测两处</td></tr>
<tr><td>5</td><td>断面尺寸/mm</td><td>±30</td><td>符合《验评标准》</td><td>尺量:每 200m 测 2 处</td></tr>
<tr><td>6</td><td>铺砌厚度/mm</td><td>不小于设计</td><td>符合设计要求</td><td>尺量:每 200m 测 2 处</td></tr>
<tr><td>7</td><td>基础垫层宽、厚/mm</td><td>不小于设计</td><td>符合设计要求</td><td>尺量:每 200m 测 2 处</td></tr>
</table>

续上表

项次	检查项目	规定值或允许偏差	检验结果	检验频率和方法

自检说明：	监理评语：
符合设计规范及《验评标准》的要求。 施工员：××× ××年×月×日	符合设计规范及《验评标准》的要求。 监理员：××× ××年×月×日

施工负责人：××× 质量检查员：××× 监理工程师：×××

盲沟现场质量检验报告单

表 1-43

承包单位：××集团有限公司××公路工程 A2 标段项目经理部 合同号：×××

监理单位：××工程咨询有限公司××公路工程 A2 标段监理部 编 号：

工程名称		排水工程	施工时间	××年×月×日
桩号及部位		K7＋200～K7＋400 右侧盲沟	检验时间	××年×月×日
项次	检查项目	规定值或允许偏差	检验结果	检验频率和方法
1	沟底高程/mm	±15	符合《验评标准》	水准仪：每 10～20m 测 1 处
2	断面尺寸/mm	不小于设计	符合设计要求	尺量：每 20m 测 1 处

自检说明：	监理评语：
符合设计规范及《验评标准》的要求。 施工员：××× ××年×月×日	符合设计规范及《验评标准》的要求。 监理员：××× ××年×月×日

施工负责人：××× 质量检查员：××× 监理工程师：×××

排水泵站现场质量检验报告单

表 1-44

承包单位：××集团有限公司××公路工程 A2 标段项目经理部 合同号：×××

监理单位：××工程咨询有限公司××公路工程 A2 标段监理部 编 号：

工程名称		排水工程	施工时间	××年×月×日
桩号及部位		K7＋200 排水泵站	检验时间	××年×月×日
项次	检查项目	规定值或允许偏差	检验结果	检验频率和方法
1	混凝土强度/MPa	在合格标准内	符合《验评标准》	
2	轴线平面偏位/mm	1%井深	符合《验评标准》	经纬仪：纵、横向各两处
3	垂直度/mm	1%井深	符合《验评标准》	用垂线检查：纵横向各 1 处
4	底面高程/mm	±50	符合《验评标准》	水准仪：测 4 处

续上表

<table>
<tr><th>项次</th><th>检查项目</th><th>规定值或允许偏差</th><th>检验结果</th><th>检验频率和方法</th></tr>
<tr><td></td><td></td><td></td><td></td><td></td></tr>
<tr><td></td><td></td><td></td><td></td><td></td></tr>
<tr><td colspan="3">自检说明：

符合设计规范及《验评标准》的要求。

施工员：×××
××年×月×日</td><td colspan="2">监理评语：

符合设计规范及《验评标准》的要求。

监理员：×××
××年×月×日</td></tr>
</table>

施工负责人：××× 质量检查员：××× 监理工程师：×××

《现场质量检验报告单》(表1-39～表1-44)填写说明

(1)工程名称：填写分部工程名称，如排水工程。

(2)桩号及部位：填写具体报验的分项工程名称，如管节预制、管道基础及管节安装、检查(雨水)井砌筑、土沟、浆砌排水沟、盲沟、跌水、急流槽、水簸箕、排水泵站等。如K3+000～K4+000左侧浆砌片石排水沟。

(3)检验结果：根据检验记录的计算结果如实填写。当检验记录合格率为100%或质量评定为合格时，再检验结果栏填写符合《验评标准》、符合设计要求或直接填写"合格"。不再填写其他数据，因为检验记录里面已经记录的很全面了。

(4)检验频率和方法：根据《验评标准》的要求填写。

四 小桥和涵洞

1.一般规定

(1)通常每座小桥为一个分部工程，每座涵洞或通道为一个子分部工程。

(2)小桥主要包括基础及下部构造，上部构造预制、安装或浇筑，桥面，栏杆，人行道等五个分项工程。

(3)涵洞(通道)主要包括基础及下部构造，主要构件预制、安装和浇筑，填土，总体等四个分项工程。

(4)跨径或全长符合涵洞标准的通道，以每座为一个子分部工程，按照涵洞资料要求进行组卷；跨径或全长符合小桥标准的通道，以每座为一个分部工程，按小桥标准进行组卷。

(5)小桥按桥梁工程要求进行组卷。

2.基坑开挖、处理记录

小桥和涵洞基坑开挖、处理记录的内容见表1-45。

基坑开挖、处理记录的内容 表1-45

序 号	资 料 编 号	资 料 名 称
1	监表05	《检验申请批复单》
2	监表01	《施工放样报验单》
3	检验记录表10	《基坑检验记录表》
4	检验记录表11	《地基钎探记录表》

3.成品检查记录

小桥和涵洞工程成品检查记录的内容见表1-46。

小桥和涵洞成品检查记录内容　表1-46

序号	资料编号	资料名称
1	监表11	《中间交工证书》
2	监表05	《检验申请批复单》
3	监表01	《施工放样报验单》
4	检验表22	《涵洞总体现场质量检验报告单》
5	检验表23	《管台现场质量检验报告单》
6	检验表24	《管座及涵管安装现场质量检验报告单》
7	检验表25	《盖板制作现场质量检验报告单》
8	检验表26	《箱涵浇筑现场质量检验报告单》
9	检验表27	《拱涵现场质量检验报告单》
10	检验表28	《倒虹吸竖井现场质量检验报告单》
11	检验表29	《一字墙、八字墙现场质量检验报告单》
12	检验表30	《顶入法施工的桥、涵现场质量检验报告单》

4.小桥和涵洞工程《检验申请批复单》、《中间交工证书》及《检验记录表》

(1)《检验申请批复单》(监表05,见第三章)填写说明

①工程项目:填写部分工程分部工程(子分部工程)名称,如K11+800涵洞。

②工程地点、桩号:该构造物中心里程桩号,如K11+800。

③具体部位:填写分项工程名称,如主要构件预制、安装和浇筑,填土,总体等。

④要求到现场检验时间:填写为保证正常施工要求的最迟检验时间,如2006年2月20日上午8:00。

⑤递交日期、时间、签字:承包人一般应提前24小时,以书面形式通知监理工程师,递交人签字。

⑥监理员收到日期、时间、签字:填写监理员实际收到时间,接收人员签字。

⑦监理员评论和签字:监理员根据设计图纸和施工规范要求进行现场检查后,如实填写。

⑧监理工程师签字:监理工程师根据监理员审查情况,决定是否进行下道工序施工。

⑨质量证明文件:根据申请检验项目具体情况填写。

(2)《中间交工证书》(监表11,见第三章)填写说明

①工程内容:填写分项工程名称,以涵洞工程为例,应填写主要构件预制、安装和浇筑,填土,总体等分项工程名称。工程内容的附件应汇总各道工序的检查记录。

②桩号:填写该构造物的中心里程桩号。

(3)《检验记录表》填写说明

①《检验记录表》是根据《现场质量检验报告单》或《验评标准》中的各项检查内容确定的。

②检查记录表中的规定值与允许偏差、设计值等项目应根据《验评标准》和设计文件的具体要求填写。

③检验记录表中的检测点数应严格按照《验评标准》所要求的频率进行。

④检验记录表中设有检测点数、合格点数、合格率等项内容，主要是为了工序质量判定方便，根据合格率不但可以直接判定工程是否合格，而且还可以进行分项工程评分。

5.小桥和涵洞工程施工资料常用表格填写范例

小桥和涵洞工程施工资料常用表格填写范例见表1-47～表1-57。

基坑检验记录表 表1-47

承包单位：××集团有限公司××公路工程A2标段项目经理部 合同号：×××

监理单位：××工程咨询有限公司××公路工程A2标段监理部 编 号：

工程名称	K9＋000涵洞	施工时间	××年×月×日
桩号及部位	基础及下部构造	检验时间	××年×月×日
检查项目	规定值或允许偏差	检验结果	检验方法与频率
轴线偏位/mm	25	符合《验评标准》	经纬仪：纵横各两处
基底高程/mm	±50	符合《验评标准》	水准仪：纵横各两处，四脚各1处
基底土质	粉质黏土	与设计相符	按设计要求检查
基底承载力/MPa	20	25	按设计要求检查
基坑平面尺寸/m	不小于设计	符合设计要求	尺量：长宽各3处
基坑平面位置：		地基处理方法：(无)	
自检说明： 符合设计规范及《验评标准》的要求。 施工员：××× ××年×月×日		监理评语： 符合设计规范及《验评标准》的要求。 监理员：××× ××年×月×日	

施工负责人：××× 质量检查员：××× 监理工程师：×××

地基钎探记录表 表1-48

承包单位：××集团有限公司××公路工程A2标段项目经理部 合同号：×××

监理单位：××工程咨询有限公司××公路工程A2标段监理部 编 号：

工程名称	K9＋000涵洞		施工时间		××年×月×日	
桩号及部位	基础及下部构造		检验时间		××年×月×日	
套锤重	kg		自由落距	cm	钎径	mm
顺序号	各步锤数						
	0～30cm	31～60cm	61～90cm	91～120cm	121～150cm	151～180cm	181～210cm
001	28	26	24	22	20	18	18
002	30	28	28	26	24	22	20
003	28	26	26	24	22	20	18
004	30	30	28	28	26	26	24
005	28	28	26	24	22	20	20

续上表

顺序号	各步锤数						
	0～30cm	31～60cm	61～90cm	91～120cm	121～150cm	151～180cm	181～210cm
006	30	28	26	24	22	20	18

自检说明： 符合设计规范及《验评标准》的要求。 施工员：××× ××年×月×日	监理评语： 符合设计规范及《验评标准》的要求。 监理员：××× ××年×月×日

施工负责人：××× 质量检查员：××× 监理工程师：×××

涵洞总体现场质量检验报告单

表 1-49

承包单位：××集团有限公司××公路工程 A2 标段项目经理部 合同号：×××

监理单位：××工程咨询有限公司××公路工程 A2 标段监理部 编 号：

工程名称		K9＋000 涵洞	施工时间	××年×月×日
桩号及部位		总体	检验时间	××年×月×日
项次	检查项目	规定值或允许偏差	检验结果	检验频率和方法
1	轴线偏位. mm	明涵 20，暗涵 50	符合《验评标准》	经纬仪：检查两处
2	流水面高程/mm	±20	符合《验评标准》	水准仪、尺量：检查洞口两处，拉线检查中间 1 处
3	涵底铺砌厚度/mm	＋40，－10	符合《验评标准》	尺量：检查 3～5 处
4	长度/mm	＋100，－50	符合《验评标准》	尺量：检查中心线
5	孔径/mm	±20	符合《验评标准》	尺量：检查 3～5 处
6	净高/mm	明涵±20，暗涵±50	符合《验评标准》	尺量：检查 3～5 处

自检说明： 符合设计规范及《验评标准》的要求。 施工员：××× ××年×月×日	监理评语： 符合设计规范及《验评标准》的要求。 监理员：××× ××年×月×日

施工负责人：××× 质量检查员：××× 监理工程师：×××

管台现场质量检验报告单 表 1-50

承包单位:××集团有限公司××公路工程 A2 标段项目经理部 合同号:×××

监理单位:××工程咨询有限公司××公路工程 A2 标段监理部 编 号:

工程名称			K9+000 涵洞	施工时间	××年×月×日
桩号及部位			基础及下部构造	检验时间	××年×月×日
项次	检查项目		规定值或允许偏差	检验结果	检验频率和方法
1	混凝土或砂浆强度/MPa		在合格标准内	符合《验评标准》	
2	涵台断面尺寸/mm	片石砌体	±20	符合《验评标准》	尺量:检查 3~5 处
		混凝土	±15	符合《验评标准》	
3	竖直度或斜度/mm		0.3%台高	符合《验评标准》	吊垂线或经纬仪:测量两处
4	顶面高程/mm		±10	符合《验评标准》	水准仪:测量 3 处

自检说明:	监理评语:
符合设计规范及《验评标准》的要求。	符合设计规范及《验评标准》的要求。
施工员:××× ××年×月×日	监理员:××× ××年×月×日

施工负责人:××× 质量检查员:××× 监理工程师:×××

管座及涵洞安装现场质量检验报告单 表 1-51

承包单位:××集团有限公司××公路工程 A2 标段项目经理部 合同号:×××

监理单位:××工程咨询有限公司××公路工程 A2 标段监理部 编 号:

工程名称			K9+000 涵洞	施工时间	××年×月×日
桩号及部位			基础及下部构造	检验时间	××年×月×日
项次	检查项目		规定值或允许偏差	检验结果	检验频率和方法
1	管座或垫层混凝土强度/MPa		在合格标准内	符合《验评标准》	
2	管座或垫层宽度、厚度		≥设计值	符合《验评标准》	尺量:抽查 3 个断面
3	相邻管节底面错台/mm	管径≤1m	3	符合《验评标准》	尺量:检查 3~5 接头
		管径>1m	5	符合《验评标准》	

自检说明:	监理评语:
符合设计规范及《验评标准》的要求。	符合设计规范及《验评标准》的要求。
施工员:××× ××年×月×日	监理员:××× ××年×月×日

施工负责人:××× 质量检查员:××× 监理工程师:×××

盖板制作现场质量检验报告单

表 1-52

承包单位：××集团有限公司××公路工程 A2 标段项目经理部　　合同号：×××

监理单位：××工程咨询有限公司××公路工程 A2 标段监理部　　编　号：

工程名称			K9+000 涵洞	施工时间	××年×月×日
桩号及部位			主要构件预制、安装或浇筑	检验时间	××年×月×日
项次	检查项目		规定值或允许偏差	检验结果	检验频率和方法
1	混凝土强度/MPa		在合格标准内	符合《验评标准》	
2	高度/mm	明涵	+10，−0	符合《验评标准》	尺量：抽查 30%的板，每板检查 3 个断面
		暗涵	不小于设计	符合设计要求	
3	宽度/mm	现浇	±20	符合《验评标准》	
		预制	±10	符合《验评标准》	
4	长度/mm		+20，−1 0	符合《验评标准》	尺量：抽查 30%的板，每板检查两侧

自检说明：	监理评语：
符合设计规范及《验评标准》的要求。 施工员：××× ××年×月×日	符合设计规范及《验评标准》的要求。 监理员：××× ××年×月×日

施工负责人：×××　　质量检查员：×××　　监理工程师：×××

箱涵浇筑现场检验报告单

表 1-53

承包单位：××集团有限公司××公路工程 A2 标段项目经理部　　合同号：×××

监理单位：××工程咨询有限公司××公路工程 A2 标段监理部　　编　号：

工程名称			K9+000 涵洞	施工时间	××年×月×日
桩号及部位			主要构件预制、安装或浇筑	检验时间	××年×月×日
项次	检查项目		规定值或允许偏差	检验结果	检验频率和方法
1	混凝土强度/MPa		在合格标准内	符合《验评标准》	
2	高度/mm		+5，−10	符合《验评标准》	尺量：检查 3 个断面
3	宽度/mm		±30	符合《验评标准》	
4	顶板厚/mm	明涵	符合《验评标准》		尺量：检查 3～5 处
		暗涵	不小于设计值	符合设计要求	
5	侧墙和底板厚/mm		不小于设计值	符合设计要求	尺量：检查 3～5 处
6	平整度/mm		5	符合《验评标准》	2m 直尺：每 10m 检查 2 处×3 尺

续上表

自检说明： 符合设计规范及《验评标准》的要求。 施工员：××× ××年×月×日	监理评语： 符合设计规范及《验评标准》的要求。 监理员：××× ××年×月×日

施工负责人：××× 质量检查员：××× 监理工程师：×××

拱涵现场质量检验报告单 表 1-54

承包单位：××集团有限公司××公路工程 A2 标段项目经理部 合同号：×××

监理单位：××工程咨询有限公司××公路工程 A2 标段监理部 编 号：

工程名称			K9+000 涵洞	施工时间	××年×月×日
桩号及部位			主要构件预制、安装或浇筑	检验时间	××年×月×日
项次	检查项目		规定值或允许偏差	检验结果	检验频率和方法
1	混凝土或砂浆强度/MPa		在合格标准内	符合《验评标准》	
2	拱圈厚度/mm	砌体	±20	符合《验评标准》	尺量：检查拱顶、拱脚 3 处
		混凝土	±15	符合《验评标准》	
3	内弧线偏离设计弧线/mm		±20	符合《验评标准》	样板：检查拱顶、1/4 跨 3 处

自检说明： 符合设计规范及《验评标准》的要求。 施工员：××× ××年×月×日	监理评语： 符合设计规范及《验评标准》的要求。 监理员：××× ××年×月×日

施工负责人：××× 质量检查员：××× 监理工程师：×××

倒虹吸竖井现场质量检验报告单 表 1-55

承包单位：××集团有限公司××公路工程 A2 标段项目经理部 合同号：×××

监理单位：××工程咨询有限公司××公路工程 A2 标段监理部 编 号：

工程名称		K9+000 涵洞	施工时间	××年×月×日
桩号及部位		总体	检验时间	××年×月×日
项次	检查项目	规定值或允许偏差	检验结果	检验频率和方法
1	砂浆强度/MPa	在合格标准内	符合《验评标准》	
2	井底高程/mm	±15	符合《验评标准》	水准仪：测 4 点
3	井口高程/mm	±20	符合《验评标准》	

续上表

项次	检查项目	规定值或允许偏差	检验结果	检验频率和方法
4	圆井直径或方井边长/mm	±20	符合《验评标准》	尺量:2～3个断面
5	井壁、井底厚/mm	+20,-5	符合《验评标准》	尺量:井壁4～8点,井底3点

自检说明:	监理评语:
符合设计规范及《验评标准》的要求。 施工员:××× ××年×月×日	符合设计规范及《验评标准》的要求。 监理员:××× ××年×月×日

施工负责人:××× 质量检查员:××× 监理工程师:×××

一字墙、八字墙现场质量检验报告单 表1-56

承包单位:××集团有限公司××公路工程A2标段项目经理部 合同号:×××

监理单位:××工程咨询有限公司××公路工程A2标段监理部 编 号:

工程名称		K9+000涵洞	施工时间	××年×月×日
桩号及部位		总体	检验时间	××年×月×日
项次	检查项目	规定值或允许偏差	检验结果	检验频率和方法
1	混凝土或砂浆强度/MPa	在合格标准内	符合《验评标准》	
2	平面高程/mm	50	符合《验评标准》	经纬仪:检查墙两端
3	顶面高程/mm	20	符合《验评标准》	水准仪:检查墙两端
4	底面高程/mm	50	符合《验评标准》	
5	竖直度或坡度/%	0.5	符合《验评标准》	吊垂线:每墙检查两处
6	断面尺寸/mm	不小于设计	符合设计要求	尺量:各墙两端断面

自检说明:	监理评语:
符合设计规范及《验评标准》的要求。 施工员:××× ××年×月×日	符合设计规范及《验评标准》的要求。 监理员:××× ××年×月×日

施工负责人:××× 质量检查员:××× 监理工程师:×××

顶入法施工的桥、涵现场质量检验报告单 表 1-57

承包单位：××集团有限公司××公路工程 A2 标段项目经理部 合同号：×××

监理单位：××工程咨询有限公司××公路工程 A2 标段监理部 编　号：

<table>
<tr><td colspan="3">工程名称</td><td>K9＋000 涵洞</td><td>施工时间</td><td>××年×月×日</td></tr>
<tr><td colspan="3">桩号及部位</td><td>总体</td><td>检验时间</td><td>××年×月×日</td></tr>
<tr><td>项次</td><td colspan="2">检查项目</td><td>规定值或允许偏差</td><td>检验结果</td><td>检验频率和方法</td></tr>
<tr><td rowspan="6">1</td><td rowspan="6">轴线偏位/mm</td><td rowspan="2">涵(桥)长<15m</td><td>箱 100</td><td rowspan="2">符合《验评标准》</td><td rowspan="6">经纬仪：每段检查两点</td></tr>
<tr><td>管 50</td></tr>
<tr><td rowspan="2">涵(桥)长 15～30m</td><td>箱 150</td><td rowspan="2">符合《验评标准》</td></tr>
<tr><td>管 100</td></tr>
<tr><td rowspan="2">涵(桥)长>30m</td><td>箱 300</td><td rowspan="2">符合《验评标准》</td></tr>
<tr><td>管 200</td></tr>
<tr><td rowspan="6">2</td><td rowspan="6">高程/mm</td><td rowspan="2">涵(桥)长<15m</td><td>箱＋30，－100</td><td rowspan="2">符合《验评标准》</td><td rowspan="6">水准仪：每段检查涵底 2～4 处</td></tr>
<tr><td>管±20</td></tr>
<tr><td rowspan="2">涵(桥)长 15～30m</td><td>箱＋40，－100</td><td rowspan="2">符合《验评标准》</td></tr>
<tr><td>管±40</td></tr>
<tr><td rowspan="2">涵(桥)长>30m</td><td>箱＋50，－200</td><td rowspan="2">符合《验评标准》</td></tr>
<tr><td>管＋50，－100</td></tr>
<tr><td rowspan="2">3</td><td colspan="2" rowspan="2">相邻两节高差/mm</td><td>箱 30</td><td rowspan="2">符合《验评标准》</td><td rowspan="2">尺量：每接缝 2～4 处</td></tr>
<tr><td>管 20</td></tr>
<tr><td colspan="4">自检说明：
符合设计规范及《验评标准》的要求。
施工员：×××
××年×月×日</td><td colspan="2">监理评语：
符合设计规范及《验评标准》的要求。
监理员：×××
××年×月×日</td></tr>
</table>

施工负责人：××× 质量检查员：××× 监理工程师：×××

《现场质量检验报告单》(表 1-49～表 1-57)填写说明

(1)工程名称：填写分部工程(子分部工程)名称，如 K11＋800 涵洞。

(2)桩号及部位：填写分项工序名称。以涵洞工程为例，填写主要构件预制、安装和浇筑，填土，总体等分项工程名称。

(3)检验结果：根据检验记录的计算结果如实填写。当检验记录合格率为 100％或质量评定为合格时，再检验结果栏填写符合《验评标准》、符合设计要求或直接填写“合格”。不再填写其他数据，因为检验记录里面已经记录的很全面了。

(4)检验频率和方法：根据《验评标准》的要求填写。

第二节　路 面 工 程

路面工程包括底基层、基层、面层、垫层、联结层、路缘石、路肩等分项工程。

1.面层的主要类型

(1)钢性路面:水泥混凝土面层。

(2)柔性路面:沥青混凝土面层。

(3)半钢性路面:半钢性基层沥青面层。

2.基层和底层的主要类型

(1)水泥稳定粒料(碎石、粒砂或矿渣)基层、底基层。

(2)水泥稳定土基层、底基层。

(3)石灰土稳定粒料(碎石、砂砾或矿渣)基层、底基层。

(4)石灰稳定土基层、底基层。

(5)石灰、粉煤灰稳定粒料基层、底基层。

(6)石灰、粉煤灰稳定土基层、底基层、

(7)级配碎(砾)石基层、底基层。

(8)填隙碎石(矿渣)基层、底基层。

3.各工序施工检测记录

(1)面层。

沥青混凝土面层检测包括:平整度、弯沉值、抗滑性能、宽度、中线偏位、厚度和横坡度等检查内容。

水泥混凝土面层检测包括:板厚、平整度、抗滑构造深度、相邻板高差、纵横缝顺直度、中线平面偏位、宽度、高程和横坡等检查内容。

路面工程面层施工检测记录的内容见表1-58。

面层施工检测记录的内容　表1-58

序号	资料编号	资料名称
1	监表11	《中间交工证书》
2	监表05	《检验申请批复单》
3	监表01	《施工放样报验单》
4	检验表31	《水泥混凝土面层现场质量检验报告单》
5	检验表32	《沥青混凝土面层和沥青碎(砾)石面层现场质量检验报告单》
6	检验表33	《沥青贯入式面层(或上拌下贯式面层)现场质量检验报告单》
7	检验记录表12	《抗滑构造深度检验记录表》
8	检验记录表13	《水泥混凝土面层相邻板高差检验记录表》
9	检验记录表14	《水泥混凝土面侧纵横缝顺直度检验记录表》
10	检验记录表1	《压实度检验记录表》
11	检验记录表3	《纵断高程检验记录表》
12	检验记录表4	《中线偏位检验记录表》
13	检验记录表5	《宽度检测记录表》
14	检验记录表6	《平整度检验记录表》
15	检验记录表7	《横坡检验记录表》

(2)基层、底基层。基层、底基层检测包括:压实层、高程、厚度、密度、横坡和平整度检查内容。

路面工程基层、底基层施工检测记录的内容见表1-59。

基层、底基层施工检测记录的内容　　表1-59

序　号	资料编号	资料名称
1	监表11	《中间交工证书》
2	监表05	《检验申请批复单》
3	监表01	《施工放样报验单》
4	检验表34	《沥青表面处治面层现场质量检验报告单》
5	检验表35	《水泥土基层和底基层现场质量检验报告单》
6	检验表36	《水泥稳定粒料基层和底基层现场质量检验报告单》
7	检验表37	《石灰土基层和基层现场质量检验报告单》
8	检验表38	《石灰稳定粒料基层和底基层现场质量检验报告单》
9	检验表39	《石灰、粉煤灰基层和底基层现场质量检验报告单》
10	检验表40	《石灰、粉煤灰稳定粒料基层和底基层现场质量检验报告单》
11	检验表41	《级配碎(砾)石基层和底基层现场质量检验报告单》
12	检验表42	《填隙砾石(矿渣)基层和底基层现场质量检验报告单》
13	检验记录表1	《压实度检验记录表》
14	检验记录表3	《纵断高程检验记录表》
15	检验记录表4	《中线偏位检验记录表》
16	检验记录表5	《宽度检测记录表》
17	检验记录表6	《平整度检验记录表》
18	检验记录表7	《横坡检验记录表》

(3)路缘石、路肩。路缘石、路肩检测包括:压实度、平整度、宽度和横坡等检查内容。

路面工程路缘石、路肩施工检测记录的内容见表1-60。

路缘石、路肩施工检测记录的内容　　表1-60

序　号	资料编号	资料名称
1	监表11	《中间交工证书》
2	监表05	《检验申请批复单》
3	监表01	《施工放样报验单》
4	检验表43	《路缘石铺设现场质量检验报告单》
5	检验表44	《路肩现场质量检验报告单》
6	检验记录表5	《宽度检测记录表》
7	检验记录表6	《平整度检验记录表》
8	检验记录表7	《横坡检验记录表》

4.路面工程《检验申请批复单》、《中间交工证书》及《检验记录表》

(1)《检验申请批复单》(监表05,见第三章)填写说明

①工程项目:填写分部工程(子分部工程)名称,如K11+000～K12+000工程。

②工程地点、桩号:填写整公里段,如K11+000～K12+000。

③具体部位:填写分项工程名称,如底基层、基层、面层、垫层、联结层、路缘石、路肩等分项工程。如K11+000～K12+000左幅路面。

④要求到现场检验时间：填写为保证正常施工要求的最迟检验时间，如2006年2月20日上午8：00。

⑤递交日期、时间、签字：承包人一般应地前24小时，以书面形式通知监理工程师，递交人签字。

⑥监理员收到日期、时间、签字：填写监理员实际收到时间、接收人员签字。

⑦监理员评论和签字：监理员根据设计图纸和施工规范要求进行现场检查后，如实填写。

⑧监理工程师签字：监理工程师根据监理员审查情况，决定是否进行下道工序施工。

⑨质量证明文件：根据申请检验项目具体情况填写。

(2)《中间交工证书》(监表11，见第三章)填写说明

①工程内容：填写分项工程名称，如：底基层、基层、面层、垫层、联结层、路缘石、路肩等分项工程名称。工程内容的附件应汇总各道工序的检查记录。

②桩号：路面工程检测记录资料，以整公里为单元，按桩号组卷。设有中央分隔带的道路应左右幅分开。如：K11＋000～K12＋000左幅面层。

(3)《检验记录表》填写说明

①《检验记录表》是根据《现场质量检验报告单》或《验评标准》中的各项检查内容确定的。

②检查记录表中的规定值与允许偏差、设计值等项目应根据《验评标准》和设计文件的具体要求填写。

③检验记录表中的检测点数应严格按照《验评标准》所要求的频率进行。

④检验记录表中设有检测点数、合格点数、合格率等项内容，主要是为了工序质量判定方便，根据合格率不但可以直接判定工程是否合格，而且还可以进行分项工程评分。

5.路面工程施工资料常用表格填写范例

路面工程施工资料常用表格填写范例见表1-61～表1-74。

水泥混凝土面层现场质量检验报告单 表1-61

承包单位：××集团有限公司××公路工程A2标段项目经理部 合同号：×××

监理单位：××工程咨询有限公司××公路工程A2标段监理部 编 号：

工程名称		路面工程		施工时间		××年×月×日
桩号及部位		K11＋000～K12＋000左幅面层		检验时间		××年×月×日
项次	检查项目	规定值或允许偏差		检验结果		检验频率和方法
		高速公路 一级公路	其他公路	高速公路 一级公路	其他公路	
1	拉弯强度/MPa	在合格标准内		符合《验评标准》		
2	板厚度/mm 代表值	－5		符合《验评标准》		每200m车道2处
	板厚度/mm 合格值	－10		符合《验评标准》		
3	平整度 标准偏差σ/mm	1.2	符合《验评标准》	符合《验评标准》	符合《验评标准》	平整度仪：全线每车道连续检测，每100m计算σ、IRI
	平整度 IRI/(m/km)	2.0	符合《验评标准》	符合《验评标准》	符合《验评标准》	
	平整度 最大间歇h/mm	—	符合《验评标准》	符合《验评标准》	符合《验评标准》	3m直尺：半幅车道板带每200m测2处×10尺

续上表

项次	检查项目	规定值或允许偏差		检验结果		检验频率和方法
		高速公路 一级公路	其他公路	高速公路 一级公路	其他公路	
4	抗滑构造深度/mm	一般路段不小于0.7且不大于1.1;特殊路段不小于0.8且不大于1.2	一般路段不小于0.5且不大于1.0;特殊路段不小于0.6且不大于1.1	符合《验评标准》	符合《验评标准》	铺砂法:每200m测1处
5	相邻板高差/mm	2	3	符合《验评标准》	符合《验评标准》	抽量:每条胀缝两点;每200m抽纵、横各两条,每条两点
6	纵、横缝顺直度/mm	10		符合《验评标准》		纵缝20m拉线,每200m 4处;横缝沿板宽拉线,每200m 4条
7	中线平面偏位/mm	20		符合《验评标准》		经纬仪:每200m测4处
8	路面宽度/mm	±20		符合《验评标准》		抽量:每200m测4处
9	纵断高程/mm	±10	±15	符合《验评标准》	符合《验评标准》	水准仪:每200m测4断面
10	横坡/%	±0.15	±0.25	符合《验评标准》	符合《验评标准》	水准仪:每200m测4断面
自检说明: 符合设计规范及《验评标准》的要求。 施工员:××× ××年×月×日				监理评语: 符合设计规范及《验评标准》的要求。 监理员:××× ××年×月×日		

施工负责人:×××　　质量检查员:×××　　监理工程师:×××

沥青混凝土面层和沥青碎(砾)石面层现场质量检验报告单　　表1-62

承包单位:××集团有限公司××公路工程A2标段项目经理部　　合同号:×××

监理单位:××工程咨询有限公司××公路工程A2标段监理部　　编　号:

工程名称		路面工程		施工时间		××年×月×日
桩号及部位		K11+000~K12+000左幅面层		检验时间		××年×月×日
项次	检查项目	规定值或允许偏差		检验结果		检验频率和方法
		高速公路 一级公路	其他公路	高速公路 一级公路	其他公路	
1	压实度/%	试验室标准密度的96%(×98%) 最大理论密度的92%(×94%) 试验段密度的98%(×99%)		符合《验评标准》		每200m测1处

续上表

项次	检查项目		规定值或允许偏差		检验结果		检验频率和方法
			高速公路 一级公路	其他公路	高速公路 一级公路	其他公路	
2	平整度	标准偏差 σ/mm	1.2	2.5	符合《验评标准》		平整度仪：全线每车道连续检测，每100m计算σ、IRI
		IRI/(m/km)	2.0	4.2	符合《验评标准》		
		最大间歇 h/mm	—	5	符合《验评标准》		3m直尺：每200m测2处×10尺
3	弯沉度(0.01mm)		符合设计要求		符合设计要求		
4	渗水 系数	摩擦系数	SMA路面 200ml/min； 其他沥青混凝土 路面300ml/min	—	符合《验评标准》		渗水试验仪：每200m测1处
5	抗滑	摩擦系数	符合设计要求	—	符合设计要求		摆式仪：每200m测1处 横向力系数测定车：全线连续评定
		构造深度					铺砂法：每200m测1处
6	厚度/mm	代表值	总厚度：设计值的−5% 上面层：设计值的−10%	−0.8%H	符合设计要求		双车道每200m测1处
		合格值	总厚度：设计值的−10% 上面层：设计值的−20%	−15%H	符合设计要求		
7	中线平面偏位/mm		20	30	符合《验评标准》		经纬仪：每200m测4点
8	纵断高程/mm		±15	±20	符合《验评标准》		水准仪：每200m测4断面
9	宽度/mm	有侧石	±20	±30	符合《验评标准》		尺量：每200m测4处
		无侧石	不小于设计		符合设计要求		
10	横坡/%		±0.3	±0.5	符合《验评标准》		水准仪：每200m测4处

自检说明：	监理评语：
符合设计规范及《验评标准》的要求。 施工员：××× ××年×月×日	符合设计规范及《验评标准》的要求。 监理员：××× ××年×月×日

施工负责人：××× 质量检查员：××× 监理工程师：×××

沥青贯入式面层(或上拌下贯式面层)现场质量检验报告单

表 1-63

承包单位:××集团有限公司××公路工程 A2 标段项目经理部　　合同号:×××

监理单位:××工程咨询有限公司××公路工程 A2 标段监理部　　编号:

工程名称		路面工程		施工时间	××年×月×日
桩号及部位		K11+000～K12+000 左幅面层		检验时间	××年×月×日
项次	检查项目		规定值或允许偏差	检验结果	检验频率和方法
1	平整度	标准偏差 σ/mm	3.5	符合《验评标准》	平整度仪:全线每车道连续检测,每 100m 计算 σ、IRI
		IRI/(m/km)	5.8	符合《验评标准》	
		最大间隙 h/mm	8	符合《验评标准》	3m 直尺:每 200m 测 2 处×10 尺
2	弯沉值(0.01mm)		符合时间要求	符合设计要求	
3	厚度/mm	代表值	−0.8%H 或−5mm	符合设计要求	双车道每 200m 测 1 处
		权值	−15%H 或−10mm	符合设计要求	
4	沥青用量(kg/m²)		≯0.5%	符合《验评标准》	每工作日每层洒布查 1 处
5	中线平面偏位/mm		30	符合《验评标准》	经纬仪:每 200m 测 4 点
6	纵断高程/mm		±20	符合《验评标准》	水准仪:每 200m 测 4 断面
7	宽度/mm	有侧石	±30	符合《验评标准》	尺量:每 200m 测 4 处
		无侧石	不小于设计	符合设计要求	
8	横坡/%		±0.5	符合《验评标准》	水准仪:每 200m 测 4 处

自检说明:	监理评语:
符合设计规范及《验评标准》的要求。	符合设计规范及《验评标准》的要求。
施工员:××× ××年×月×日	监理员:××× ××年×月×日

施工负责人:×××　　质量检查员:×××　　监理工程师:×××

沥青表面处治面层现场质量检验报告单

表 1-64

承包单位:××集团有限公司××公路工程 A2 标段项目经理部　　合同号:×××

监理单位:××工程咨询有限公司××公路工程 A2 标段监理部　　编号:

工程名称		路面工程		施工时间	××年×月×日
桩号及部位		K11+000～K12+000 左幅面层		检验时间	××年×月×日
项次	检查项目		规定值或允许偏差	检验结果	检验频率和方法
1	平整度	标准偏差 σ/mm	4.5	符合《验评标准》	平整度仪:全线每车道连续检测,每 100m 计算 σ、IRI
		IRI/(m/km)	7.5	符合《验评标准》	
		最大间歇 h/mm	10	符合《验评标准》	3m 直尺:每 200m 测 2 处×10 尺
2	弯沉值(0.01mm)		符合时间要求	符合设计要求	
3	厚度/mm	代表值	−5	符合《验评标准》	双车道每 200m 测 1 处
		极值	−10	符合《验评标准》	
4	沥青总用量/(kg/m²)		±0.5%	符合《验评标准》	每工作日每层洒布查 1 处

续上表

项次	检查项目		规定值或允许偏差	检验结果	检验频率和方法
5	中线平面偏位/mm		30	符合《验评标准》	经纬仪:每200m测4点
6	纵断高程/mm		±20	符合《验评标准》	水准仪:每200m测4断面
7	宽度/mm	有侧石	±30	符合《验评标准》	尺量:每200m测4处
		无侧石	不小于设计值	符合设计要求	
8	横坡/%		±0.5	符合《验评标准》	水准仪:每200m测4处

自检说明:	监理评语:
符合设计规范及《验评标准》的要求。	符合设计规范及《验评标准》的要求。
施工员:××× ××年×月×日	监理员:××× ××年×月×日

施工负责人:××× 质量检查员:××× 监理工程师:×××

水泥土基层和底基层现场质量检验报告单

表1-65

承包单位:××集团有限公司××公路工程A2标段项目经理部 合同号:×××

监理单位:××工程咨询有限公司××公路工程A2标段监理部 编号:

工程名称		路面工程				施工时间				××年×月×日
桩号及部位		K11+000~K12+000基层				检验时间				××年×月×日
项次	检查项目		规定值或允许偏差				检查结果			检验频率和方法
			基层		底基层		基层		底基层	
			高速公路一级公路	其他公路	高速公路一级公路	其他公路	高速公路一级公路	其他公路	高速公路一级公路	其他公路	
1	压实度/%	代表值	—	95	95	93	符合《验评标准》				每200m车道2处
		极值	—	91	91	89	符合《验评标准》				
2	平整度/mm		—	12	12	15	符合《验评标准》				3m直尺:每200m测2处×10尺
3	纵断高程/mm		—	+5,−15	+5,−15	+5,−20	符合《验评标准》				水准仪:每200m测4断面
4	宽度/mm		符合设计要求		符合设计要求		符合设计要求				尺量:每200m测4处
5	厚度/mm	代表值	—	−10	−10	−12	符合《验评标准》				每200m车道2点
		极值	—	−20	−25	−30	符合《验评标准》				
6	横坡/%		—	±0.5	±0.3	±0.5	符合《验评标准》				水准仪:每200m测4断面
7	强度/MPa		符合设计要求		符合设计要求		符合设计要求				

续上表

自检说明：	监理评语：
符合设计规范及《验评标准》的要求。 施工员：××× ××年×月×日	符合设计规范及《验评标准》的要求。 监理员：××× ××年×月×日

施工负责人：×××　　质量检查员：×××　　监理工程师：×××

水泥稳定粒料基层和底基层现场质量检验报告单

表 1-66

承包单位：××集团有限公司××公路工程 A2 标段项目经理部　　合同号：×××

监理单位：××工程咨询有限公司××公路工程 A2 标段监理部　　编号：

工程名称			路面工程				施工时间				××年×月×日
桩号及部位			K11＋000～K12＋000 基层				检验时间				××年×月×日
项次	检查项目		规定值或允许偏差				检查结果				检验频率和方法
			基层		底基层		基层		底基层		
			高速公路一级公路	其他公路	高速公路一级公路	其他公路	高速公路一级公路	其他公路	高速公路一级公路	其他公路	
1	压实度/%	代表值	98	97	96	95	符合《验评标准》				每 200m 车道 2 处
		极值	94	93	92	21	符合《验评标准》				
2	平整度/mm		8	12	12	15	符合《验评标准》				3m 直尺：每 200m 测 2 处×10 尺
3	纵断高程/mm		＋5，－10	＋5，－15	＋5，－15	＋5－20	符合《验评标准》				水准仪：每 200m 测 4 断面
4	宽度/mm		符合设计要求		符合设计要求		符合设计要求				尺量：每 200m 测 4 处
5	厚度/mm	代表值	－8	－10	－10	－12	符合《验评标准》				每 200m 车道 2 处
		极值	—15	－20	－25	－30	符合《验评标准》				
6	横坡/%		±0.3	±0.5	±0.3	±0.5	符合《验评标准》				水准仪：每 200m 测 4 断面
7	强度/MPa		符合设计要求		符合设计要求		符合设计要求				

自检说明：	监理评语：
符合设计规范及《验评标准》的要求。 施工员：××× ××年×月×日	符合设计规范及《验评标准》的要求。 监理员：××× ××年×月×日

施工负责人：×××　　质量检查员：×××　　监理工程师：×××

石灰土基层和底基层现场质量检验报告单

表 1-67

承包单位：××集团有限公司××公路工程 A2 标段项目经理部　　合同号：×××

监理单位：××工程咨询有限公司××公路工程 A2 标段监理部　　编号：

工程名称	路面工程	施工时间	××年×月×日
桩号及部位	K11＋000～K12＋000 底基层	检验时间	××年×月×日

项次	检查项目		规定值或允许偏差				检查结果				检验频率和方法
			基层		底基层		基层		底基层		
			高速公路一级公路	其他公路	高速公路一级公路	其他公路	高速公路一级公路	其他公路	高速公路一级公路	其他公路	
1	压实度/%	代表值	—	95	95	93	符合《验评标准》				每 200m 车道 2 处
		极值	—	91	91	89	符合《验评标准》				
2	平整度/mm		—	12	12	15	符合《验评标准》				3m 直尺：每 200m 测 2 处×10 尺
3	纵断高程/mm		—	＋5，－15	＋5，－15	＋5，－20	符合《验评标准》				水准仪：每 200m 测 4 断面
4	宽度/mm		符合设计要求		符合设计要求		符合设计要求				尺量：每 200m 测 4 处
5	厚度/mm	代表值	—	－10	－10	－12	符合《验评标准》				每 200m 车道 2 处
		极值	—	－20	－25	－30	符合《验评标准》				
6	横坡/%		—	±0.5	±0.3	±0.5	符合《验评标准》				水准仪：每 200m 测 4 断面
7	强度/MPa		符合设计要求		符合设计要求		符合设计要求				

自检说明：	监理评语：
符合设计规范及《验评标准》的要求。	符合设计规范及《验评标准》的要求。
施工员：××× ××年×月×日	监理员：××× ××年×月×日

施工负责人：×××　　质量检查员：×××　　监理工程师：×××

石灰稳定粒料基层和底基层现场质量检验报告单

表 1-68

承包单位：××集团有限公司××公路工程 A2 标段项目经理部　　合同号：×××

监理单位：××工程咨询有限公司××公路工程 A2 标段监理部　　编号：

工程名称	路面工程	施工时间	××年×月×日
桩号及部位	K11＋000～K12＋000 底基层	检验时间	××年×月×日

项次	检查项目		规定值或允许偏差				检查结果				检验频率和方法
			基层		底基层		基层		底基层		
			高速公路一级公路	其他公路	高速公路一级公路	其他公路	高速公路一级公路	其他公路	高速公路一级公路	其他公路	
1	压实度/%	代表值	—	97	96	95	符合《验评标准》				每 200m 车道 2 处
		极值	—	93	92	91	符合《验评标准》				

续上表

项次	检查项目		规定值或允许偏差				检查结果				检验频率和方法
			基层		底基层		基层		底基层		
			高速公路一级公路	其他公路	高速公路一级公路	其他公路	高速公路一级公路	其他公路	高速公路一级公路	其他公路	
2	平整度/mm		—	12	12	15	符合《验评标准》				3m直尺：每200m测2处×10尺
3	纵断高程/mm		—	+5，−15	+5，−15	+5，−20	符合《验评标准》				水准仪：每200m测4断面
4	宽度/mm		符合设计要求		符合设计要求		符合设计要求				尺量：每200m测4处
5	厚度/mm	代表值	—	−10	−10	−12	符合《验评标准》				每200m车道2处
		极值	—	−20	−25	−30	符合《验评标准》				
6	横坡/%		—	±0.5	±0.3	±0.5	符合《验评标准》				水准仪：每200m测4断面
7	强度/MPa		符合设计要求		符合设计要求		符合设计要求				

自检说明：	监理评语：
符合设计规范及《验评标准》的要求。	符合设计规范及《验评标准》的要求。
施工员：××× ××年×月×日	监理员：××× ××年×月×日

施工负责人：××× 质量检查员：××× 监理工程师：×××

石灰、粉煤灰基层和底基层现场质量检验报告单 表1-69

承包单位：××集团有限公司××公路工程A2标段项目经理部 合同号：×××

监理单位：××工程咨询有限公司××公路工程A2标段监理部 编号：

工程名称	路面工程	施工时间	××年×月×日
桩号及部位	K11+000～K12+000底基层	检验时间	××年×月×日

项次	检查项目		规定值或允许偏差				检查结果				检验频率和方法
			基层		底基层		基层		底基层		
			高速公路一级公路	其他公路	高速公路一级公路	其他公路	高速公路一级公路	其他公路	高速公路一级公路	其他公路	
1	压实度/%	代表值	——	95	95	93	符合《验评标准》				每200m车道2处
		极值	—	91	91	89	符合《验评标准》				
2	平整度/mm		—	12	12	15	符合《验评标准》				3m直尺：每200m测2处×10尺
3	纵断高程/mm		—	+5，−15	+5，−15	+5，−20	符合《验评标准》				水准仪：每200m测4断面
4	宽度/mm		符合设计要求		符合设计要求		符合设计要求				尺量：每200m测4处

续上表

项次	检查项目		规定值或允许偏差				检查结果				检验频率和方法
			基层		底基层		基层		底基层		
			高速公路一级公路	其他公路	高速公路一级公路	其他公路	高速公路一级公路	其他公路	高速公路一级公路	其他公路	
5	厚度/mm	代表值	—	−10	−10	−12	符合《验评标准》				每 200m 车道 2 处
		极值	—	−20	−25	−30	符合《验评标准》				
6	横坡/%		—	±0.5	±0.3	±0.5	符合《验评标准》				水准仪:每 200m 测 4 断面
7	强度/MPa		符合设计要求		符合设计要求		符合设计要求				
自检说明: 符合设计规范及《验评标准》的要求。 施工员:××× ××年×月×日							监理评语: 符合设计规范及《验评标准》的要求。 监理员:××× ××年×月×日				

施工负责人:××× 质量检查员:××× 监理工程师:×××

石灰、粉煤灰稳定粒料基层和底基层现场质量检验报告单 表 1-70

承包单位:××集团有限公司××公路工程 A2 标段项目经理部 合同号:×××

监理单位:××工程咨询有限公司××公路工程 A2 标段监理部 编号:

工程名称			路面工程				施工时间				××年×月×日
桩号及部位			K11+000~K12+000 基层				检验时间				××年×月×日
项次	检查项目		规定值或允许偏差				检查结果				检验频率和方法
			基层		底基层		基层		底基层		
			高速公路一级公路	其他公路	高速公路一级公路	其他公路	高速公路一级公路	其他公路	高速公路一级公路	其他公路	
1	压实度/%	代表值	98	97	96	95	符合《验评标准》				每 200m 车道两处
		极值	94	93	92	91	符合《验评标准》				
2	平整度/mm		—	12	12	15	符合《验评标准》				3m 直尺:每 200m 测 2 处×10 尺
3	纵断高程/mm		—	+5,−15	+5,−15	+5,−20	符合《验评标准》				水准仪:每 200m 测 4 断面
4	宽度/mm		符合设计要求		符合设计要求		符合设计要求				尺量:每 200m 测 4 处
5	厚度/mm	代表值	−8	−10	−10	−12	符合《验评标准》				每 200m 车道 2 处
		极值	−15	−20	−25	−30	符合《验评标准》				
6	横坡/%		±0.3	±0.5	±0.3	±0.5	符合《验评标准》				水准仪:每 200m 测 4 断面
7	强度/MPa		符合设计要求		符合设计要求		符合设计要求				

续上表

自检说明： 符合设计规范及《验评标准》的要求。 施工员：××× ××年×月×日	监理评语： 符合设计规范及《验评标准》的要求。 监理员：××× ××年×月×日

施工负责人：×××　　　　质量检查员：×××　　　　监理工程师：×××

级配碎(砾)石基层和底基层现场质量检验报告单

表1-71

承包单位：××集团有限公司××公路工程A2标段项目经理部　　　　合同号：×××

监理单位：××工程咨询有限公司××公路工程A2标段监理部　　　　编号：

工程名称		路面工程					施工时间				××年×月×日
桩号及部位		K11+000～K12+000底基层					检验时间				××年×月×日
项次	检查项目		规定值或允许偏差				检查结果				检验频率和方法
			基层		底基层		基层		底基层		
			高速公路一级公路	其他公路	高速公路一级公路	其他公路	高速公路一级公路	其他公路	高速公路一级公路	其他公路	
1	压实度/%	代表值	98	98	96	96	符合《验评标准》				每200m车道两处
		极值	94	94	92	92	符合《验评标准》				
2	弯沉值(0.01mm)		符合设计要求		符合设计要求		符合设计要求				
3	平整度/mm		8	12	12	15	符合《验评标准》				3m直尺：每200m测2处×10尺
4	纵断高程/mm		+5，−10	+5，−15	+5，−15	+5，−20	符合《验评标准》				水准仪：每200m测4断面
5	宽度/mm		符合设计要求		符合设计要求		符合设计要求				尺量：每200m测4处
6	厚度/mm	代表值	−8	−10	−10	−12	符合《验评标准》				每200m车道2处
		极值	−15	−20	−25	−30	符合《验评标准》				
7	横坡/%		±0.3	±0.5	±0.3	±0.5	符合《验评标准》				水准仪：每200m测4断面

自检说明： 符合设计规范及《验评标准》的要求。 施工员：××× ××年×月×日	监理评语： 符合设计规范及《验评标准》的要求。 监理员：××× ××年×月×日

施工负责人：×××　　　　质量检查员：×××　　　　监理工程师：×××

填隙砾石(矿渣)基层和底基层现场质量检验报告单 表 1-72

承包单位:××集团有限公司××公路工程 A2 标段项目经理部 合同号:×××

监理单位:××工程咨询有限公司××公路工程 A2 标段监理部 编号:

工程名称	路面工程	施工时间	××年×月×日
桩号及部位	K11+000~K12+000 底基层	检验时间	××年×月×日

项次	检查项目		规定值或允许偏差				检查结果	检验频率和方法
			基层		底基层		基层 / 底基层	
			高速公路一级公路	其他公路	高速公路一级公路	其他公路	高速公路一级公路 / 其他公路 / 高速公路一级公路 / 其他公路	
1	固定体积率%	代表值	—	85	85	83	符合《验评标准》	每 200m 车道 2 处
		极值	—	82	82	80	符合《验评标准》	
2	弯沉值(0.01mm)		符合设计要求		符合设计要求		符合设计要求	
3	平整度/mm		—	12	12	15	符合《验评标准》	3m 直尺:每 200m 测两处×10 尺
4	纵断高程/mm		—	+5,−15	+5,−15	+5,−20	符合《验评标准》	水准仪:每 200m 测 4 断面
5	宽度/mm		符合设计要求		符合设计要求		符合设计要求	尺量:每 200m 测 4 处
6	厚度/mm	代表值	—	−10	−10	−12	符合《验评标准》	每 200m 车道 2 处
		极值	—	−20	−25	−30	符合《验评标准》	
7	横坡/%		—	±0.5	±0.3	±0.5	符合《验评标准》	水准仪:每 200m 测 4 断面

自检说明:	监理评语:
符合设计规范及《验评标准》的要求。	符合设计规范及《验评标准》的要求。
施工员:××× ××年×月×日	监理员:××× ××年×月×日

施工负责人:××× 质量检查员:××× 监理工程师:×××

路缘石铺设现场质量检验报告单 表 1-73

承包单位:××集团有限公司××公路工程 A2 标段项目经理部 合同号:×××

监理单位:××工程咨询有限公司××公路工程 A2 标段监理部 编号:

工程名称	路面工程	施工时间	××年×月×日
桩号及部位	K11+000~K12+000 左侧路缘石	检验时间	××年×月×日

项次	检查项目		规定值或允许偏差	检验结果	检验频率和方法
1	直顺度/mm		10	符合《验评标准》	20m 拉线:每 200m 测 4 处
2	预制铺设	相邻两块高差/mm	3	符合《验评标准》	水平尺:每 200m 测 4 处
		相邻两块缝宽/mm	±3	符合《验评标准》	尺量:每 200m 测 4 处
	现浇	宽度/mm	±5	符合《验评标准》	尺量:每 200m 测 4 处
3	顶面高程/mm		±10	符合《验评标准》	水准仪:每 200m 测 4 处

续上表

自检说明：	监理评语：
符合设计规范及《验评标准》的要求。 施工员：××× ××年×月×日	符合设计规范及《验评标准》的要求。 监理员：××× ××年×月×日

施工负责人：×××　　质量检查员：×××　　监理工程师：×××

路肩现场质量检验报告单

表 1-74

承包单位：××集团有限公司××公路工程 A2 标段项目经理部　　合同号：×××

监理单位：××工程咨询有限公司××公路工程 A2 标段监理部　　编号：

工程名称		路面工程		施工时间	××年×月×日
桩号及部位		K11＋000～K12＋000 左侧路肩		检验时间	××年×月×日
项次	检查项目		规定值或允许偏差	检验结果	检验频率和方法
1	压实度/%		不小于设计	符合设计要求	每 200m 测 2 处
2	平整度/mm	土路肩	20	符合《验评标准》	3m 直尺：每 200m 测 2 处×4 尺
		硬路肩	10	符合《验评标准》	
3	横坡/%		±1.0	符合《验评标准》	水准仪：每 200m 测 2 处
4	宽度/mm		符合设计要求	符合设计要求	尺量：每 200m 测 2 处

自检说明：	监理评语：
符合设计规范及《验评标准》的要求。 施工员：××× ××年×月×日	符合设计规范及《验评标准》的要求。 监理员：××× ××年×月×日

施工负责人：×××　　质量检查员：×××　　监理工程师：×××

《现场质量检验报告单》(表 1-61～表 1-74)填写说明：

(1)工程名称：填写分部工程(子分部工程)名称，如 K11＋000～K12＋000 路面工程。

(2)桩号及部位：填写分项工程名称。如底基层、基层、面层、垫层、联结层、路缘石、路肩等分项工程。如 K11＋000～K12＋000 左幅面层。

(3)检验结果：根据检验记录的计算结果如实填写。当检验记录合格率为 100%或质量评定为合格时，再检验结果栏填写符合《验评标准》、符合设计要求或直接填写“合格”。不再填写其他数据，因为检验记录里面已经记录的很全面了。

(4)检验频率和方法：根据《验评标准》的要求填写。

第三节　桥 梁 工 程

桥梁工程由基础及下部构造、上部构造预制和安装、上部构造现场浇筑、总体桥面系和附属工程、防护工程、引道工程等分部工程组成。

桥梁工程施工检验记录通常以分部工程为单元进行组卷。当项目较大、分部工程资料较多时，基础及下部构造以墩台为单元进行组卷；上部构造预制和安装记录一起装订，以每孔为单元进行组卷；总体、桥面铺装以分项工程为单元进行组卷。

1. 基坑开挖、处理施工记录、检查资料

桥梁工程基坑开挖、处理施工记录、检查资料的内容见表1-75。

桥梁工程基坑开挖、处理施工记录、检查资料 表1-75

序号	资料编号	资料名称	序号	资料编号	资料名称
1	监表05	《检验申请批复单》	3	检验记录表10	《基坑检验记录表》
2	监表01	《施工放样报验单》	4	检验记录表11	《地基钎探记录表》

2. 基础施工检查资料

桥梁工程基础施工检查资料的内容见表1-76。

桥梁工程基础施工检查资料 表1-76

<table>
<tr><th colspan="2">项　目</th><th>资料编号</th><th>资料名称</th></tr>
<tr><td colspan="2" rowspan="3">钢筋(分项)</td><td>监表11</td><td>《中间交工证书》</td></tr>
<tr><td>监表05</td><td>《检验申请批复单》</td></tr>
<tr><td>检验表46</td><td>《钢筋安装现场质量检验报告单》</td></tr>
<tr><td rowspan="6">基础</td><td rowspan="3">模板(工序)</td><td>监表05</td><td>《检验申请批复单》</td></tr>
<tr><td>监表01</td><td>《施工放样报验单》</td></tr>
<tr><td>检验记录表15</td><td>《模板安装检验记录表》</td></tr>
<tr><td rowspan="3">混凝土(工序)</td><td>试表01</td><td>《混凝土浇筑申请报告单》</td></tr>
<tr><td>试表02</td><td>《水泥混凝土施工原始记录》</td></tr>
<tr><td>试表03</td><td>《水泥混凝土抗压强度试验》</td></tr>
<tr><td colspan="2" rowspan="3">基础(分项)</td><td>监表11</td><td>《中间交工证书》</td></tr>
<tr><td>监表05</td><td>《检验申请批复单》</td></tr>
<tr><td>检验表56</td><td>《扩大基础现场质量检验报告单》</td></tr>
</table>

3. 钻孔灌注桩检测资料

桥梁工程钻孔灌注桩检测资料的内容见表1-77。

桥梁工程钻孔灌注桩检测资料 表1-77

项　目	资料编号	资料名称
桩基础钢筋(分项)	监表11	《中间交工证书》
	监表05	《检验申请批复单》
	监表46	《钢筋安装现场质量检验报告单》
钻孔灌注桩(分项)	监表11	《中间交工证书》
	监表05	《检验申请批复单》
	检验表57	《钻孔灌注桩现场质量检验报告单》
钻孔灌注桩(工序)	试表01	《混凝土浇筑申请报告单》
	试表02	《水泥混凝土施工原始记录》
	试表03	《水泥混凝土抗压强度试验》

4. 承台施工检查资料

桥梁工程承台施工检查资料的内容见表 1-78。

桥梁工程承台施工检查资料 表 1-78

项　目		资料编号	资料名称
钢筋(分项)		监表 11	《中间交工证书》
		监表 05	《检验申请批复单》
		检验表 46	《钢筋安装现场质量检验报告单》
承台	模板(工序)	监表 05	《检验申请批复单》
		监表 01	《施工放样报验单》
		检验表 15	《模板安装检验记录表》
	混凝土(工序)	试表 01	《混凝土浇筑申请报告单》
		试表 02	《水泥混凝土施工原始记录》
		试表 03	《水泥混凝土抗压强度试验》
承台(分项)		监表 11	《中间交工证书》
		监表 05	《检验申请批复单》
		检验表 62	《承台现场质量检验报告单》

5. 墩柱施工检查资料

桥梁工程墩柱施工检查资料的内容见表 1-79。

桥梁工程墩柱施工检查资料 表 1-79

项　目		资料编号	资料名称
钢筋(分项)		监表 11	《中间交工证书》
		监表 05	《检验申请批复单》
		检验表 46	《钢筋安装现场质量检验报告单》
墩柱	模板(工序)	监表 05	《检验申请批复单》
		监表 01	《施工放样报验单》
		检验记录表 15	《模板安装检验记录表》
	混凝土(工序)	试表 01	《混凝土浇筑申请报告单》
		试表 02	《水泥混凝土施工原始记录》
		试表 03	《水泥混凝土抗压强度试验》
墩柱(分项)		监表 11	《中间交工证书》
		监表 05	《检验申请批复单》
		检验表 64	《柱或双壁墩身现场质量检验报告单》

6. 台身施工检查资料

桥梁工程台身施工检查资料的内容见表 1-80。

桥梁工程台身施工检查资料 表 1-80

项目		资料编号	资料名称
钢筋(分项)		监表 11	《中间交工证书》
		监表 05	《检验申请批复单》
		检验表 46	《钢筋安装现场质量检验报告单》
台身	模板(工序)	监表 05	《检验申请批复单》
		监表 01	《施工放样报验单》
		检验记录表 15	《模板安装检验记录表》
	混凝土(工序)	试表 01	《混凝土浇筑申请报告单》
		试表 02	《水泥混凝土施工原始记录》
		试表 03	《水泥混凝土抗压强度试验》
台身(分项)		监表 11	《中间交工证书》
		监表 05	《检验申请批复单》
		检验表 63	《墩、台身现场质量检验报告单》

7. 墩、台帽或盖梁施工检查资料。

桥梁工程墩、台帽或盖梁施工检查资料的内容见表 1-81。

桥梁工程墩、台帽或盖梁施工检查资料 表 1-81

项目		资料编号	资料名称
钢筋(分项)		监表 11	《中间交工证书》
		监表 05	《检验申请批复单》
		检验表 46	《钢筋安装现场质量检验报告单》
墩台帽或盖梁	模板(工序)	监表 05	《检验申请批复单》
		监表 01	《施工放样报验单》
		检验记录表 15	《模板安装检验记录表》
	混凝土(工序)	试表 01	《混凝土浇筑申请报告单》
		试表 02	《水泥混凝土施工原始记录》
		试表 03	《水泥混凝土抗压强度试验》
墩台帽或盖梁(分项)		监表 11	《中间交工证书》
		监表 05	《检验申请批复单》
		检验表 66	《墩台帽或盖梁现场质量检验报告单》

8. 梁板预制施工检查资料

桥梁工程梁板预制施工检查资料的内容见表 1-82。

<table>
<caption>桥梁工程梁板预制施工检查资料　表 1-82</caption>
<tr><th colspan="2">项　目</th><th>资料编号</th><th>资料名称</th></tr>
<tr><td colspan="2" rowspan="4">钢筋(分项)</td><td>监表 11</td><td>《中间交工证书》</td></tr>
<tr><td>监表 05</td><td>《检验申请批复单》</td></tr>
<tr><td>检验表 46</td><td>《钢筋安装现场质量检验报告单》</td></tr>
<tr><td>检验表 51</td><td>《后张法现场质量检验报告单》</td></tr>
<tr><td rowspan="6">空心板预制</td><td rowspan="3">模板(工序)</td><td>监表 05</td><td>《检验申请批复单》</td></tr>
<tr><td>监表 01</td><td>《施工放样报验单》</td></tr>
<tr><td>检验记录表 15</td><td>《模板安装检验记录表》</td></tr>
<tr><td rowspan="3">混凝土(工序)</td><td>试表 01</td><td>《混凝土浇筑申请报告单》</td></tr>
<tr><td>试表 02</td><td>《水泥混凝土施工原始记录》</td></tr>
<tr><td>试表 03</td><td>《水泥混凝土抗压强度试验》</td></tr>
<tr><td colspan="2" rowspan="3">空心板预制(分项)</td><td>监表 11</td><td>《中间交工证书》</td></tr>
<tr><td>监表 05</td><td>《检验申请批复单》</td></tr>
<tr><td>检验表 68</td><td>《梁(板)预制现场质量检验报告单》</td></tr>
</table>

9.梁板安装施工检查资料

桥梁工程梁板安装施工检查资料的内容见表 1-83。

桥梁工程梁板安装施工检查资料　表 1-83

序　号	资料编号	资料名称
1	监表 11	《中间交工证书》
2	监表 05	《检验申请批复单》
3	检验表 69	《梁(板)安装现场质量检验报告单》

10.桥面铺装施工检查资料

桥梁工程桥面铺装施工检查资料的内容见表 1-84。

<table>
<caption>桥梁工程桥面铺装施工检查资料　表 1-84</caption>
<tr><th>项　目</th><th>资料编号</th><th>资料名称</th></tr>
<tr><td rowspan="4">钢筋安装(分项)</td><td>监表 11</td><td>《中间交工证书》</td></tr>
<tr><td>监表 05</td><td>《检验申请批复单》</td></tr>
<tr><td>检验表 46</td><td>《钢筋安装现场质量检验报告单》</td></tr>
<tr><td>检验表 47</td><td>《钢筋网现场质量检验报告单》</td></tr>
<tr><td rowspan="3">桥面铺装(分项)</td><td>监表 11</td><td>《中间交工证书》</td></tr>
<tr><td>监表 05</td><td>《检验申请批复单》</td></tr>
<tr><td>检验表 89</td><td>《桥面铺装现场质量检验报告单》</td></tr>
<tr><td rowspan="3">桥面铺装(工序)</td><td>试表 01</td><td>《混凝土浇筑申请报告单》</td></tr>
<tr><td>试表 02</td><td>《水泥混凝土施工原始记录》</td></tr>
<tr><td>试表 03</td><td>《水泥混凝土抗压强度试验》</td></tr>
</table>

11. 桥梁总体检查资料

桥梁工程桥梁总体检查资料的内容见表1-85。

桥梁工程桥梁总体检查资料　　表1-85

序　　号	资 料 编 号	资 料 名 称
1	监表11	《中间交工证书》
2	监表05	《检验申请批复单》
3	检验表45	《桥梁总体现场质量检验报告单》

12. 桥梁工程《检验申请批复单》、《中间交工证书》及《检验记录表》

(1)《检验申请批复单》(监表05,见第三章)填写说明:

①工程项目:填写单位工程名称,如K11+000大桥。

②工程地点、桩号:填写结构物中线里程桩号,如K11+000。

③具体部位:填写分项工程名称,以基础及下部构造为例,填写扩大基础、桩基、地下连续墙、承台、沉井、桩的制作、钢筋加工及安装、墩台身(砌体)浇筑、墩台身安装、墩台帽、组合桥台、台背填土、支座垫石和挡块等各项工程名称。

④要求到现场检验时间:填写为保证正常施工要求的最迟检验时间,如2006年2月20日上午8:00。

⑤递交日期、时间、签字:承包人一般应提前24小时,以书面形式通知监理工程师,递交人签字。

⑥监理员收到日期、时间、签字:填写监理员实际收到时间、接收人员签字。

⑦监理员评论和签字:监理员根据设计图纸和施工规范要求进行现场检查后,如实填写。

⑧监理工程师签字:监理工程师根据监理员审查情况,决定是否进行下道工序施工。

⑨质量证明文件:根据申请检验项目具体情况填写。

(2)《中间交工证书》(监表11,见第三章)填写说明

①工程内容:填写分项工程名称,以基础及下部构造为例,填写扩大基础、桩基、地下连续墙、承台、沉井、桩的制作、钢筋加工及安装、墩台身(砌体)浇筑、墩台身安装、墩台帽、组合桥台、台背填土、支座垫石和挡块等分项工程名称。工程内容的附件应汇总各道工序大检查记录。

②桩号:以K11+000大桥为例,填写中心里程桩号K11+000。

(3)《检验记录表》填写说明

①《检验记录表》是根据《现场质量检验报告单》或《验评标准》中的各项检查内容确定的。

②检查记录表中的规定值与允许偏差、设计值等项目应根据《验评标准》和设计文件的具体要求填写。

③检验记录表中的检测点数应严格按照《验评标准》所要求的频率进行。

④检验记录表中设有检测点数、合格点数、合格率等项内容,主要是为了工序质量判定方便,根据合格率不但可以直接判定工程是否合格,而且还可以进行分项工程评分。

13. 桥梁工程施工资料常用表格填写范例

桥梁工程施工资料常用表格填写范例见表1-86～表1-101。

桥梁总体现场质量检验报告单　　表 1-86

承包单位：××集团有限公司××公路工程 A2 标段项目经理部　　合同号：×××

监理单位：××工程咨询有限公司××公路工程 A2 标段监理部　　编号：

工程名称		K11+000 大桥	施工时间	××年×月×日
桩号及部位		K11+000 大桥总体	检验时间	××年×月×日
项次	检查项目	规定值或允许偏差	检查结果	检查频率和方法
1	桥面中线偏位/mm	20	符合《验评标准》	全站仪或经纬仪：检查 3～8 处
2	桥宽/mm　行车道	±10	符合《验评标准》	尺量：每孔 3～5 处
	桥宽/mm　人行道	±10	符合《验评标准》	
3	桥长/mm	+300，−100	符合《验评标准》	全站仪或经纬仪、钢尺：检查中心线
4	引道中心线与桥梁中心线的衔接/mm	30	符合《验评标准》	尺量：分别将引道中心线和桥梁中心线延长至两岸桥长端部，比较其平面位置
5	桥头高程衔接/mm	±3	符合《验评标准》	水准仪：在桥头搭板范围内顺延桥面纵坡，每米 1 点，测量高程

自检说明：	监理评语：
符合设计规范及《验评标准》的要求。 施工员：××× ××年×月×日	符合设计规范及《验评标准》的要求。 监理员：××× ××年×月×日

施工负责人：×××　　质量检查员：×××　　监理工程师：×××

钢筋加工安装现场质量检验报告单　　表 1-87

承包单位：××集团有限公司××公路工程 A2 标段项目经理部　　合同号：×××

监理单位：××工程咨询有限公司××公路工程 A2 标段监理部　　编号：

工程名称				K11+000 大桥	施工时间	××年×月×日
桩号及部位				K11+000 大桥基础钢筋	检验时间	××年×月×日
项次	检查项目			规定值或允许偏差	检查结果	检查频率和方法
1	受力钢筋间距/mm	两排以上排距		±5	符合《验评标准》	尺量：每构件检查两个断面
		同排	梁、板、拱肋	±10	符合《验评标准》	
			基础、锚碇、墩台、柱	±20	符合《验评标准》	
		灌注桩		±20	符合《验评标准》	
2	箍筋、横向水平钢筋、螺旋筋间距/mm			±10	符合《验评标准》	尺量：每构件检查 5～10 个间距
3	钢筋骨架尺寸	长		±10	符合《验评标准》	尺量：按骨架总数 30% 抽查
		宽、高或直径		±5	符合《验评标准》	
4	弯起钢筋位置/mm			±20	符合《验评标准》	尺量：每骨架抽查 30%

续上表

项次	检查项目		规定值或允许偏差	检查结果	检查频率和方法
5	保护层厚度/mm	柱、梁、拱肋	±5	符合《验评标准》	尺量：每构件沿模板周边检查8处
		基础、锚碇、墩台	±10	符合《验评标准》	
		板	±3	符合《验评标准》	

自检说明： 符合设计规范及《验评标准》的要求。 施工员：××× ××年×月×日	监理评语： 符合设计规范及《验评标准》的要求。 监理员：××× ××年×月×日

施工负责人：××× 质量检查员：××× 监理工程师：×××

钢筋网现场质量检验报告单

表1-88

承包单位：××集团有限公司××公路工程A2标段项目经理部 合同号：×××

监理单位：××工程咨询有限公司××公路工程A2标段监理部 编号：

工程名称		K11+000大桥	施工时间	××年×月×日
桩号及部位		K11+000大桥基础钢筋	检验时间	××年×月×日
项次	检查项目	规定值或允许偏差	检查结果	检查频率和方法
1	网的长、宽/mm	±10	符合《验评标准》	尺量：全部
2	网眼尺寸/mm	±10	符合《验评标准》	尺量：抽查3个网眼
3	对角线差/mm	15	符合《验评标准》	尺量：抽查3个网眼对角线

自检说明： 符合设计规范及《验评标准》的要求。 施工员：××× ××年×月×日	监理评语： 符合设计规范及《验评标准》的要求。 监理员：××× ××年×月×日

施工负责人：××× 质量检查员：××× 监理工程师：×××

钻孔灌注桩现场质量检验报告单

表1-89

承包单位：××集团有限公司××公路工程A2标段项目经理部 合同号：×××

监理单位：××工程咨询有限公司××公路工程A2标段监理部 编号：

工程名称		K11+000大桥	施工时间	××年×月×日
桩号及部位		K11+000大桥基础钢筋	检验时间	××年×月×日
项次	检查项目	规定值或允许偏差	检查结果	检查频率和方法
1	混凝土强度/MPa	在合格标准内	符合《验评标准》	

续上表

项次	检查项目			规定值或允许偏差	检查结果	检查频率和方法
2	桩位/mm	群桩		100	符合《验评标准》	全站仪或经纬仪:每桩检查
		排架桩	允许	50	符合《验评标准》	
			极值	100	符合《验评标准》	
3	孔深/m			不小于设计	符合设计要求	测绳量:每桩测量
4	孔径/mm			不小于设计	符合设计要求	探孔器:每桩测量
5	钻孔倾斜度/mm			1%桩长,且不大于500	符合《验评标准》	用侧壁(斜)仪或钻杆垂线法:每桩检查
6	沉淀厚度/mm	摩擦桩		符合设计规定,设计未规定时按施工规范要求	符合设计及施工规范要求	沉淀盒或标准测锤:每桩检查
		支撑桩		不大于设计规定	符合设计要求	
7	钢筋骨架底面高程/mm			±50	符合《验评标准》	水准仪:测每桩骨架顶面高程后反算

自检说明:	监理评语:
符合设计规范及《验评标准》的要求。 施工员:××× ××年×月×日	符合设计规范及《验评标准》的要求。 监理员:××× ××年×月×日

施工负责人:××× 质量检查员:××× 监理工程师:×××

挖孔桩现场质量检验报告单

表 1-90

承包单位:××集团有限公司××公路工程 A2 标段项目经理部 合同号:×××

监理单位:××工程咨询有限公司××公路工程 A2 标段监理部 编号:

工程名称			K11+000 大桥		施工时间	××年×月×日
桩号及部位			K11+000 大桥基础钢筋		检验时间	××年×月×日
项次	检查项目			规定值或允许偏差	检查结果	检查频率和方法
1	混凝土强度/MPa			在合格标准内	符合《验评标准》	
2	桩位/mm	群桩		100	符合《验评标准》	全站仪或经纬仪:每桩检查
		排架桩	允许	50	符合《验评标准》	
			极值	100	符合《验评标准》	
3	孔深/m			不小于设计	符合设计要求	测绳量:每桩测量
4	孔径/mm			不小于设计	符合设计要求	探孔器:每桩测量
5	钻孔倾斜度/mm			0.5%桩长,且不大于200	符合《验评标准》	垂线法:每桩检查
6	钢筋骨架底面高程/mm			±50	符合《验评标准》	水准仪:测每桩骨架顶面高程后反算

续上表

自检说明： 符合设计规范及《验评标准》的要求。 施工员：××× ××年×月×日	监理评语： 符合设计规范及《验评标准》的要求。 监理员：××× ××年×月×日

施工负责人：××× 质量检查员：××× 监理工程师：×××

预制桩钢筋安装现场质量检验报告单

表1-91

承包单位：××集团有限公司××公路工程A2标段项目经理部 合同号：×××

监理单位：××工程咨询有限公司××公路工程A2标段监理部 编号：

工程名称		K11+000大桥	施工时间	××年×月×日
桩号及部位		K11+000大桥桩基	检验时间	××年×月×日
项次	检查项目	规定值或允许偏差	检查结果	检查频率和方法
1	纵向钢筋间距/mm	±5	符合《验评标准》	尺量：抽查3个断面
2	钢筋、螺旋筋间距/mm	±10	符合《验评标准》	尺量：抽查5个间距
3	纵向钢筋保护层厚度/mm	±5	符合《验评标准》	尺量：抽查3个断面，每个断面4处
4	柱顶钢筋网片位置/mm	±5	符合《验评标准》	尺量：每桩
5	柱尖纵向钢筋位置/mm	±5	符合《验评标准》	尺量：每桩

自检说明： 符合设计规范及《验评标准》的要求。 施工员：××× ××年×月×日	监理评语： 符合设计规范及《验评标准》的要求。 监理员：××× ××年×月×日

施工负责人：××× 质量检查员：××× 监理工程师：×××

预制桩现场质量检验报告单

表1-92

承包单位：××集团有限公司××公路工程A2标段项目经理部 合同号：×××

监理单位：××工程咨询有限公司××公路工程A2标段监理部 编号：

工程名称		K11+000大桥	施工时间	××年×月×日
桩号及部位		K11+000大桥桩基	检验时间	××年×月×日
项次	检查项目	规定值或允许偏差	检查结果	检查频率和方法
1	混凝土强度/MPa	在合格标准内	符合《验评标准》	
2	长度/mm	±50	符合《验评标准》	尺量：每桩检查

续上表

项次	检查项目		规定值或允许偏差	检查结果	检查频率和方法
3	横截面/mm	桩的边长	±5	符合《验评标准》	尺量：每预制件检查两个断面，检查10%
		空心桩空心(管芯)直径	±5	符合《验评标准》	
		空心中心与桩中心偏差	±5	符合《验评标准》	
4	桩尖对桩的纵轴线		10	符合《验评标准》	尺量：抽查10%
5	桩纵轴线弯曲矢高/mm		0.1%桩长，且不大于20	符合《验评标准》	沿桩长拉线量，取最大矢高：抽查10%
6	桩顶面与桩纵轴线倾斜偏差/mm		1%桩径或边长，且不大于3	符合《验评标准》	角尺：抽检10%
7	接桩的接头平面与桩轴平面垂直度		0.5%	符合《验评标准》	角尺：抽检20%

自检说明：	监理评语：
符合设计规范及《验评标准》的要求。 施工员：××× ××年×月×日	符合设计规范及《验评标准》的要求。 监理员：××× ××年×月×日

施工负责人：××× 质量检查员：××× 监理工程师：×××

沉桩现场质量检验报告单

表1-93

承包单位：××集团有限公司××公路工程A2标段项目经理部 合同号：×××

监理单位：××工程咨询有限公司××公路工程A2标段监理部 编号：

工程名称			K11+000大桥	施工时间	××年×月×日
桩号及部位			K11+000大桥桩基	检验时间	××年×月×日
项次	检查项目		规定值或允许偏差	检查结果	检查频率和方法
1	桩位/mm	群桩 中间桩	$d/2$且不大于250	符合《验评标准》	全站仪或经纬仪：检查20%
		群桩 外缘桩	$d/4$	符合《验评标准》	
		排架桩 顺桥方向	40	符合《验评标准》	
		排架桩 垂直桥轴方向	50	符合《验评标准》	
2	桩尖高程/mm		不高于设计规定	符合《验评标准》	水准仪测桩顶面高程后反算：每桩检查
	贯入度/mm		不小于设计规定	符合《验评标准》	
3	倾斜度	直桩	1%	符合《验评标准》	垂线法：每桩检查
		斜桩	15%$\tan\theta$	符合《验评标准》	

续上表

<table>
<tr><td>自检说明：

符合设计规范及《验评标准》的要求。

施工员：×××
××年×月×日</td><td>监理评语：

符合设计规范及《验评标准》的要求。

监理员：×××
××年×月×日</td></tr>
</table>

施工负责人：××× 质量检查员：××× 监理工程师：×××

沉井现场质量检验报告单 表 1-94

承包单位：××集团有限公司××公路工程 A2 标段项目经理部 合同号：×××

监理单位：××工程咨询有限公司××公路工程 A2 标段监理部 编号：

<table>
<tr><td colspan="3">工程名称</td><td>K11＋000 大桥</td><td>施工时间</td><td>××年×月×日</td></tr>
<tr><td colspan="3">桩号及部位</td><td>K11＋000 大桥桩基</td><td>检验时间</td><td>××年×月×日</td></tr>
<tr><td>项次</td><td colspan="2">检查项目</td><td>规定值或允许偏差</td><td>检查结果</td><td>检查频率和方法</td></tr>
<tr><td>1</td><td colspan="2">各节沉井混凝土强度/MPa</td><td>在合格标准内</td><td>符合《验评标准》</td><td></td></tr>
<tr><td rowspan="2">2</td><td rowspan="2">沉井平面尺寸，mm</td><td>长、宽</td><td>±0.5%边长，大于 24m 时取±120</td><td>符合《验评标准》</td><td rowspan="2">尺量：每节段</td></tr>
<tr><td>半径</td><td>±0.5%半径，大于 12m 时取±60</td><td>符合《验评标准》</td></tr>
<tr><td rowspan="2">3</td><td rowspan="2">井壁厚度/mm</td><td>混凝土</td><td>＋40，－30</td><td>符合《验评标准》</td><td rowspan="2">尺量：每节段沿周边量 4 点</td></tr>
<tr><td>钢壳和钢筋混凝土</td><td>±15</td><td>符合《验评标准》</td></tr>
<tr><td>4</td><td colspan="2">沉井刃脚高程/mm</td><td>符合设计要求</td><td>符合设计要求</td><td>水准仪：测 4～8 处顶面高程发算</td></tr>
<tr><td rowspan="2">5</td><td rowspan="2">中心偏位（纵横向）/mm</td><td>一般</td><td>1/50 井高</td><td>符合《验评标准》</td><td rowspan="2">全站仪或经纬仪：测沉井两轴线交点</td></tr>
<tr><td>浮式</td><td>1/50 井高＋250</td><td>符合《验评标准》</td></tr>
<tr><td>6</td><td colspan="2">沉井最大倾斜度（纵、横向）/mm</td><td>1/50 井高</td><td>符合《验评标准》</td><td>吊垂线：检查两轴线 1～2 处</td></tr>
<tr><td rowspan="2">7</td><td rowspan="2">平面扭转角(°)</td><td>一般</td><td>1</td><td>符合《验评标准》</td><td rowspan="2">全站仪或经纬仪：测沉井两轴线</td></tr>
<tr><td>浮式</td><td>2</td><td>符合《验评标准》</td></tr>
<tr><td></td><td></td><td></td><td></td><td></td><td></td></tr>
<tr><td colspan="4">自检说明：

符合设计规范及《验评标准》的要求。

施工员：×××
××年×月×日</td><td colspan="2">监理评语：

符合设计规范及《验评标准》的要求。

监理员：×××
××年×月×日</td></tr>
</table>

施工负责人：××× 质量检查员：××× 监理工程师：×××

基础砌体现场质量检验报告单 表 1-95

承包单位:××集团有限公司××公路工程 A2 标段项目经理部 合同号:×××

监理单位:××工程咨询有限公司××公路工程 A2 标段监理部 编号:

<table>
<tr><td colspan="2">工程名称</td><td colspan="2">K11+000 大桥</td><td>施工时间</td><td>××年×月×日</td></tr>
<tr><td colspan="2">桩号及部位</td><td colspan="2">K11+000 大桥桩基</td><td>检验时间</td><td>××年×月×日</td></tr>
<tr><td>项次</td><td colspan="2">检查项目</td><td>规定值或允许偏差</td><td>检查结果</td><td>检查频率和方法</td></tr>
<tr><td>1</td><td colspan="2">砂浆强度/MPa</td><td>在合格标准内</td><td>符合《验评标准》</td><td></td></tr>
<tr><td>2</td><td colspan="2">轴线偏位/mm</td><td>±25</td><td>符合《验评标准》</td><td>经纬仪:纵、横各测量两点</td></tr>
<tr><td>3</td><td colspan="2">断面尺寸/mm</td><td>±50</td><td>符合《验评标准》</td><td>尺量:长、宽各 3 处</td></tr>
<tr><td>4</td><td colspan="2">顶面高程/mm</td><td>±30</td><td>符合《验评标准》</td><td>水准仪:测 5~8 点</td></tr>
<tr><td rowspan="2">5</td><td rowspan="2">基础高程</td><td>土质</td><td>±50</td><td>符合《验评标准》</td><td rowspan="2">水准仪:测 5~8 点</td></tr>
<tr><td>石质</td><td>+50,-200</td><td>符合《验评标准》</td></tr>
<tr><td></td><td colspan="2"></td><td></td><td></td><td></td></tr>
<tr><td></td><td colspan="2"></td><td></td><td></td><td></td></tr>
<tr><td colspan="4">自检说明:

符合设计规范及《验评标准》的要求。

施工员:×××
××年×月×日</td><td colspan="2">监理评语:

符合设计规范及《验评标准》的要求。

监理员:×××
××年×月×日</td></tr>
</table>

施工负责人:××× 质量检查员:××× 监理工程师:×××

墩、台身砌体现场质量检验报告单 表 1-96

承包单位:××集团有限公司××公路工程 A2 标段项目经理部 合同号:×××

监理单位:××工程咨询有限公司××公路工程 A2 标段监理部 编号:

<table>
<tr><td colspan="2">工程名称</td><td colspan="2">K11+000 大桥</td><td>施工时间</td><td>××年×月×日</td></tr>
<tr><td colspan="2">桩号及部位</td><td colspan="2">K11+000 大桥墩台身砌体</td><td>检验时间</td><td>××年×月×日</td></tr>
<tr><td>项次</td><td colspan="2">检查项目</td><td>规定值或允许偏差</td><td>检查结果</td><td>检查频率和方法</td></tr>
<tr><td>1</td><td colspan="2">砂浆强度/MPa</td><td>在合格标准内</td><td>符合《验评标准》</td><td></td></tr>
<tr><td>2</td><td colspan="2">轴线偏位/mm</td><td>20</td><td>符合《验评标准》</td><td>全站仪或经纬仪:纵、横各测量 2 处</td></tr>
<tr><td rowspan="3">3</td><td rowspan="3">墩台长、宽/mm</td><td>料石</td><td>+20,-10</td><td>符合《验评标准》</td><td rowspan="3">尺量:检查 3 个断面</td></tr>
<tr><td>块石</td><td>+30,-10</td><td>符合《验评标准》</td></tr>
<tr><td>片石</td><td>+40,-10</td><td>符合《验评标准》</td></tr>
<tr><td rowspan="2">4</td><td rowspan="2">竖直度或坡度/%</td><td>料石、块石</td><td>0.3</td><td>符合《验评标准》</td><td rowspan="2">垂线或经纬仪:纵、横各测量 2 处</td></tr>
<tr><td>片石</td><td>0.5</td><td>符合《验评标准》</td></tr>
<tr><td>5</td><td colspan="2">墩台顶面高程/mm</td><td>±10</td><td>符合《验评标准》</td><td>水准仪:测量 3 点</td></tr>
<tr><td rowspan="3">6</td><td rowspan="3">大面积平整度/mm</td><td>料石</td><td>10</td><td>符合《验评标准》</td><td rowspan="3">2m 直尺:检查竖直水平 2 个方向,每 20m² 测 1 处</td></tr>
<tr><td>块石</td><td>20</td><td>符合《验评标准》</td></tr>
<tr><td>片石</td><td>30</td><td>符合《验评标准》</td></tr>
<tr><td></td><td colspan="2"></td><td></td><td></td><td></td></tr>
</table>

续上表

自检说明：	监理评语：
符合设计规范及《验评标准》的要求。 施工员：××× ××年×月×日	符合设计规范及《验评标准》的要求。 监理员：××× ××年×月×日

施工负责人：××× 质量检查员：××× 监理工程师：×××

拱圈砌体现场质量检验报告单 表 1-97

承包单位：××集团有限公司××公路工程 A2 标段项目经理部 合同号：×××

监理单位：××工程咨询有限公司××公路工程 A2 标段监理部 编号：

工程名称		K11+000 大桥	施工时间	××年×月×日
桩号及部位		K11+000 大桥墩台身砌体	检验时间	××年×月×日
项次	检查项目	规定值或允许偏差	检查结果	检查频率和方法
1	砂浆强度/MPa	在合格标准内	符合《验评标准》	
2	砌体外侧平面偏位/mm 无镶面	+30，−10	符合《验评标准》	经纬仪：检查拱脚、拱顶、1/4 跨共 5 处
	砌体外侧平面偏位/mm 有镶面	+20，−10	符合《验评标准》	
3	拱圈厚度/mm	±30，−0	符合《验评标准》	尺量：检查拱脚、拱段、1/4 跨共 5 处
4	相邻镶面石砌块表层错位/mm 块料石、混凝土预制石	3	符合《验评标准》	拉线用尺量：检查 3～5 处
	相邻镶面石砌块表层错位/mm 块石	5	符合《验评标准》	
5	内弧线偏离设计弧线/mm 跨径≤30m	±20	符合《验评标准》	水准仪或尺量：检查拱脚、拱顶、1/4 跨共 5 处高程
	内弧线偏离设计弧线/mm 跨径≥30m	±1/1500 跨径	符合《验评标准》	
	内弧线偏离设计弧线/mm 极值	拱腹四分点：允许偏差的 2 倍且反向	符合《验评标准》	

自检说明：	监理评语：
符合设计规范及《验评标准》的要求。 施工员：××× ××年×月×日	符合设计规范及《验评标准》的要求。 监理员：××× ××年×月×日

施工负责人：××× 质量检查员：××× 监理工程师：×××

侧墙砌体现场质量检验报告单 表 1-98

承包单位：××集团有限公司××公路工程 A2 标段项目经理部 合同号：×××

监理单位：××工程咨询有限公司××公路工程 A2 标段监理部 编 号

工程名称		K11＋000 大桥		施工时间	××年×月×日
桩号及部位		K11＋000 大桥墩台身砌体		检验时间	××年×月×日
项次	检查项目		规定值或允许偏差	检查结果	检查频率和方法
1	砂浆强度/MPa		在合格标准内	符合《验评标准》	
2	外侧平面偏位/mm	无镶面	＋30，－10	符合《验评标准》	经纬仪：抽查 5 处
		有镶面	＋20，－10	符合《验评标准》	
3	宽度/mm		＋40，－10	符合《验评标准》	尺量：检查 5 处
4	顶面高程/mm		±10	符合《验评标准》	水准仪：检查 5 处
5	竖直度或斜度/mm	片石砌体	0.5	符合《验评标准》	吊垂线：每侧墙面检查 1～2 处
		块石、粗料石、混凝土块石镶面	0.3	符合《验评标准》	

自检说明：

符合设计规范及《验评标准》的要求。

施工员：×××
××年×月×日

监理评语：

符合设计规范及《验评标准》的要求。

监理员：×××
××年×月×日

施工负责人：××× 质量检查员：××× 监理工程师：×××

拱桥组合桥台现场质量检验报告单 表 1-99

承包单位：××集团有限公司××公路工程 A2 标段项目经理部 合同号：×××

监理单位：××工程咨询有限公司××公路工程 A2 标段监理部 编 号

工程名称		K11＋000 大桥		施工时间	××年×月×日
桩号及部位		K11＋000 大桥组合桥台		检验时间	××年×月×日
项次	检查项目	规定值或允许偏差	检查结果	检查频率和方法	
1	架设拱圈前，台后沉陷完成量	设计值的 85％以上	符合《验评标准》	水准仪：测量台后上、下游两侧填土后至架设拱圈前高程差	
2	台身倾斜	1/250	符合《验评标准》	吊垂线：检查沉降缝分离值推算	
3	架设拱圈前台后填土完成量	90％以上	符合《验评标准》	按填土状况推算：每台	
4	拱建成后桥台水平位移	在设计允许值内	符合《验评标准》	全站仪或经纬仪：检查预埋测点	

自检说明：

符合设计规范及《验评标准》的要求。

施工员：×××
××年×月×日

监理评语：

符合设计规范及《验评标准》的要求。

监理员：×××
××年×月×日

施工负责人：××× 质量检查员：××× 监理工程师：×××

混凝土基础现场质量检验报告单

表 1-100

承包单位：××集团有限公司××公路工程 A2 标段项目经理部　　合同号：×××

监理单位：××工程咨询有限公司××公路工程 A2 标段监理部　　编号

工程名称		K11＋000 大桥	施工时间	××年×月×日
桩号及部位		K11＋000 大桥基础	检验时间	××年×月×日
项次	检查项目	规定值或允许偏差	检查结果	检验频率和方法
1△	混凝土强度/MPa	在合格标准内	符合《验评标准》	
2	断面尺寸/mm	±50	符合《验评标准》	尺量：长、宽、高检查各 3 点
3	基础底面高程/mm 土质	±50	符合《验评标准》	水准仪：测量 5～8 点
	基础底面高程/mm 石质	＋50，－200	符合《验评标准》	
4	基础顶面高程/mm	30	符合《验评标准》	水准仪：测量 5～8 点
5	轴线偏位/mm	15	符合《验评标准》	全站仪或经纬仪：纵、横各测量两点

自检说明：	监理评语：
符合设计规范及《验评标准》的要求。 施工员：××× ××年×月×日	符合设计规范及《验评标准》的要求。 监理员：××× ××年×月×日

施工负责人：×××　　质量检查员：×××　　监理工程师：×××

承台现场质量检验报告单

表 1-101

承包单位：××集团有限公司××公路工程 A2 标段项目经理部　　合同号：×××

监理单位：××工程咨询有限公司××公路工程 A2 标段监理部　　编号

工程名称		K11＋000 大桥	施工时间	××年×月×日
桩号及部位		K11＋000 大桥承台	检验时间	××年×月×日
项次	检查项目	规定值或允许偏差	检查结果	检验频率和方法
1△	混凝土强度/MPa	在合格标准内	符合《验评标准》	
2	断面尺寸/mm	±30	符合《验评标准》	尺量：长、宽、高检查各两点
3	顶面高程/mm	±20	符合《验评标准》	水准仪：检查 5 处
4	轴线偏位/mm	15	符合《验评标准》	全站仪或经纬仪：纵、横各测量两点

自检说明：	监理评语：
符合设计规范及《验评标准》的要求。 施工员：××× ××年×月×日	符合设计规范及《验评标准》的要求。 监理员：××× ××年×月×日

施工负责人：×××　　质量检查员：×××　　监理工程师：×××

第四节　隧道工程

隧道工程由总体、明洞、洞口工程、洞身开挖、洞身衬砌、防排水、隧道路面、装饰、辅助施工措施等分部工程构成。

洞身开挖可根据具体情况分成若干段，比如每10m为一段，每段作为一个分项工程。洞身衬砌包括锚喷支护（初支）和衬砌施工（二衬）等分项工程。

1.洞身开挖施工、检查资料

隧道工程洞身开挖施工、检查资料的内容见表1-102。

隧道过程洞身开挖施工、检查资料　　表1-102

序　号	资料编号	资料名称
1	监表11	《中间交工证书》
2	监表05	《检验申请批复单》
3	检验表96	《洞身开挖现场质量检报告单》
4	检验记录表16	《隧道开挖地质检测记录表》
5	检验记录表17	《隧道监控量测量记录表》

2.衬砌施工、检验资料

隧道工程衬砌施工、检验资料的内容见表1-103。

隧道工程衬砌施工、检验资料　　表1-103

序　号	资料编号	资料名称
1	监表11	《中间交工证书》
2	监表05	《检验申请批复单》
3	检验表98	《锚杆支护现场质量检验报告单》
4	检验表99	《钢筋网支护现场质量检验报告单》
5	检验表101	《钢筋支撑现场质量检验报告单》

3.洞身施工检查记录

隧道工程洞身施工检查记录的内容见表1-104。

隧道工程洞身施工检查记录　　表1-104

序　号	资料编号	资料名称
1	监表11	《中间交工证书》
2	监表05	《检验申请批复单》
3	检验表102	《衬砌钢筋现场质量检验报告单》
4	检验表100	《混凝土衬砌现场质量检验报单》

4.隧道总体检查记录

隧道工程隧道总体检查记录的内容见表1-105。

隧道工程隧道总体检查记录　　表1-105

序　号	资料编号	资料名称
1	监表11	《中间交工证书》
2	监表05	《检验申请批复单》
3	检验表95	《隧道总体现场质量检验报告单》
4	检验记录表18	《隧道总体检验记录表》

5.隧道工程《检验申请批复单》、《中间交工证书》及《检验记录表》

(1)《检验申请批复单》(监表05,见第三章)填写说明

工程项目:填写分部工程名称,如洞身开挖。

工程地点、桩号:填分项工程名称,如ZK7+000～ZK7+020。

具体部位:填写具体分项工程名称,如ZK7+000～ZK7+020洞身开挖。

要求到现场检验时间:填写为保证正常施工要求的最迟检验时间,如2006年2月20日上午8:00。

递交时间、日期、签字:承包人一般应提前24小时,以书面形式通知监理工程师,递交人签字。

监理员收到日期、时间、签字:填写监理员实际收到时间,接受人员签字。

监理员评论和签字:监理员根据设计图纸和施工规范要求进行现场检查后,如实填写。

监理工程师签字:监理工程师根据监理员审查情况,决定是否进行下道工序施工。

质量证明文件:根据申请检验项目具体情况填写。

(2)《中间交工证书》(监表11,见第三章)填写说明

工程内容:填写分项工程名称,如:隧道总体等分项工厂名称。工程内容的附件应汇总各道工序的检查记录。

桩号:隧道工程检测资料以分项工程为单元进行组卷。比如洞身开挖可根据具体情况分成若干段,每段作为一个分项工程。可填写分段里程,ZK7+000～ZK7+020洞身开挖。

(3)《检验记录表》填写说明

《检查记录表》是根据《现场质量检验报告单》或《验评标准》中的各项检查内容确定的。

检验记录表中的规定值与允许偏差、设计值等项目应根据《验评标准》和设计文件的具体要求进行填写。

检验记录表中的检测点数应严格按照《验评标准》所要求的频率进行。

检验记录表中设有检测点数、合格点数、合格率等项内容,主要是为了工序质量判定方便,根据合格率不但可以直接判定工程是否合格,而且还可以进行分项工程评分。

6.隧道工程施工资料常用表格填写范例

隧道工程施工资料常用表格填写范例见表1-106～表1-107。

隧道开挖地质监测记录表 表 1-106

承包单位：××集团有限公司××公路工程 A2 标段项目经理部 合同号：A2

监理单位：××工程咨询有限公司××公路工程 A2 标段监理部 编 号：

隧道名称、桩号		桃花源隧道左线 ZK7＋000～ZK7＋020		
断面桩号、编号		ZK7＋020	调查日期	××年×月×日
断面尺寸		20m^2	深埋	220m
监测断面围岩状况	岩层的岩性及状态	花岗岩		
	结构特征及完整状况	完整		
	开挖后的稳定状况	稳定		
	地下水量和水质	无		
	不良地质及特殊地质	无		
设计围岩类别		V		
超前探测情况		超前探孔长 6.0m，未发现异常		
施工采取围岩类别		V		
工程措施		严格按施工方案施工		
自检说明： 符合设计规范及《验评标准》的要求。 施工员：××× ××年×月× 日		监理评语： 符合设计规范及《验评标准》的要求。 监理员：××× ××年×月×日		

施工负责人：××× 质量检查员：××× 监理工程师：×××

隧道总体现场质量检验报告单 表 1-107

承包单位：××集团有限公司××公路工程 A2 标段项目经理部 合同号：A2

监理单位：××工程咨询有限公司××公路工程 A2 标段监理部 编 号：

隧道名称、桩号	桃花源左线隧道、ZK7＋000～ZK7＋020				测点桩号	ZK7＋020				备注
开挖日期	××年×月×日				初读日期	××年×月×日				
侧点号	1		2		纪要		3		4	
日期时间	测值	计算值	测值	计算值	测值	计算值	测值	计算值	测值	计算值
8：00AM	12498mm	12500mm	12498mm	12498mm						
12：00AM	12496mm	1250mm	12498mm	12498mm						
16：00PM	12498mm	12500mm	12496mm	12498mm						
20：00PM	12496mm	12500mm	12496mm	12498mm						
自检说明： 符合设计规范及《验评标准》的要求。 施工员：××× ××年×月×日					监理评语： 符合设计规范及《验评标准》的要求。 监理员：××× ××年×月×日					

施工负责人：××× 质量检查员：××× 监理工程师：×××

隧道总体检验记录表

表 1-108

承包单位：××集团有限公司××公路工程 A2 标段项目经理部　　合同号：A2

监理单位：××工程咨询有限公司××公路工程 A2 标段监理部　　编　号：

隧道名称、桩号	桃花源左线隧道、ZK7＋020	检查断面桩号	ZK7＋020	围岩类型	V
内拱顶(0 点)高程检查	设计/m		实测/m		

净空检测	点位	设计/cm		实测/cm		偏差/mm
		h	b	h	b	
	1	20020	1050	20018	1049	22
	2	20020	1050	20017	1048	36
	3	19820	1250	19818	1248	28
	4	19820	1250	19818	1249	22
	5	19620	1450	19617	1448	36
	6	19620	1450	19618	1449	22
	7	19420	1250	19420	1250	0
	8	19420	1250	19420	1250	0

行车道宽度			隧道偏位/mm		路中心线与隧道中心线衔接/mm		边坡坡度			仰坡坡度		
设计/m	史册/m	偏差/m	允许偏差	实测偏差	允许偏差	实测偏差	设计	实测	偏差	设计	实测	偏差
1250	1251	±10	20	18	20	16	1.5	1.52	0.02	1.5	1.52	0.02
1250	1250	0	20	16	20	16	1.5	1.52	0.02	1.5	1.52	0.02
外观质量												

自检说明：	监理评语：
符合设计规范及《验评标准》的要求。 施工员：××× ××年×月×日	符合设计规范及《验评标准》的要求。 监理员：××× ××年×月×日

施工负责人：×××　　质量检查员：×××　　监理工程师：×××

隧道总体现场质量检验报告单　　表 1-109

承包单位：××集团有限公司××公路工程 A2 标段项目经理部　　合同号：A2

监理单位：××工程咨询有限公司××公路工程 A2 标段监理部　　编　号：

工程名称		桃花源隧道左线	施工时间	××年×月×日
桩号及部位		ZK6＋000～ZK8＋000	检验时间	××年×月×日
项次	检查项目	规定或允许偏差	检验结果	检验频率和方法
1	车行道/mm	±10	符合《验评标准》	尺量：每 20m（曲线）或 50m（直线）检查一次
2	净总宽/mm	不小于设计	符合设计标准	尺量：每 20m（曲线）或 50m（直线）检查一次
3△	隧道净高/mm	不小于设计	符合设计标准	水准仪：每 20m（曲线）或 50m（直线）测一个断面，每断面测拱顶和两腰 3 点
4	轴线偏差/mm	20	符合《验评标准》	全站仪或其他测量仪器：每 20m（曲线）或 50m（直线）检查 1 处
5	路线中心线与隧道中心线的衔接/mm	20	符合《验评标准》	分别将引道中心线和隧道中心线延长至两侧洞口，比较其平面位置
6	边坡、仰坡	不大于设计	符合设计标准	坡度板：检查 10 处

自检说明： 符合设计规范及《验评标准》的要求。 施工员：××× ××年×月×日	监理评语： 符合设计规范及《验评标准》的要求。 监理员：××× ××年×月×日

施工负责人：×××　　质量检查员：×××　　监理工程师：×××

洞身开挖现场质量检验报告单

表 1-110

承包单位:××集团有限公司××公路工程 A2 标段项目经理部　　合同号:A2

监理单位:××工程咨询有限公司××公路工程 A2 标段监理部　　编　号:

工程名称			桃花源隧道左线	施工时间	××年×月× 日
桩号及部位			ZK7+000~ZK7+020 洞身开挖	检验时间	××年×月×日
项次	检查项目		规定或允许偏差	检验结果	检验频率和方法
1△	拱部超挖/mm	破碎岩、土(Ⅰ、Ⅱ类围岩)	平均 100,最大 150	符合《验评标准》	水准仪或断面仪:每 20m 一个断面
		中硬岩、软岩(Ⅲ、Ⅳ、Ⅴ类围岩)	平均 150,最大 200	符合《验评标准》	
		硬岩(Ⅵ围岩)	平均 100,最大 200	符合《验评标准》	
2	边墙宽度/mm	每侧	±100,-0	符合《验评标准》	尺量:每 20m 检查一处
		全宽	+200,-0	符合《验评标准》	
3	边墙、仰拱,隧底超挖/mm		平均 100	符合《验评标准》	水准仪:每 20m 检查 3 处

自检说明:	监理评语:
符合设计规范及《验评标准》的要求。 施工员:××× ××年×月×日	符合设计规范及《验评标准》的要求。 监理员:××× ××年×月×日

施工负责人:×××　　质量检查员:×××　　监理工程师:×××

(钢纤维)喷射混凝土支护现场质量检验报告单

表 1-111

承包单位:××集团有限公司××公路工程 A2 标段项目经理部　　合同号:A2

监理单位:××工程咨询有限公司××公路工程 A2 标段监理部　　编　号:

工程名称		桃花源隧道左线	施工时间	××年×月× 日
桩号及部位		ZK7+000~ZK7+020 (钢纤维)喷射混凝土支护	检验时间	××年×月×日
项次	检查项目	规定或允许偏差	检验结果	检验频率和方法
1△	喷射混凝土强度/Mpa	在合格标准内	符合《验评标准》	
2△	喷射厚度/mm	平均厚度≥设计厚度检查点的 60%≥设计厚度 最小厚度≥0.5 设计厚度,且≥50	符合《验评标准》	凿岩法或雷达检测仪:每 10m 检查一个断面,每个断面从拱顶中线起每 3m 检查一点
3△	空洞检测	无空洞,无杂物	符合《验评标准》	凿岩法或雷达检测仪:每 10m 检查一个断面,每个断面从拱顶中线起每 3m 检查一点

自检说明:	监理评语:
符合设计规范及《验评标准》的要求。 施工员:××× ××年×月× 日	符合设计规范及《验评标准》的要求。 监理员:××× ××年×月×日

施工负责人:×××　　质量检查员:×××　　监理工程师:×××

锚杆支护现场质量检验报告单 表 1-112

承包单位：××集团有限公司××公路工程 A2 标段项目经理部 合同号：A2

监理单位：××工程咨询有限公司××公路工程 A2 标段监理部 编 号：

<table>
<tr><td colspan="2">工程名称</td><td>桃花源隧道左线</td><td>施工时间</td><td>××年×月× 日</td></tr>
<tr><td colspan="2">桩号及部位</td><td>ZK7＋000～ZK7＋
020 锚杆支护</td><td>检验时间</td><td>××年×月×日</td></tr>
<tr><td>项次</td><td>检查项目</td><td>规定或允许偏差</td><td>检验结果</td><td>检验频率和方法</td></tr>
<tr><td>1△</td><td>锚杆数量/根</td><td>不少于设计</td><td>符合《验评标准》</td><td>按分项工程统计</td></tr>
<tr><td>2</td><td>锚杆拔力/kN</td><td>28 天拔力平均值≥设计值
最小拔力≥0.9 设计值</td><td>符合《验评标准》</td><td>按锚杆数 1％且不小于 3 根做拔力实验</td></tr>
<tr><td>3</td><td>孔位/mm</td><td>±50</td><td>符合《验评标准》</td><td>尺量：检查锚杆数的 10％</td></tr>
<tr><td>4</td><td>钻孔深度/mm</td><td>±50</td><td>符合《验评标准》</td><td>尺量：检查锚杆数的 10％</td></tr>
<tr><td>5</td><td>孔径/mm</td><td>砂浆锚杆：大于杆体直径＋15；
其他锚杆：符合设计要求</td><td>符合《验评标准》</td><td>尺量：检查锚杆数的 10％</td></tr>
<tr><td>6</td><td>锚杆垫板</td><td>与岩面紧贴</td><td>符合《验评标准》</td><td>检查锚杆数的 10％</td></tr>
<tr><td></td><td></td><td></td><td></td><td></td></tr>
<tr><td></td><td></td><td></td><td></td><td></td></tr>
<tr><td colspan="3">自检说明：
符合设计规范及《验评标准》的要求。

施工员：×××
××年×月×日</td><td colspan="2">监理评语：
符合设计规范及《验评标准》的要求。

监理员：×××
××年×月×日</td></tr>
</table>

施工负责人：××× 质量检查员：××× 监理工程师：×××

钢筋网支护现场质量检验报告单 表 1-113

承包单位：××集团有限公司××公路工程 A2 标段项目经理部 合同号：A2

监理单位：××工程咨询有限公司××公路工程 A2 标段监理部 编 号：

<table>
<tr><td colspan="2">工 程 名 称</td><td>桃花源隧道左线</td><td>施 工 时 间</td><td>××年×月×日</td></tr>
<tr><td colspan="2">桩号及部位</td><td>ZK7＋000～ZK7＋020
锚杆支护</td><td>检验时间</td><td>××年×月×日</td></tr>
<tr><td>项次</td><td>检查项目</td><td>规定或允许偏差</td><td>检验结果</td><td>检验频率和方法</td></tr>
<tr><td>1△</td><td>网格尺寸/mm</td><td>±10</td><td>符合《验评标准》</td><td>尺量：每 50 检查 2 个网眼</td></tr>
<tr><td>2</td><td>钢筋保护层厚度/mm</td><td>≥10</td><td>符合《验评标准》</td><td>凿孔检查：检查 5 点</td></tr>
<tr><td>3</td><td>与受喷岩面的间隙/mm</td><td>≤30</td><td>符合《验评标准》</td><td>尺量：检查 10 点</td></tr>
<tr><td>4</td><td>网的长、宽/mm</td><td>±10</td><td>符合《验评标准》</td><td>尺量</td></tr>
<tr><td colspan="3">自检说明：
符合设计规范及《验评标准》的要求。

施工员：×××
××年×月×日</td><td colspan="2">监理评语：
符合设计规范及《验评标准》的要求。

监理员：×××
××年×月×日</td></tr>
</table>

施工负责人：××× 质量检查员：××× 监理工程师：×××

混凝土衬砌现场质量检验报告单

表 1-114

承包单位：××集团有限公司××公路工程 A2 标段项目经理部　　合同号：A2

监理单位：××工程咨询有限公司××公路工程 A2 标段监理部　　编　号：

工 程 名 称		桃花源隧道左线	施 工 时 间	××年×月×日
桩号及部位		ZK7+000～ZK7 +020 混凝土衬砌	检验时间	××年×月×日
项次	检查项目	规定或允许偏差	检验结果	检验频率和方法
1△	混凝土强度/Mpa	在合格标准内	符合《验评标准》	
2△	衬砌厚度/mm	不小于设计值	符合《验评标准》	激光断面仪或地质雷达：每 40m 检查一个断面
3	墙面平整度/mm	5	符合《验评标准》	2m 直尺：每 40m 每侧检查 5 处
自检说明： 符合设计规范及《验评标准》的要求。 施工员：××× ××年×月×日			监理评语： 符合设计规范及《验评标准》的要求。 监理员：××× ××年×月×日	
自检说明： 符合设计规范及《验评标准》的要求。 施工员：××× ××年×月×日			监理评语： 符合设计规范及《验评标准》的要求。 监理员：××× ××年×月× 日	

施工负责人：×××　　质量检查员：×××　　监理工程师：×××

钢支撑支护现场质量检验报告单

表 1-115

承包单位：××集团有限公司××公路工程 A2 标段项目经理部　　合同号：A2

监理单位：××工程咨询有限公司××公路工程 A2 标段监理部　　编　号：

工 程 名 称			桃花源隧道左线	施 工 时 间	××年×月×日
桩号及部位			ZK7+000～ZK7+020 钢支撑支护	检验时间	××年×月×日
项次	检查项目		规定或允许偏差	检验结果	检验频率和方法
1△	安装间距/mm		50	符合《验评标准》	尺量：每榀检查
2	保护层厚度/mm		≥20	符合《验评标准》	凿孔检查：每榀自拱顶每 3m 检查一点
3	倾斜度%		±2	符合《验评标准》	测量仪器检查每榀倾斜度
4	安装偏差/mm	横向	±50	符合《验评标准》	尺量：每榀检查
		竖向	不低于设计高程	符合《验评标准》	
5	拼装偏差/mm		±3	符合《验评标准》	尺量：每榀检查
自检说明： 符合设计规范及《验评标准》的要求。 施工员：××× ××年×月×日				监理评语： 符合设计规范及《验评标准》的要求 监理员：××× ××年×月×日	

施工负责人：×××　　质量检查员：×××　　监理工程师：×××

衬砌钢筋现场质量检验报告单　　表 1-116

承包单位:××集团有限公司××公路工程 A2 标段项目经理部　　合同号:A2

监理单位:××工程咨询有限公司××公路工程 A2 标段监理部　　编　号:

工 程 名 称				桃花源隧道左线	施 工 时 间	××年×月×日
桩号及部位				ZK7+000～ZK7+020 衬砌钢筋	检验时间	××年×月×日
项次	检查项目			规定或允许偏差	检验结果	检验频率和方法
1△	主筋间距/mm			±10	符合《验评标准》	尺量:每 20m 检查 5 点
2	两层钢筋间距/mm			±5	符合《验评标准》	尺量:每 20m 检查 5 点
3	箍筋间距/mm			±20	符合《验评标准》	尺量:每 20m 检查 5 点
4	绑扎搭接长度	受拉	HPB235 级钢筋	30d	符合《验评标准》	尺量:每 20m 检查 3 个接头
			HPB335 级钢筋	35d	符合《验评标准》	
		受压	HPB235 级钢筋	20d	符合《验评标准》	
			HPB335 级钢筋	25d	符合《验评标准》	
5	钢筋加工	钢筋长度/mm		−10,+5	符合《验评标准》	尺量:每 20m 检查 2 根
自检说明: 符合设计规范及《验评标准》的要求。 施工员:××× ××年×月×日					监理评语: 符合设计规范及《验评标准》的要求 监理员:××× ××年×月× 日	

施工负责人:×××　　质量检查员:×××　　监理工程师:×××

《现场质量检验报告单》(表 1-106～表 1-116)填写说明

(1)工程名称:填写单位工程(子单位工程)名称,如桃花源隧道左线。

(2)桩号及部位:填写分项工程名称。如 ZK7+000～ZK7+020 洞身开挖。

(3)检验结果:根据检验记录的计算结果如实填写。当检验记录合格率为 100%或质量评定为合格时,在检验结果栏填写"符合《验评标准》,符合设计要求"式直接填写"合格"。不再填写其他数据,因为检验记录里面已经记录的很全面了。

(4)检验频率和方法:根据《验评标准》的要求填写.

第五节　交通安全设施

交通安全设施包括:标志,标线、突起路标,护栏、轮廓标,防眩设施,隔离栅、防落网等分部工程。

交通标志由标志面、标志底板、支座和基础、紧固件组成。视线诱导标由反射器、立柱、支架、底板、连接件、突起路标等构件组成。构件一般由工厂加工,运至现场安装。波形梁护栏由波形梁、立柱和高墙连接螺栓组成。隔离栅由编制金属网(或钢板网)、刺铁丝、立柱、水泥基础墩组成。标志底板、面板、支柱等构件一般由工厂加工制作,现场进行安装。

施工资料以分项工程为单元进行组卷,若资料较少时,构件合格证、构件质量委托检验报告和施工检验记录可合为一卷归档。

1.各种标志牌制作安装检验记录

交通安全设施各种标志牌制作安装检查记录的内容见表1-117。

交通安全设施各种标志牌制作安装检查记录　表1-117

序　号	资料编号	资料名称
1	监表11	《中间交工证书》
2	监表05	《检验申请批复单》
3	检验表	《交通标志现场质量检验报告单》

2.标线检查资料、施工记录

交通安全设施标线检查资料、施工记录的内容见表1-118。

交通安全设施标线检查资料、施工记录　表1-118

序　号	资料编号	资料名称
1	监表11	《中间交工证书》
2	监表05	《检验申请批复单》
3	检验表	《路面标线现场质量检验报告单》

3.防撞护栏、隔离栅及附属设施施工、检查资料

交通安全设施防撞护栏、隔离栅及附属设施施工、检查资料的内容见表1-119。

交通安全设施防撞护栏、隔离栅及附属设施施工、检查资料现场质量检验报告单　表1-119

序　号	资料编号	资料名称
1	监表11	《中间交工证书》
2	监表05	《检验申请批复单》
3	检验表	《波形梁钢护栏现场质量检验报告单》
4	检验表	《混凝土护栏现场质量检验报告单》
5	检验表	《缆索护栏现场质量检验报告单》
6	检验表	《防眩设施现场质量检验报告单》
7	检验表	《隔离栅和防落网现场质量检验报告单》

4.交通安全设施《检验申请批复单》、《中间交工证书》及《检验记录表》

(1)《检验申请批复单》(监表05,见第三章)填写说明

工程项目:填写分部工程名称,如K11+000～K12+000护栏。

工程地点、桩号:填分项工程名称,如K11+000～K12+000波形梁护栏。

具体部位:填写分项工程名称,如K11+000～K12+000波形梁护栏。

要求到现场检验时间:填写为保证正常施工要求的最迟检验时间,如2006年2月20日上午8:00。

递交日期、时间、签字:承包人一般应提前24小时,以书面形式通知监理工程师,递交人签字。

监理员评论和签字:监理员根据设计图纸和施工规范要求进行现场检查后,如实填写。

监理工程师签字:监理工程师根据监理员审查情况,决定是否进行下道工序施工。

质量证明文件:根据申请检验项目具体情况填写。

(2)《中间交工证书》(监表11，见第三章)填写说明

工程内容：填写分项工程名称，如：标志、标线等分项工程名称。工程内容的附件应汇总各道工序的检查记录。

桩号：交通安全设施资料以分项工程为单元进行组卷。根据具体分段情况填写，如K11＋000～K12＋000标线。

(3)《检验记录表》填写说明

《检验记录表》是根据《现场质量检验报告单》或《验评标准》中的各项检查内容确定的。

检查记录表中的规定值与允许偏差、设计值等项目应根据《验评标准》和设计文件的具体要求填写。

检验记录表中的检测点数、合格点数、合格率等项内容，主要是为了工序质量判定方便，根据合格率不但可以直接判定工程是否合格，而且还可以进行分项工程评分。

5. 交通安全设施施工资料常用表格填写范例

交通安全设施施工资料常用表格填写范例见表1-120～表1-121。

交通标志现场质量检验报告单 表1-120

工程名称		标志	施工时间	××年×月×日
桩号及部位		K11＋000～K12＋000左侧交通标志	检验时间	××年×月×日
项次	检查项目	规定或允许偏差	检验结果	检验频率和方法
1	标志板外形尺寸/mm	±5	符合设计要求	钢卷尺、万能角尺、卡尺、检查100%
	标志地板厚度/mm	不小于设计	符合设计要求	
2	标志汉字、数字、拉丁字的字体及尺寸/mm	应符合规定字体，基本字高不小于设计《公路交通标志板技术条件(JT/T279)》规定	符合《验评标准》	字体与标准字体对照，字高用钢卷尺：检查10%
3△	标志面反光膜及逆反射系数/($cd \cdot lx^{-1} \cdot m^{-2}$)	反光膜等级符合设计。逆反射系数值不低于	符合《技术条件》	反光膜等级用目测初定。便携式测定仪：检查100%
4	标志板下缘至路面净空高度及标志板内缘距离/mm	＋100，0	符合《验评标准》	用直尺、水平尺或经纬仪：检查100%
5	立柱竖直度/(mm/m)	±3	符合《验评标准》	垂线、直尺：检查100%
6△	标志金属构件镀层厚度/um	标志桩、横梁≥78 紧固件≥50	符合《验评标准》	测厚仪：检查100%
7	标志基础尺寸/mm	－50，－100	符合《验评标准》	钢尺、直尺：检查100%
8	基础混凝土强度	在合格标准内	符合《验评标准》	基础施工同时做试件每处1组(3件)：检查100%
自检说明： 符合设计规范及《验评标准》的要求。 施工员：××× ××年×月×日			监理评语： 符合设计规范及《验评标准》的要求。 监理员：××× ××年×月×日	

施工负责人：××× 质量检查员：××× 监理工程师：×××

路面标线现场质量检验报告单 表 1-121

承包单位：××集团有限公司××公路工程 A2 标段项目经理部 合同号：A2

监理单位：××工程咨询有限公司××公路工程 A2 标段监理部 编 号：

工程名称			标　志	施工时间	××年×月×日
桩号及部位			K11＋000～K12＋000	左侧路面标线检验时间	××年×月×日
项次	检查项目		规定或允许偏差	检验结果	检验频率和方法
1	标线线段长度/mm	6000	±50	符合《验评标准》	钢卷尺：抽检 10%
		4000	±40	符合《验评标准》	
		3000	±30	符合《验评标准》	
		1000～2000	±20	符合《验评标准》	
2	标线宽度/mm	400～450	±15.0	符合《验评标准》	钢尺：抽检 10%
		150～200	±8.0	符合《验评标准》	
		100	±5.0	符合《验评标准》	
3△	标线厚度/mm	常温型(0.12～0.2)	－0.03，＋ 0.15	符合《验评标准》	湿膜厚度设计：干膜用水平尺，塞尺或用卡尺，抽检 10%
		加热型(0.20～0.4)	-0.05，＋0.15	符合《验评标准》	
		热熔型(1.0～4.50)	－0.10～，＋0.50	符合《验评标准》	
4	标线横向偏差/mm		±30	符合《验评标准》	钢卷尺：抽检 10%
5	标线纵线间距/mm	9000	±40	符合《验评标准》	钢卷尺：抽检 10%
		6000	±30	符合《验评标准》	
		4000	±20	符合《验评标准》	
		3000	±15	符合《验评标准》	
6	标线剥落面积		检查总面积的 0～3%	符合《验评标准》	4 倍放大镜：目测检查
7△	反光标线逆反射系数/$(cd \cdot lx^{-1} \cdot m^{-2})$		白色标线≥150 黄色≥100	符合《验评标准》	反光标线逆反射系数测量 10%

自检说明：	监理评语：
符合设计规范及《验评标准》的要求。	符合设计规范及《验评标准》的要求。
施工员：××× ××年×月×日	监理员：××× ××年×月×日

施工负责人：××× 质量检查员：××× 监理工程师：×××

波形梁钢护栏现场质量检验报告单 表 1-122

承包单位：××集团有限公司××公路工程 A2 标段项目经理部 合同号：A2

监理单位：××工程咨询有限公司××公路工程 A2 标段监理部 编　号：

工程名称		护　栏	施工时间	××年×月×日
桩号及部位		K11＋000～K12＋000 左侧波形梁钢护栏	检验时间	××年×月×日
项次	检查项目	规定或允许偏差	检验结果	检验频率和方法
1△	波形梁板基地金属厚度/mm	±0.16	符合《验评标准》	板厚千分尺：抽检 5％
2△	立柱壁厚/mm	4.5±0.25	符合《验评标准》	测厚仪、千分尺：抽检 5％
3△	镀(涂)层厚度/mm	符合设计规定	符合《验评标准》	测厚仪：抽检 10％
4	拼接螺栓(45 号钢)抗拉强度/Mpa	≥600	符合《验评标准》	抽样做拉力实验：每批 3 组
5	立柱埋入深度	符合设计规定	符合《验评标准》	过程检测，直尺：抽检 10％
6	立柱外边缘距路间边线距离/mm	±20	符合《验评标准》	直尺：抽检 10％
7	立柱中距/mm	±50	符合《验评标准》	钢卷尺：抽检 10％
8△	立柱竖直度/mm	±10	符合《验评标准》	垂线、直尺：抽检 10％
9△	横梁中心高度/mm	±20	符合《验评标准》	钢卷尺：抽检 10％
10△	护栏顺直度(m/mm)	±5	符合《验评标准》	拉线、直尺：抽检 10％
自检说明： 符合设计规范及《验评标准》的要求。 施工员：××× ××年×月×日			监理评语： 符合设计规范及《验评标准》的要求 监理员：××× ××年×月×日	

施工负责人：××× 质量检查员：××× 监理工程师：×××

混凝土护栏现场质量检验报告单

表 1-123

承包单位：××集团有限公司××公路工程 A2 标段项目经理部　　合同号：A2

监理单位：××工程咨询有限公司××公路工程 A2 标段监理部　　编　号：

工程名称			护　栏	施工时间	××年×月×日
桩号及部位			K11+000～K12+000 左侧波形梁钢护栏	检验时间	××年×月×日
项次	检查项目		规定或允许偏差	检验结果	检验频率和方法
1△	护栏混凝土强度/MPa		在合格标准内	符合《验评标准》	
2	地基压实度/%		符合设计要求	符合设计要求	现场检查
3	护栏断面尺寸/mm	高度	±10	符合《验评标准》	直尺、钢卷尺：抽检 10%
		顶宽	±5	符合《验评标准》	
		底宽	±5	符合《验评标准》	
4	基础平整度/mm		10	符合《验评标准》	水平尺：抽检 10%
5△	轴线横向偏拉/mm		±20 或符合设计要求	符合设计要求	直尺、钢卷尺：抽检 10%
6	基础厚度/mm		±10%H	符合《验评标准》	过程检查、直尺：抽检 10%

自检说明	监理评语
自检说明： 符合设计规范及《验评标准》的要求。 施工员：××× ××年×月×日	监理评语： 符合设计规范及《验评标准》的要求。 监理员：××× ××年×月×日

施工负责人：×××　　质量检查员：×××　　监理工程师：×××

缆索护栏现场质量检验报告单

表 1-124

承包单位：××集团有限公司××公路工程 A2 标段项目经理部　　合同号：A2

监理单位：××工程咨询有限公司××公路工程 A2 标段监理部　　编　号：

工程名称			护　栏	施工时间	××年×月×日
桩号及部位			K11+000～K12+000 左侧波形梁钢护栏	检验时间	××年×月×日
项次	检查项目		规定或允许偏差	检验结果	检验频率和方法
1	缆索直径/mm		18±0.5	符合《验评标准》	卡尺：抽检 10%
	单丝直径/mm		2.86+0.10～0.02	符合《验评标准》	
2△	初张力/kN		±5%	符合《验评标准》	过程检查，张拉力：抽检 10%
3	最下一根缆索的高度/mm		±20	符合《验评标准》	直尺：抽检 10%
4△	立柱壁厚/mm		±0.10	符合《验评标准》	千分尺：抽检 10%
5	立柱埋入深度		符合设计要求	符合设计要求	过程检查：抽检 10%
6△	立柱竖直度/(mm/m)		±10	符合《验评标准》	垂线、直尺：抽检 10%
7	立柱中距/mm		±50	符合《验评标准》	直线：抽检 10%
8△	镀锌层厚度	立柱	≥85	符合《验评标准》	测厚仪：抽检 10%
		索端锚具	≥50	符合《验评标准》	
		紧固件	≥50	符合《验评标准》	
		镀锌钢丝	≥33	符合《验评标准》	
9	混凝土基础尺寸		符合设计规定	符合设计要求	过程检查，直尺：检查 10%
10△	混凝土强度		在合格标准内	符合《验评标准》	基础施工同时做试件，每个工作班 1 组(3 件)，检查试件的强度，抽检 100%

自检说明	监理评语
自检说明： 符合设计规范及《验评标准》的要求。 施工员：××× ××年×月×日	监理评语： 符合设计规范及《验评标准》的要求 监理员：××× ××年×月×日

施工负责人：×××　　质量检查员：×××　　监理工程师：×××

防眩设施现场质量检验报告单　　表 1-125

承包单位：××集团有限公司××公路工程 A2 标段项目经理部　　合同号：A2

监理单位：××工程咨询有限公司××公路工程 A2 标段监理部　　编　号：

工程名称		防眩设施	施工时间	××年×月×日
桩号及部位		K11+000～K12+000 左侧防眩设施	检验时间	××年×月×日
项次	检查项目	规定或允许偏差	检验结果	检验频率和方法
1△	安装高度/mm	±10	符合《验评标准》	钢卷尺：抽检 5%
2	镀(涂)层厚度	符合设计要求	符合设计	涂层测厚仪：抽检 5%
3	防眩板宽度/mm	±5	符合《验评标准》	直尺：抽检 5%
4	防眩板设置间距/mm	±10	符合《验评标准》	钢卷尺：抽检 10%
5	竖直度/(mm/m)	±5	符合《验评标准》	垂线，直尺抽检 10%
6△	顺直度/(mm/m)	±8	符合《验评标准》	拉线、直尺抽检 10%
自检说明： 符合设计规范及《验评标准》的要求。 施工员：××× ××年×月×日			监理评语： 符合设计规范及《验评标准》的要求。 监理员：××× ××年×月×日	

施工负责人：×××　　质量检查员：×××　　监理工程师：×××

隔离栅现场质量检验报告单　　表 1-126

承包单位：××集团有限公司××公路工程 A2 标段项目经理部　　合同号：A2

监理单位：××工程咨询有限公司××公路工程 A2 标段监理部　　编　号：

工程名称		隔离栅	施工时间	××年×月×日
桩号及部位		K11+000～K12+000 左侧隔离栅	检验时间	××年×月×日
项次	检查项目	规定或允许偏差	检验结果	检验频率和方法
1	高度/mm	±15	符合《验评标准》	钢卷尺：每 100 根测两根
2	镀(涂)层厚度/um	符合设计	符合设计要求	测厚仪：抽检 5%
3	网面平整度/(mm/m)	±2	符合《验评标准》	直尺、塞尺：抽检 5%
4	立柱埋深	符合设计	符合设计要求	直尺：过程检查，抽检 10%
5	立柱中距/mm	±30	符合《验评标准》	钢卷尺：每 100 根测两根
6	混凝土强度/MPa	在合格标准内	符合《验评标准》	基础施工同时做试件，每个工作班 1 组(3 件)，检查试件的强度，抽检 10%
7	立柱竖直度/(mm/m)	±8	符合《验评标准》	直尺、垂线：每 100 根测 2 根
自检说明： 符合设计规范及《验评标准》的要求。 施工员：××× ××年×月×日			监理评语： 符合设计规范及《验评标准》的要求。 监理员：××× ××年×月×日	

施工负责人：×××　　质量检查员：×××　　监理工程师：×××

《现场质量检验报告单》(表1-125～表1-126)填写说明

(1)工程名称:填写单位工程(子单位工程)名称,如K11+000～K12+000标志。

(2)桩号及部位:填写分项工程名称。如K11+000～K12+000左侧波形梁护栏。

(3)检验结果:根据检验记录的计算结果如实填写。当检验记录合格率为100%或质量评定为合格时,在检验结果栏填写符合《验评标准》、符合设计要求或直接填写"合格"。不再填写其他数据,因为检验记录里面已经记录的很全面了。

(4)检验频率和方法:根据《验评标准》的要求填写。

第二章 施工资料

第一节 施工资料的特点

公路工程项目多、工程量大、施工工期长，从施工准备开始至竣工验收，凡是与工程有关的活动都需要按规范、规程、标准的规定同步记录下来，形成施工资料。其中有各种试验资料，有开工前的准备资料，还有路基、路面、桥梁等工程项目工序质量控制的施工资料和路基、路面、桥梁等工程项目交工验收的施工资料等。总之内容很多，涉及方方面面。

1.原始性、真实性

施工资料是在施工过程中形成的，它是施工过程中的原始记录，应随工程进展同步进行整理，使施工资料的具体形成过程与外业施工过程同步进行，保证达到原始、真实、准确、有效的效果。绝对不可对原始资料的一些数据随意进行剔除或更改，更不能在工程完工后填写“回忆录”。所以施工资料应与外业同步，完成的资料应规范、标准，并在工程竣(交)工验收前将施工资料按要求组卷、装订成册。

2.技术性、专业性

规范、规程、标准、设计文件等是施工资料编制的依据。施工资料的形成应符合国家及地方相应的法律、法规、规范、规程，同时还应符合工程合同与设计文件等规定。在进行施工编制时，每一张表、每一个数据都要按相应的规范、规程、标准中的具体要求认真地检查和填写，保证施工资料的编制质量。

3.完整性、时效性

从施工资料编制的重要意义可以看出，施工资料不齐全、不完整，就不能指导施工，更不能反映所完工程的质量状况，工程也无法进行验收。所以施工资料必须齐全完整。

形成施工资料的时限很重要，只有保证时限，才能达到时效。施工资料必须做到随工程进展同步形成。如原材料在进场过程中，必须及时进行原材试验，及时进行试验资料的整理，以确定所进材料是否合格，避免不合格材料进场。标准试验的时间限制更重要，如水泥混凝土的配合比设计，必须限制在混凝土浇筑 28 天前完成，以保证试验一旦不成功，施工单位和监理工程师还有时间重新进行试验，用取得的准确数据指导施工。否则，因试验未完成而无法指导施工和控制施工质量，既耽误了工期，又造成经济上的损失。同样监理对施工资料的审批也必须在规定的最短时间内完成，如工序的检查验收试验，监理工程师必须及时进行签认，以免耽误下道工序的施工。另外，工程的竣工验收也必须在施工资料的整理汇总完成后，经过有关单位验收合格才可进行。所以施工资料的形成、报验、审批一定要有时限要求。

第二节 施工资料的报验程序

施工资料的报验程序，应根据《公路工程施工监理规范》(JTJ 077—1995)中的质量控制程序要求同步进行。其报验程序如下：

1. 开工报告

各合同段在开工前及相应的单位工程分部工程或分项工程开工前，高级驻地监理工程师均应要求承包人提交工程开工报告并进行审批。工程开工报告应提出工程实施计划和施工方案；依据技术规范的要求，列明工程的质量控制指标及检验频率和方法；说明材料、设备、劳力及现场管理人员等资料的准备情况及阶段性配置计划；提供放样测量、标准试验、施工图等必要的基础资料。

2. 工序自检报告

监理工程师应要求承包人的自检人员应按照专业监理工程师批准的工艺流程和提出的工序检查程序，在每道工序完工后首先进行自检，自检合格后，申报专业监理工程师进行检查认可。

3. 工序检查认可

每道工序完成后，专业监理工程师应紧接着承包人的自检或在承包人的自检的同时检查验收并签认，对不合格的工序应要求承包人进行缺陷修补或返工。前道工序未经检查认可，后道工序不得进行施工。

4. 中间交工报告

当单位工程、分部工程或分项工程完成后，承包人的自检人员应再进行一次系统的自检，汇总各道工序的检查记录以及测量和抽样试验的结果，提出交工报告。

5. 中间交工证书

专业监理工程师应按照工程量清单对已完工的单项工程进行一次系统的检查验收，必要时应进行测量或抽样试验。检查合格后，提请高级驻地监理工程师签发《中间交工证书》。未经中间交工检验或交工检验不合格的工程，不得进行下道工序的施工。

6. 中间计量

签发了《中间交工证书》的工程可以进行计量，由高级驻地监理工程师签发《中间计量表》。但竣工资料不全应暂缓计量支付。

第三节 竣 工 图 表

一 变更设计一览表

(1)工程中如有洽商，应及时办理《工程洽商记录》(见表 2-1)，内容必须明确具体，注明原图号，必要时应附图。

(2)《工程洽商记录》由洽商提出单位填写，并注明原图纸号；由档案馆、建设单位、监理单位、施工单位保存。

工 程 洽 商 记 录 表 2-1

承包单位：××集团有限公司××公路工程 A2 标段项目经理部 合同号：A2

监理单位：××工程咨询有限公司××公路工程 A2 标段监理部 编　号：

<table>
<tr><td>工 程 名 称</td><td colspan="2">涵 洞 工 程</td><td>日　期</td><td>××年×月×日</td></tr>
<tr><td colspan="5">洽谈内容：
根据现场调查，原设计 K8＋800，1～1.5m 涵洞需改移至 K9＋000 位置，涵洞结构类型、流水方向不变。</td></tr>
<tr><td>建设单位</td><td>监理单位</td><td>勘查单位</td><td>设计单位</td><td>施工单位</td></tr>
<tr><td>×××</td><td>×××</td><td>×××</td><td>×××</td><td>×××</td></tr>
</table>

3.《工程设计变更洽商一览表》(见表 2-2)由施工单位填写；由建设单位、监理单位、施工单位保存。

工程设计变更、洽商一览表 表 2-2

承包单位：××集团有限公司××公路工程 A2 标段项目经理部 合同号：A2

监理单位：××工程咨询有限公司××公路工程 A2 标段监理部 编　号：

<table>
<tr><td>序　号</td><td>变更、洽商单号</td><td>页　数</td><td>主要变更、洽商内容</td></tr>
<tr><td>1</td><td>001</td><td>2</td><td>调整涵洞位置</td></tr>
<tr><td>2</td><td>002</td><td>2</td><td>路基基地换填处理</td></tr>
<tr><td></td><td></td><td></td><td></td></tr>
<tr><td></td><td></td><td></td><td></td></tr>
<tr><td colspan="2">技术负责人：×××
××年×月×日</td><td colspan="2">填表人：×××
××年×月×日</td></tr>
</table>

(4)洽商记录按专业、签订日期先后顺序编号，工程完工后由总承包单位按照所办理的变更及洽商进行汇总，填写《工程设计变更洽商一览表》。

(5)分承包工程的设计变更洽商记录，应通过工程总承包单位办理。

(6)设计变更和技术洽商，应有设计单位、施工单位和监理(建设)单位等有关各方代表签认；设计单位如委托监理(建设)单位办理签认，应办理委托手续。变更洽商原件应存档，相同工程如需要同一个洽商时，可用复印件或抄件存档并注明原件存放处。

二 变更图纸

工程开工前，施工单位应在全面熟悉设计文件和设计交底的基础上，进行现场核对和施工检查，发现问题应及时按照有关程序提出修改意见，报请变更设计。变更图纸是设计文件的有机组成部分，归档时应和对应的设计文件一起进行组卷。

三 工程竣工图

1. 定线数据竣工图

(1)封面

(2)目录

(3)图例

(4)竣工图说明

(5)平、纵断面缩图

(6)定线数据竣工图

①参照原设计图表示方法,并注明实际放线时采用的导线成果、曲线要素、水准点等资料;

②施工过程中新增加的固定导线点、水准点也应标注在竣工图上面;

2. 平面竣工图

(1)封面

(2)目录

(3)图例

(4)竣工图说明

①平面线型设计及变更情况;

②长短链情况。

(5)平面竣工图

①地形、地貌、地物应根据实际发生情况标注;

②路基边沟应按实际排水方向标注;

③通道、跨线桥的引道应根据实际发生情况如实标注;

④路基防护、涵洞等构造物应根据工程实际如实标注。

(6)线路中线坐标表

(7)统一里程及断链桩号一览表

3. 纵断面竣工图

(1)封面

(2)目录

(3)竣工图说明

①线路纵断面设计及变更情况;

②施工过程中,线路纵断面高程控制情况。

(4)纵断面竣工图

①地质情况,应根据实际情况如实填写;

②地面高程,应填写清表压实后的高程,并用虚线表示;

③竣工高程,应根据原设计文件、设计变更、工程洽商等文件,结合工程实际,如实填写;

④竖曲线、坡度、坡长等数据,应根据工程实际如实填写;

⑤超高设置形式及其分段桩号,应根据工程实际如实标注;

⑥桥梁、涵洞、通道等结构物的位置、结构形式、孔径等情况均应根据工程实际发生情况如实标注。

4. 路基路面竣工图

(1)封面

(2)目录

(3)竣工图说明

①工程概况;

②原设计及设计变更执行情况；
③施工过程中的不良地质处理情况；
④路基施工过程中，压实度控制情况；
⑤路面主要材料来源、质量情况；
⑥路基路面施工过程中，先进的施工机械设备使用情况；
⑦路基路面施工技术规范情况；
⑧施工过程中，质量事故处理情况。

(4)竣工图表

①路基标准横断面图、匝道横断面，超高方式图及一览表；
②路基土石方数量竣工表；
③路面结构竣工图；
④特殊处理竣工图；
⑤集水井、横向排水管竣工图；
⑥横向排水管配筋竣工图；
⑦水簸箕竣工图。

5. 构造物及防护工程竣工图

(1)封面

(2)目录

(3)竣工图说明

(4)竣工图表

①工程数量表；
②护坡竣工图；
③挡土墙竣工图；
④挡土墙与其他结构物相连处细部结构图。

6. 涵洞、通道、小桥竣工图

(1)涵洞、通道

①封面；
②目录；
③竣工图说明；
④竣工图表。

a. 涵洞

工程数量表；
涵洞基底地质情况；
涵洞的位置、孔径、长度等应根据实际发生情况绘制。

b. 通道

工程数量表；
通道基底地质情况；
通道的位置、长度、高度、跨径等应根据实际发生情况绘制；
竣工后通道连接线的路面结构及纵坡情况；

线外结构物竣工图。
(2)小桥竣工图
①封面
②目录
③竣工图说明
④竣工图表
a. 小桥各特征点的高程和全桥工程数量表应能够反映“设计”和“竣工”两项内容；
b. 梁板安装竣工表，应列出梁板顶面的纵向设计高程、竣工高程、支座中心偏位等数据；
c. 台帽竣工表，应列出每个台帽的设计高程、竣工高程，纵、横向轴线偏位等数据；
d. 伸缩缝，应根据实际发生情况如实绘制，必要时应重新计算工程量。

7. 桥梁竣工图(大中桥、特大桥)

(1)封面
(2)目录
(3)竣工图说明
①工程概况；
②原设计及设计变更执行情况；
③施工组织设计、进度计划编制调整情况；
④采用新工艺、新材料情况；
⑤施工技术规范执行情况及工程质量控制情况；
⑥施工过程中遇到的不良地质处理情况。
(4)竣工图表
①工程数量表；
②桥位平面竣工图。如果严格按照设计图纸施工，可以利用原设计图纸，但地形、地物必须根据实际情况如实绘制；
③桥型布置竣工图；
④桩位布置竣工图。若原设计没有桩位图，则竣工图中必须增加此图；
⑤桥台构造竣工图。桥台工程数量表应按竣工数量如实填写。桥台特征点的高程，应分别标出原设计高程和竣工后高程两个数据；
⑥桥墩构造竣工图。桥墩工程数量表应按竣工数量如实填写。桥墩特征点的高程，应分别标出原设计高程和竣工后高程两个数据；
⑦结构挖方及锥坡竣工图；
⑧梁(板)安装竣工表。应列出梁(板)顶面纵向原设计高程、竣工后高程，以及支座中心偏位等数据；
⑨墩(台)帽竣工图。应列出每个墩(台)帽顶面原设计高程、竣工后高程，纵、横轴线偏位等数据；
⑩伸缩缝竣工图。

8. 互通立交竣工图

(1)封面
(2)目录

(3)竣工图说明

①互通立交形式及工程概况；

②原设计及设计变更执行情况。

(4)竣工图表

①工程数量表；

②平面竣工图；

③线位数据竣工图；

④纵断面竣工图；

⑤跨线桥竣工图；

⑥匝道内涵洞、通道、防护及排水工程竣工图；

⑦收费设施竣工图。

9.桥涵通用图竣工图

(1)封面

(2)目录

(3)竣工说明图

(4)通用图竣工图表

10.隧道竣工图

(1)封面

(2)目录

(3)竣工图说明

①工程概况；

②原设计及设计变更执行情况；

③施工组织设计、进度计划编制调整情况；

④采用新工艺、新材料情况；

⑤施工技术规范执行情况及工程质量控制情况；

⑥施工实际地质情况及不良地质处理情况。

(4) 竣工图表

①工程数量表；

②隧道平面竣工图；

③隧道纵断面竣工面；

④围岩类别、地质特征应按实际发生情况如实填写；

⑤衬砌类型，应按实际衬砌情况如实填写；

⑥图中高程，应为竣工后的工程实际高程；

⑦洞口建筑竣工图；

⑧隧道建筑限界及衬砌内轮廓竣工图；

⑨洞身衬砌竣工图。应依据原设计文件，根据隧道施工过程中实际地质情况，并结合变更设计文件如实绘制；

⑩隧道防水竣工图；

⑪明洞衬砌竣工图；

⑫隧道路面结构竣工图；
⑬照明、通风设施布置竣工图。

11. 交通安全设施施工图

(1)封面
(2)目录
(3)竣工图说明
(4)通用图竣工图表

12. 电缆管道竣工图

(1)封面
(2)目录
(3)竣工图说明
(4)通用图竣工图表

13. 环境保护竣工图

(1)封面
(2)目录
(3)竣工图
(4)通用图竣工图表

14. 其他通用竣工图

(1)封面
(2)目录
(3)竣工图说明
(4)通用图竣工图表

第四节　工程管理文件

一　工程概况表

(1)《工程概况表》(见表 2-3)是对工程基本情况的描述，应包括单位工程的工程内容、结构类型、主要工程量、主要施工工艺等。

(2)《工程概况表》由施工单位填写，施工单位、档案馆各保存一份。

(3)工程名称应填写全程，与建设工程规划许可证、施工许可证及施工图纸中的工程名称一致。

(4)结论类型应结合工程设计要求，做到重点突出。

二　项目大事记

1. 主要内容

(1)开、竣工日期
(2)停、复工日期
(3)中间验收及关键部位的验收日期

工 程 概 况 表 表 2-3

承包单位：××集团有限公司××公路工程 A2 标段项目经理部 合同号：A2

监理单位：××工程咨询有限公司××公路工程 A2 标段监理部 编　号：

<table>
<tr><td colspan="2">工 程 名 称</td><td colspan="4">××××高速公路 A2 合同段</td></tr>
<tr><td colspan="2">建设地点</td><td colspan="2">××省××市××镇</td><td>工程造价</td><td>××××(万元)</td></tr>
<tr><td colspan="2">开工日期</td><td colspan="2">××年×月×日</td><td>计划竣工日期</td><td>××年×月×日</td></tr>
<tr><td colspan="2">施工许可证号</td><td colspan="2">××××</td><td>监管注册号</td><td>××××</td></tr>
<tr><td colspan="2">建设单位</td><td colspan="2">××高速公路发展有限公司</td><td>勘查单位</td><td>××勘查设计研究院</td></tr>
<tr><td colspan="2">设计单位</td><td colspan="2">××勘查设计研究院</td><td>监理单位</td><td>××工程咨询有限公司</td></tr>
<tr><td colspan="2">监督单位</td><td colspan="2">××省公路质量监督站</td><td>工程分类</td><td>世行贷款项目</td></tr>
<tr><td rowspan="3">施工
单位</td><td>名称</td><td colspan="2">××集团有限公司</td><td>单位负责人</td><td>×××</td></tr>
<tr><td>工程项目经理</td><td colspan="2">×××</td><td>项目技术负责人</td><td>×××</td></tr>
<tr><td>现场管理负责人</td><td colspan="2">×××</td><td></td><td></td></tr>
<tr><td colspan="3">工程内容</td><td colspan="3">线路起讫里程：ZK6＋000～K12＋000
线路全长 6km
路基、路面、桥梁、涵洞、隧道</td></tr>
<tr><td colspan="3">结构类型</td><td colspan="3">沥青混凝土路面</td></tr>
<tr><td colspan="3">主要工程量</td><td colspan="3">路基土石方：××××立方米
沥青混凝土路面：××××平方米
大桥：1 座，8～40m
中桥：1 座，2～20m
隧道：左右线各 1 座
涵洞：两座</td></tr>
<tr><td colspan="3">主要施工工艺</td><td colspan="3">大桥：后张法预应力 Tl 梁
中桥：矩形预应力空心板梁
隧道：矿山法</td></tr>
<tr><td colspan="3">其他</td><td colspan="3"></td></tr>
</table>

(4)质量、安全事故

(5)获得的荣誉、重要会议

(6)分承包工程招投标、合同签署

(7)上级及专业部门检查、指示等情况的简述

2. 项目大事记(见表 2-4)

项 目 大 事 记 表 2-4

承包单位：××集团有限公司××公路工程 A2 标段项目经理部 合同号：A2

监理单位：××工程咨询有限公司××公路工程 A2 标段监理部 编　号：

<table>
<tr><td>序　号</td><td colspan="2">年</td><td>月</td><td>日</td><td colspan="2">内　容</td></tr>
<tr><td>1</td><td colspan="2">××</td><td>×</td><td>×</td><td colspan="2">工程开工</td></tr>
<tr><td>2</td><td colspan="2">××</td><td>×</td><td>×</td><td colspan="2">路堑开挖全部完成</td></tr>
<tr><td></td><td colspan="2"></td><td></td><td></td><td colspan="2"></td></tr>
<tr><td colspan="2">技术负责人</td><td colspan="2">×××</td><td colspan="2">整理人</td><td>××××</td></tr>
</table>

由施工单位填写，建设单位、施工单位、档案馆保存。

第五节　工程项目划分

一般规定

为了加强对基本建设工作的管理，便于编制设计文件、概预算文件和施工组织设计文件，便于工程招投标工作和施工管理，必须对基本建设工程项目进行科学的分解和合理的划分。

根据建设任务、施工管理和质量评定的需要，在施工准备阶段，施工单位应根据《验评标准》的规定，结合工程特点，对建设项目按单位工程、分部工程和分项工程逐级进行划分，直至详细列出所有的每一个分项工程的编号、名称或内容、桩号或部位。整个工程项目中工程实体与划分的项目一一对应，单位、分部、分项的数量、位置都一目了然。施工单位、工程监理单位和建设单位应按相同的工程项目划分进行工程质量的监控和管理。

二 工程项目划分

1. 建设项目

建设项目也称基本建设项目，是指经批准在一个设计任务书范围内按同一设计总体进行建设的全部工程。建设项目由一个或几个单项工程组成，经济上实行统一核算，行政上实行统一管理，一般以一个企业（或联合企业）、事业单位或独立工程作为一个建设项目。公路工程基本建设以单独设计的公路路线、独立桥梁作为建设项目。

2. 单项工程

单项工程也称工程项目，是指建设项目中有单独的设计文件，建成后可独立发挥生产能力或使用效益的工程。公路工程中独立合同段的路线、大桥、隧道等属于单项工程。

3. 单位工程

单位工程是单项工程的组成部分，是指在单项工程中具有单独设计文件和独立施工条件，而又作为一个施工对象的工程。

公路工程一般建设项目通常划分为 9 个单位工程，见表 2-5。

一般建设项目单位工程划分表　　表 2-5

序　号	单位工程名称	备　注
1	路基工程	每 10km 或每标段
2	路面工程	每 10km 或每标段
3	桥梁工程	特大桥、大、中桥
4	互通立交工程	
5	隧道工程	
6	环保工程	
7	交通安全设施	每 20km 或每标段
8	机电工程	
9	房屋建筑工程	

特大斜拉桥和悬索桥为主体建设项目的工程通常划分为8个单位工程，见表2-6。

特大斜拉桥和悬索桥为主体建设项目单位工程划分 表2-6

序　号	单位工程名称	备　注
1	塔及辅助、过度墩	每座
2	锚碇	
3	上部构造制作与安装	钢结构
4	上部浇注与安装	
5	引桥	同桥梁工程
6	引道	见路基、路面工程
7	互通立交工程	互通立交工程
8	交通安全设施	同交通安全设施

4. 分部工程

分部工程是按工程结构、材料或施工方法不同所做的分类，是单位工程的组成部分。公路工程应按结构部位、路段长度及施工特点或施工任务等将单位工程划分为若干分部工程。

5. 分项工程

在分部工程中，应按不同的施工方法、材料、工序及路段长度等划分为若干分项工程。

三 工程实例

现就任一工程项目的划分举例说明如下。

××××高速公路A2合同段位于省市镇境内，线路起讫里程为ZK6＋000～K12＋000，全长6.0km。

该合同路段基土石方万m^3，左右线隧道各一座，大中小桥及涵洞各一座，沥青混凝土路面，见表2-7。

A2合同段设计情况表 表2-7

序　号	工程名称	设计参数	备　注
1	线路起讫里程	ZK6＋000～Z K9＋000	分离式(左线)
		YK6＋200～YK9＋600	分离式(右线)
		K9＋000～K12＋000	整体式
2	隧道起讫里程	ZK5＋200～Z K6＋800	左线隧道
		YK5＋400～YK7＋000	右线隧道
3	隧道分界点里程(A2合同段起点里程)	ZK6＋000	左线隧道
		YK6＋200	右线隧道
4	K10＋000中桥	2～20m	矩形预应力空心板梁
5	K11＋000大桥	8～40m	后张法预应力Tl梁
6	涵洞工程	K9＋000，1～1.5m圆管涵	
7	K11＋800小桥	1～6.0m矩形板小桥	

1. 路基工程分部分项划分

(1)为了满足分项工程评定需要，便于竣工文件的组卷与归档，不但要求路基工程中的土石方工程、排水工程、防护工程等分部工程的分项工程之间划分里程桩号相统一，而且还应与路面工程的分项工程划分桩号相一致。

(2)原则上应按整公里桩号进行分项工程划分，以 1km 为单位进行组卷。如果起止桩号不是整公里桩号，则应将整公里以外的路段长度以 500m 为界进行调整：小于 500m 时，直接将该段长度加在临近的 1km 路段上，把整个路段划分为一个分项工程；大于 500m 时，则单独作为一个分项工程组卷。

(3)构造物位于整公里附近时，应以构造物为界进行划分。

(4)由于山区的排水、防护工程是依据实际地形设计的，有的段落桩号要跨越两个已划分的分项工程，并且一个分项工程中的工程量很小，在这种情况下可以合并在一个分项工程中统一进行报验。报验时，各检查记录表按实际桩号进行填写；但在填写分项工程质量检验评定表时，工程部位仍然填写原分项工程里程桩号。

本例中分项工程桩号为 K9＋000～K10＋000、K10＋000～K11＋000，排水工程的桩号为 K9＋600～K10＋020，应按照 K9＋000～K10＋000 分项工程进行报验，但各检查记录表按填写实际桩号，只是在分项工程评定时，工程部位仍然按照 K9＋000～K10＋000 填写。

(5)若一个工序跨两个分项工程时，在进行工序检验时，应从两个分项工程的分界线分开，按照两个工序进行内业资料整理。

(6)路基工程分部分项划分(见表 2-8)。

路基工程分部分项划分表 表 2-8

序号	子单位工程	分部工程	子分部工程	分项工程
1	ZK6＋800～Z K8＋000 路基工程	防护工程		挡土墙、墙背填土
		排水工程		管节预制、管道基础及管节安装
2	ZK8＋000～Z K9＋000 路基工程	防护工程		抗滑桩
		排水工程		检查(雨水)井砌筑
3	YK7＋000～YK8＋000 路基工程	防护工程		抗滑桩
		排水工程		浆砌排水沟
4	YK8＋000～YK9＋000 路基工程	防护工程		锚喷支护
		排水工程		盲沟
5	K9＋000～K10＋000 路基工程	防护工程		锥、护坡
		排水工程		急流槽
		涵洞	K9＋000，1～1.5m 圆管涵	基础及下部构造、主要构件预制、安装或浇注，填土，总体等
6	K10＋000～K11＋000 路基工程	防护工程		锥、护坡
		排水工程		跌水、浆砌排水沟
7	K11＋000～K12＋000 路基工程	防护工程		锥、护坡
		排水工程		跌水、浆砌排水沟
		小桥	基础及下部构造、上部构造预制与安装，总体、桥面和附属工程	基坑、钢筋、模板、混凝土

2. 路面工程分部分项划分

路面工程分部分项的划分见表 2-9。

路面工程分部分项划分表　　表 2-9

序号	分部工程	分项工程
1	ZK6＋800～ZK8＋000 路面工程	底基层，基层，面层，垫层，联结层，路缘石，人行道，路肩，路面边缘排水系统等
2	ZK8＋000～ZK9＋000 路面工程	
3	YK7＋000～YK8＋000 路面工程	
4	YK8＋000～YK9＋000 路面工程	
5	K9＋000～K10＋000 路面工程	
6	K10＋000～K11＋000 路面工程	
7	K11＋000～K12＋000 路基工程	

3. 桥梁工程分部分项的划分(见表 2-10)

桥梁工程分部分项划分表　　表 2-10

序号	子单位工程	分部工程	子分部工程	分项工程
1	K10＋000 中桥	基础及下部构造	0 号台	钻孔灌注桩，承台，钢筋加工及安装，墩台身，墩台帽混凝土浇筑，锥坡，台背填土，挡块，制作垫石
			1 号墩	
			2 号台	
		上部构造预制与安装	1 号孔	空心板预制，钢筋加工及安装，预应力筋的加工和长拉，梁板安装
			2 号孔	
		总体、桥面系和附属工程		桥梁总体，桥面铺装，钢筋加工及安装，支座安装，伸缩缝安装，防撞护栏，桥头搭板
2	K11＋000 大桥	基础及下部构造	0 号台	钻孔灌注桩，承台，钢筋加工及安装，墩台身，墩台帽混凝土浇筑，锥坡，台背填土，挡块，制作垫石
			1 号墩	
			2 号墩	
			……	
			8	
		上部构造预制与安装	1 号孔	T 形梁预制，钢筋加工及安装，预应力筋的加工和长拉，梁板安装
			2 号孔	
			……	
			8 号孔	
		总体、桥面系和附属工程		桥梁总体，桥面铺装，钢筋加工及安装，支座安装，伸缩缝安装，防撞护栏，桥头搭板

4. 隧道工程分部分项划分

隧道工程分部分项划分见表 2-11。隧道通常作为一个单位工程，但本例中隧道由 A1、A2 两合同段施工，所以各合同段应分别作为一个单位工程，然后再进行分部分项划分。

隧道工程分部分项划分表　　表 2-11

序号	子单位工程	分 部 工 程	分 项 工 程
1	左线隧道	总体	隧道总体等
		明洞	明洞浇筑,明洞防水层,明洞回填等
		洞口工程	洞口开挖,洞口边仰坡防护,洞门和翼墙浇筑,截水沟,洞口排水沟等
		洞身开挖	洞身开挖(分段)等
		洞身衬砌	喷射混凝土支护,锚杆支护,钢筋网支护,仰拱,混凝土衬砌,钢支撑,衬砌钢筋
		防排水	防水层,止水带
		隧道路面	基层,面层等
		装饰	装饰工程
		辅助施工措施	超前锚杆,超前钢管等
2	右线隧道	总体	明洞浇筑,明洞防水层,明洞回填等
		明洞	洞口开挖,洞口边仰坡防护,洞门和翼墙浇筑,截水沟,洞口排水沟等
		洞口工程	洞身开挖(分段)等
		洞身开挖	喷射混凝土支护,锚杆支护,钢筋网支护,仰拱,混凝土衬砌,钢支撑,衬砌钢筋
		洞身衬砌	防水层,止水带
		防排水	基层,面层等
		隧道路面	装饰工程
		装饰	超前锚杆,超前钢管等
		辅助施工措施	明洞浇筑,明洞防水层,明洞回填等

第六节　常 用 表 格

公路工程检查验收表格通常由施工监理用表、现场质量检验报告单、检查记录表、评定用表及试验用表等 5 部分组成。

1. 施工监理用表

公路工程施工监理用表是依据《公路施工监理规范》(JTJ 077—95)的要求选择制定的。这里仅列举常用的三个监理用表。

(1)《中间交工证书》

《中间交工证书》是交工验收报验、报审的一道管理程序,也是控制分项工程质量的关键,并且对交工验收的报验、报审有较强的时限要求。

一个分项工程完工后,施工单位经自检合格,填报《中间交工证书》,提出交工报告。

监理单位接到交工报告后,对按工程量清单完成的分项工程,按《验评标准》的要求进行系统的检查验收。

监理工程师检查验收合格后,应及时将报告返回施工单位,不得影响正常的工程施工。施工单位只有接到《中间交工证书》的批件后，才能进行下项工程的施工。

(2)《检查申请批复单》

监理工程师应对承包人完成每一分项工程后填报的检验申请批复单进行检验，签认合格后，承包人方能进行下道工序施工，并作为支付依据，填写《中间计量表》。

(3)《施工放样报验单》

施工单位在每工序施工前应施工放样，填写施工放样报告单，施工放样报验单应详细填写桩号和位置、工程部位和放样内容。路基工程施工在备注栏应注明距路床顶面的距离。

测量监理工程师接到施工放样报验单后，应对放样内容进行查验，并在查验结果栏填写查验结论。

查验结果必须明确实际放样误差是否在允许范围内。如果各项实测误差均在允许范围内或符合设计要求，应签认“放样合格，同意进行施工”。若查验结果不合格，应重新进行放样。

2. 现场质量检验报告单

公路工程施工现场质量检验报告单是依据《公路施工监理规范》(JTJ 077—95)的要求选择制定的，是工程质量控制管理程序的需要。各种现场质量检验报告单的检查项目、规定值或允许偏差及检查方法与频率是依据相关规范的要求确定的，相关规范见表 2-12。

公路工程现场质量检验所依据的相关规范 表 2-12

序 号	规 范 名 称	编 号
1	《公路水泥混凝土路面施工技术规范》	JGT F30 — 2003
2	《公路沥青路面施工技术规范》	JGT F40 — 2004
3	《公路路基施工技术规范》	JGT 033 — 95
4	《公路路面基层施工技术规范》	JGT 034 — 2000
5	《公路加筋土工程施工技术规范》	JGT 035 — 91
6	《公路桥涵施工技术规范》	JGT 041 — 2000
7	《公路隧道施工技术规范》	JGT 042 — 94
8	《公路工程技术标准》	JGT B01 — 2003
9	《公路工程质量检验评定标准》	JGT F80/1 — 2004

(1)路基工程检验质量报告单(见表 2-13)

路基工程质量检验报告单 表 2-13

序 号	表 格 编 号	表 格 名 称
一	路基土石方工程	
1	检验表 1	土方路基质量检验报告单
2	检验表 2	石方路基质量检验报告单
3	检验表 3	袋装砂井、塑料排水板质量检验报告单
4	检验表 4	碎石桩(砂桩)质量检验报告单
二	构造物及防护工程	
5	检验表 5	砌体挡土墙质量检验报告单
6	检验表 6	干砌挡土墙质量检验报告单
7	检验表 7	悬臂式和扶臂式挡土墙质量检验报告单

续上表

序　号	表格编号	表格名称
8	检验表 8	加筋土挡土墙面板预制质量检验报告单
9	检验表 9	加筋土挡土墙面板安装质量检验报告单
10	检验表 10	锚杆、锚碇板和加筋土挡土墙质量检验报告单
11	检验表 11	锥、护坡质量检验报告单
12	检验表 12	浆砌砌体质量检验报告单
13	检验表 13	干砌挡土墙质量检验报告单
14	检验表 14	导流工程质量检验报告单
15	检验表 15	石笼防护质量检验报告单
三	排水工程	
16	检验表 16	管节预制质量检验报告单
17	检验表 17	管道基础及管节安装质量检验报告单
18	检验表 18	检查(雨水)井砌筑质量检验报告单
19	检验表 19	浆砌排水沟质量检验报告单
20	检验表 20	盲沟质量检验报告单
21	检验表 21	排水泵站(沉井)质量检验报告单
四	涵洞工程	
22	检验表 22	涵洞总体质量检验报告单
23	检验表 23	涵台质量检验报告单
24	检验表 24	管座及涵管安装质量检验报告单
25	检验表 25	盖板制作质量检验报告单
26	检验表 26	箱涵浇筑质量检验报告单
27	检验表 27	拱涵浇(砌)筑质量检验报告单
28	检验表 28	倒虹吸竖井砌筑质量检验报告单
29	检验表 29	一字墙和八字墙质量检验报告单
30	检验表 30	顶入法施工的桥涵质量检验报告单

(2)路面工程质量检验报告单(见表 2-14)

路面工程质量检验报告单　　表 2-14

序　号	表格编号	表格名称
31	检验表 31	水泥混凝土面层
32	检验表 32	沥青混凝土面层和沥青碎(砾)石面层质量检验报告单
33	检验表 33	沥青灌入式面层(或上拌下贯式面层)质量检验报告单
34	检验表 34	沥青表面处治面层质量检验报告单
35	检验表 35	水泥土基层和底基层质量检验报告单
36	检验表 36	水泥稳定粒料基层和底基层质量检验报告单
37	检验 37	石灰土基层和底基层质量检验报告单
38	检验表 38	石灰稳定粒料基层和底基层质量检验报告单

续上表

序 号	表格编号	表格名称
39	检验表 39	石灰粉煤灰土基层和底基层质量检验报告单
40	检验表 40	石灰粉煤灰稳定粒料质量检验报告单
41	检验表 41	级配碎(砾)石质量检验报告单
42	检验表 42	填隙碎石(矿渣)质量检验报告单
43	检验表 43	路缘石铺设质量检验报告单
44	检验表 44	路肩质量检验报告单

(3)桥梁工程质量检验报告单(见表 2-15)

桥梁工程质量检验报告单 表 2-15

序 号	表格编号	表格名称
一	桥梁总体	
45	检验表 45	桥梁总体质量检验报告
二	钢筋和预应力筋	
46	检验表 46	钢筋安装质量检验报告
47	检验表 47	钢筋网质量检验报告
48	检验表 48	预制桩钢筋安装质量检验报告
49	检验表 49	钢丝、钢绞丝质量检验报告
50	检验表 50	粗钢筋先张法质量检验报告
51	检验表 51	后张法质量检验报告
三	砌体	
52	检验表 52	基础砌体质量检验报告
53	检验表 53	墩台身砌体质量检验报告
54	检验表 54	拱圈砌体质量检验报告
55	检验表 55	侧墙砌体质量检验报告
四	基础	
56	检验表 56	扩大基础质量检验报告
57	检验表 57	钻孔灌注桩质量检验报告
58	检验表 58	挖孔桩质量检验报告
59	检验表 59	预制桩质量检验报告
60	检验表 60	沉桩质量检验报告
61	检验表 61	沉井质量检验报告
五	墩、台身和盖梁	
62	检验表 62	承台质量检验报告
63	检验表 63	墩台身质量检验报告
64	检验表 64	柱或双壁墩身质量检验报告
65	检验表 65	墩台身安装质量检验报告
66	检验表 66	墩台帽或盖梁质量检验报告

续上表

序号	表格编号	表格名称
67	检验表 67	拱桥组合桥质量检验报告
六	梁桥	
68	检验表 68	梁(板)预制质量检验报告
69	检验表 69	梁(板)安装质量检验报告
70	检验表 70	就地浇筑梁(板)质量检验报告
71	检验表 71	顶推施工梁质量检验报告
72	检验表 72	悬臂浇筑梁质量检验报告
73	检验表 73	悬臂拼装梁质量检验报告
74	检验表 74	转体施工梁质量检验报告
七	拱桥、斜拉桥	
75	检验表 75	就地浇筑拱圈质量检验报告
76	检验表 76	预制拱圈节段质量检验报告
77	检验表 77	横架拱杆件预制质量检验报告
78	检验表 78	主拱圈安装质量检验报告
79	检验表 79	腹拱安装质量检验报告
80	检验表 80	劲性骨架安装质量检验报告
81	检验表 81	劲性骨架拱混凝土浇筑质量检验报告
82	检验表 82	钢管拱肋制作质量检验报告
83	检验表 83	钢管拱肋安装质量检验报告
84	检验表 84	钢管拱肋混凝土浇筑质量检验报告
85	检验表 85	吊杆的制作与安装质量检验报告
86	检验表 86	混凝土斜拉桥梁的悬臂浇筑质量检验报告
87	检验表 87	混凝土斜拉桥梁的悬臂拼装质量检验报告
八	桥面系和附属工程	
88	检验表 88	防水层质量检验报告
89	检验表 89	桥面铺装质量检验报告
90	检验表 90	钢桥面板的沥青混凝土铺装质量检验报告
91	检验表 91	混凝土小型构件质量检验报告
92	检验表 92	人行道铺设质量检验报告
93	检验表 93	栏杆安装质量检验报告
94	检验表 94	混凝土防撞护栏浇筑质量检验报告

(4)隧道工程现场质量检验报告单(见表 2-16)

隧道工程现场质量检验报告单 表 2-16

序号	表格编号	表格名称
95	检验表 95	隧道总体质量检验报告
96	检验表 96	洞身开挖质量检验报告

续上表

序 号	表格编号	表格名称
97	检验表 97	(钢纤维)喷射混凝土支护质量检验报告
98	检验表 98	锚杆支护质量检验报告
99	检验表 99	钢筋网支护质量检验报告
100	检验表 100	混凝土衬砌质量检验报告
101	检验表 101	钢支撑支护质量检验报告
102	检验表 102	衬砌钢筋质量检验报告

(5)交通安全设施现场质量检验报告单(见表 5-17)

交通安全设施现场质量检验报告单 表 2-17

序 号	表格编号	表格名称
103	检验表 103	交通标志现场质量检验报告
104	检验表 104	路面标线质量检验报告
105	检验表 105	波形梁钢护栏现场质量检验报告
106	检验表 106	混凝土护栏现场质量检验报告
107	检验表 107	缆索护栏现场质量检验报告
108	检验表 108	防眩设施现场质量检验报告
109	检验表 109	隔离栅和防落网现场质量检验报告

3.检查记录表

检查记录表的检查项目是按照现场质量检验报告单(工序检查验收)或验评标准(交工验收)中的各项检查内容确定的。

公路工程监理规范中要求,工序质量控制检查必须达到合格,才能进行下道工序施工;验评标准中要求,检查项目除按数理统计方法评定的项目以外,均应按单点(组)测定值是否符合标准要求进行评定,并按合格率计分。所以在检查记录表中,依据监理规范和验评标准的要求,确定规定值与允许偏差、设计值、实测值、偏差值、检测点数、合格点数、合格率等项内容,以便计算合格率,判定工序施工质量是否合格,并按合格率计算交工验收的分项工程评分。

4.评定用表

评定用表是按数理统计方法评定的项目用表,确定评定用表内容的依据,一是验评标准附录中各项评定所要求的项目内容;二是有检验位置的项目,如压实度、厚度等,按照随机选点的要求,增加距中心线的位置;三是施工规范中所要求的项目内容。

5.试验用表

试验用表的内容是依据各施工技术规范对所用材料试验项目的要求和相应试验规程的要求确定的。

第三章　监理资料

一　监理规划

监理规划是指导监理工作的纲领性文件。由总监理工程师根据监理合同，在监理大纲的基础上，结合项目的具体情况组织编辑，经监理单位技术负责人审核批准，在监理交底会前报送建设单位。

监理规划的内容应有针对性，做到控制目标明确、控制措施有效、工作程序合理、工作制度健全、职责分工清楚，对监理实施工作有指导作用。

1. 工程项目概况

包括工程项目名称、建设地点、建设规模、预算投资、建设工期、工程地点以及建设单位、设计单位、监理单位、承包单位、主要分包单位等内容。

2. 监理工作依据

(1)国家和地方有关工程建设的法律、法规；

(2)建设工程委托建立合同；

(3)建设单位与承包单位签订的本工程施工合同及补充协议；

(4)标准规范及有关技术文件；

(5)本工程的工程地质、水文地质勘察报告；

(6)本工程设计文件，设计变更、工程洽商有关文件；

(7)工程量清单、工程报价单或预算书。

3. 监理范围和目标

监理范围是指监理单位所承担任务的工程项目建设监理的范围。例如：××公路工程××标段路基、桥涵、隧道工程。

监理目标是指监理单位所承担的工程项目的监理目标。包括工期控制目标、工程质量控制目标和工程造价目标。

4. 工程进度控制

包括总进度计划、工期控制目标的分解、进度控制程序、进度控制要点、控制进度风险的措施、进度控制的动态管理等。

5. 工程质量控制

包括质量控制目标、质量控制目标的分解、质量控制程序、质量控制要点、控制质量风险的措施、质量控制的动态管理等。

6. 工程造价控制

包括工程总造价、投资控制目标的分解、投资使用计划、投资控制程序、控制投资风险的措施、投资控制的动态管理等。

7.合同及其他事项管理

(1)合同管理:包括合同管理的工作流程与措施,合同执行的动态管理,工程变更、索赔程序,合同争议的协调方法等。

(2)信息管理:包括信息流程图、信息分类表、信息管理的工作流程与措施等。

(3)组织协调:包括与工程项目有关的单位、协调工作程序等。

8.监理组织机构

(1)组织形式和人员构成;

(2)监理人员的职责分工;

(3)监理人员进场计划安排。

9.监理工作管理制度

(1)监理工作制度。图纸会审及设计审核制度,施工组织设计审核制度,工程开工申请制度,工程材料、半成品质量检验制度,分项(部)工程质量验收制度,单位工程、单项工程中间验收制度,设计变更处理制度,现场协调会及工地会议纪要签发制度,施工备忘录签发制度,施工现场紧急情况处理制度,计量支付制度,工程索赔签审制度等。

(2)监理内部工作制度。监理组织工作会议制度,对外行文审批制度,监理工作日志制度,监理旬、月报制度,档案管理制度,监理费用预算制度,信息和资料管理制度等。

二 监理实施细则

监理实施细则是在监理规划的指导下,由专业监理工程师针对项目的具体情况指定的更具有实施性和可操作性的业务文件。

1.编制依据

(1)已批准的监理规划;

(2)与专业工程相关的批准、设计文件和技术资料;

(3)施工组织设计。

2.主要内容

(1)专业工程的特点;

(2)监理工程流程;

(3)监理工程的控制要点及目标值;

(4)监理工作的方法及措施。

三 监理月报

监理工程师应根据工程进展情况、存在的问题每月以报告书的格式向业主和上级监理部门报告。月报所陈述的问题仅指已存在的或将对工程费用、质量及期产生实质性影响的事件,报告使业主及上机监理部门能对工程现状有一个比较清晰的了解。报告书中对进度比原定计划的分项和细目,应说明延迟的原因以及为挽回这种局面已采取或将要采取的措施。月报还应报告承包人主要职员和监理工程师职员的变动情况，已完成的主要工程分项和细目等。

监理月报的编制周期为上月26日到本月25日，在下月的五日前发出。监理月报应真实反映工程现状和监理工作情况，做到数据准确、重点突出、语言简练，并附必要的图表和照片。

1.工程概况

工程监理月报的正文前应附有一张工程位置图，图中应清晰地标明工程的具体位置。

工程概况通常是简短叙述合同的内容，第一份监理月报应详细提供以下资料，后期的月报可视情况适当进行增减。

(1)项目名称、贷款号及合同号，地理位置，合同段长度，起、讫桩号，线型及主要设计指标，路线及结构物所在位置的地质情况；

(2)主要结构物的类型及数量，较小结构物及道路设施；

(3)合同签订日期，承包人或联营体的名称及项目负责人，合同总造价，合同规定的工期，开工通知书发出日期及开工日期，修订的完工期(以后如有变动，可以修订)。

2.工程质量

根据合同要求，不符合技术规范规定的工程质量均不得计量和交验。月报表中可就现场各个合同段或各个工程分项的材料、机械、人员配备实际情况结合工程质量的检验、量测结果作综合评价。

3.工程进度

应提供工程总体进度及每个主要工程分项的实际进度和计划进度。主要分项工程包括路基土石方工程、路面工程、桥梁、隧道、排水、防护工程、交通工程及道路设施等。应按上列顺序详细说明本月份的施工情况，文字力求简要。

(1)总体进度。监理工程师应统计确定总体进度。将月报的实际进度与计划进度进行比较，确定完成计划的百分率，并根据总体进度的实际情况说明影响总体进度的因素以及已采取或将要采取的措施。

(2)主要工程项目的进度。监理工程师根据计量结果，确定主要工程项目的实际进度，然后再与计划进度比较，确定迄今完成的百分率，找到影响工程进度的因素，应说明主要工程项目延误的原因，已采取的措施或将要采取的措施。

(3)其他工作。应包括规范中的一般条目所列的工作、临时工程、计日工等的完成情况及与计划的对比情况，以及料场的建设情况，生产能力、质量及已生产的各类成品数量。

4.支付情况

本期支付和累计支付的情况，计日工暂定金额、价格调整、费用索赔等。

5.合同管理情况

反映工程变更，延期和费用索赔，争端和仲裁违约，分包、转让和指定分包管理情况。

6.监理工作动态

反映本月重要监理活动。如工地会议、现场重大监理活动等。

7.小结

概率评述有关承包人履行合同义务的表现、存在问题、采取的改进措施和今后工作安排的设想等。

8. 附录

工程本月发生的相关附表、附图。

监理文件表格案例见表3-1～表3-65。

图纸审查记录

表3-1

归档编号:DB1-3

编号:

工程名称			
提出单位		技术负责人	
审查日期	年 月 日	共 页 第 页	

序号	图纸编号	提出的问题	修改建议

监理工程师通知回复单

表3-2

归档编号:DB1-15

编号:

<table>
<tr><td>工程名称</td><td></td><td>工程部位</td><td></td></tr>
<tr><td colspan="4">致________________(监理单位)
我方接到编号为______的监理工程师通知后,已按要求完成了______________工作,现报上,请予以查复。

详细内容:

承包单位(章)
项目经理
日 期:</td></tr>
<tr><td colspan="4">审查意见:

监理单位(章)
总监理工程师
日 期:</td></tr>
</table>

施工进度计划报审表

表 3-3

归档编号：DB2-1

编号：

<table>
<tr><td>工程名称</td><td></td><td>工程部位</td><td></td></tr>
<tr><td colspan="4">致________________(监理单位)
现报上______年______季______月工程施工进度计划，请予以审查和批准。

附件：1. □施工进度计划(说明、图表、工程量、工作量、资源配备)______份
2. □其他资料______份

施工单位名称：　　　　项目经理(签字)：</td></tr>
<tr><td colspan="4">审查意见：

监理工程师(签字)：　　　　日期：</td></tr>
<tr><td colspan="4">审批结论：　□同意　□修改后再报　□重新编制

监理单位名称：　　总监理工程师(签字)：　　日期：</td></tr>
</table>

______________报审表(续)

表 3-4

归档编号：DB2-4

<table>
<tr><td>申报内容</td><td></td></tr>
<tr><td colspan="2">总监办审批意见：

(总)监理工程师(签字)：　　　　年　月　日</td></tr>
</table>

不合格项处置记录

表 3-5

归档编号：DB3-7

编号：

<table>
<tr><td>工程名称</td><td></td><td>发生/发现日期</td><td></td></tr>
<tr><td colspan="4">不合格项发生部位与原因：
致______________________(单位)
由于以下情况的发生，使你单位在______________________发生严重□/一般□不合格项，请及时采取措施予以整改。
具体情况：

□自行整改
□整改后报我方验收
签发单位名称：　　签发人(签字)：　　日期：</td></tr>
<tr><td colspan="4">不合格项改正措施：

整改限期：
整改责任人(签字)：
单位负责人(签字)：</td></tr>
<tr><td colspan="4">不合格项整改结果：
致______________________(签发单位)：
根据你方指示，我方已完成整改，请予以验收。

单位负责人(签字)：　　日期：</td></tr>
<tr><td colspan="4">整改结论：　□同意验收　　□______________________
　　　　　　□继续整改　　□______________________

验收单位名称：　　验收人(签字)：　　日期：</td></tr>
</table>

注：本表由下达方填写，整改方填报整改结果，双方各存一份。

监理抽检记录

表 3-6

归档编号：DB3-9

编号：

工程名称		抽检部位	
检查项目：			
检查部位：			
检查数量：			
被委托单位：			
检查结果：　　□合格　　□不合格			
处置意见： 分监理工程师(签字)：　　日期： 分监理单位名称：　　总监理工程师：　　日期：			

注：本表由监理单位填写，建设单位、监理单位、施工单位各存一份。如不合格应填写《不合格项处置记录》。

旁站监理记录

表 3-7

归档编号：DB3-14

编号：

工程名称		日期及气候	
旁站监理的部位或工序：			
旁站监理开始时间：		旁站监理结束时间：	
施工情况：			
监理情况：			
发现问题：			
处理意见：			
备注：			
承包单位名称：________ 质检员(签字)：________ 年　月　日		分监理单位名称：________ 旁站监理人员(签字)：________ 年　月　日	

工程预付/进度款支付申请表

表 3-8

归档编号：DB4-2

编号：

合同编码		编号	
工程名称		日期	

致：________________________(监理单位)

我方已完成了________________________工作，按施工合同的规定，建设单位应在________年________月________日前支付该项工程预付/进度款共(大写)________________________(小写)：____________元，现报上工程款支付申请表，请予以审查并开具工程预付/进度款支付证书。

附件：1. 验工计价汇总表；

2. 工程款支付汇总表。

承包单位(章)：　　　　项目经理(签字)：

工程预付/进度款支付证书

表 3-9

归档编号：DB4-3

编号：

合同编码		编号	
工程名称		日期	

致________________________(建设单位)

根据施工合同的规定，经审核承包单位的付款申请和报表并扣除有关款项，同意本期支付工程预付/进度款共(大写)________________________(小写)____________元，请按合同规定及时付款。

其中：

1. 承包单位申报款为：
2. 经审核承包单位应得款为：
3. 本期应扣款为：
4. 本期应付款为：

附件：承包单位的工程付款申请表及附件

标段监理单位(章) 总监理工程师　　　　年　月　日	土建总监理单位(章) 总监理工程师　　　　年　月　日

分包单位资格报审表

表 3-10
归档编号：DB5-1
编号：

<table>
<tr><td>工程名称</td><td></td><td>工程部位</td><td></td></tr>
<tr><td colspan="4">致＿＿＿＿＿＿＿＿＿＿＿＿＿＿＿＿＿＿＿（监理单位）
经勘察，我方认为拟选择＿＿＿＿＿＿＿＿＿＿＿＿＿＿＿＿＿＿＿（分包单位）具有承担下列工程的施工资质和施工能力，可以保证本工程项目按合同规定进行施工。分包后，我方仍承担总包单位的全部责任，请审批。

附：1. 分包单位资质材料
2. 分包单位业绩材料</td></tr>
<tr><td>分包工程名称(部位)</td><td>工程数量</td><td>分包金额</td><td>分包工程占全部工程%</td></tr>
<tr><td></td><td></td><td></td><td></td></tr>
<tr><td></td><td></td><td></td><td></td></tr>
<tr><td>合计</td><td></td><td></td><td></td></tr>
<tr><td colspan="4">承包单位(章)
项目经理
日　期：</td></tr>
<tr><td colspan="4">驻地监理工程师审查意见：

驻地监理工程师
日　期</td></tr>
<tr><td colspan="4">总监理工程师审查意见：

监理单位(章)
总监理工程师
日　期</td></tr>
</table>

辽统监表 A-8　　　　　　　　　　　　　　　　　　　　表 3-11

工程索赔申请书

归档编号:B5-6

工程名称:　　　　　　　　　　　　　　　　　　　　　　第(　)号

<table>
<tr><td>索赔单位</td><td></td><td>监理单位</td><td></td></tr>
<tr><td colspan="4">致________________(项目监理机构)
根据合同条款________________的规定,由于________的原因,我方要求索赔人民币金额(大写)________________,工期________天,请予以审批。
索赔的理由及经过:

附:1.索赔报告______份______页
2.证明材料______份______页</td></tr>
<tr><td colspan="4">索赔单位代表人(签字):　　　　　　　　　　年　月　日</td></tr>
<tr><td colspan="4">项目监理机构签收人:　　　　　　　　　　年　月　日</td></tr>
</table>

注:本表由索赔单位填写,一式四份,经项目经理机构签收后,索赔与被索赔单位各一份,项目监理机构收存两份。

辽统监表 B-5　　　　　　　　　　　　　　　　　　　　　　表 3-12

工程索赔审批表

归档编号:B5-7

工程名称:　　　　　　　　　　　　　　　　　　　　　　第(　)号

索赔单位		监理单位	

致________________________________(索赔单位)

根据________________________合同________________________________的规定,你方提出的工程索赔申请书(第　　号)。

索赔金额(大写)____元,

工期____________天。

经审核评估:

☐补充索赔理由和证据

☐不同意此项索赔

☐同意此项索赔,金额为(大写)________________________________元,

工期________天

同意/不同意索赔的理由:

附件:1.索赔计算书

2.证明材料

总监理工程师(签字):　　　　　　　　　　　　　　　　　　年　月　日

被索赔单位签收意见:

被索赔单位负责人(签字):　　　　　　　　　　　　　　　　年　月　日

注:本表由项目监理机构填写,一式四份,经总监理工程师、被索赔人签收后,索赔与被索赔单位各一份,项目监理机构留存两份。

见证取样记录表

表 3-13

归档编号:DB5-10

编号:

<table>
<tr><td>工程名称</td><td></td><td>施工单位</td><td></td></tr>
<tr><td>取样部位</td><td></td><td>技术负责人</td><td></td></tr>
<tr><td>取样名称</td><td></td><td>取样数量</td><td></td></tr>
<tr><td>取样地点</td><td></td><td>送往检测单位</td><td></td></tr>
<tr><td colspan="4">见证记录:</td></tr>
<tr><td colspan="4">结论:现场取样,真实有效,符合规范要求。

取样单位(章)　　　　质检工程师

取样人(签字)　　　　日　期:

见证单位(章)

见证人(签字)

日期:</td></tr>
</table>

主要施工设备进场报验单

表 3-14

归档编号:DB5-11

<table>
<tr><td>工程名称</td><td colspan="3"></td><td>施工单位</td><td colspan="2"></td></tr>
<tr><td colspan="7">致________________________(监理单位)
下列施工设备已按合同规定进场,请您检查签证,准予使用。

项目经理:________________
日　期:　　年　　月　　日</td></tr>
<tr><td>设备名称</td><td>规格型号</td><td>数量</td><td>进场日期</td><td>技术状况</td><td>拟用何处</td><td>备注</td></tr>
<tr><td></td><td></td><td></td><td></td><td></td><td></td><td></td></tr>
<tr><td></td><td></td><td></td><td></td><td></td><td></td><td></td></tr>
<tr><td colspan="7">审查意见:
经检验:
1.性能、数量能满足施工要求的设备:________________________
2.性能不符合施工要求的设备:________________________
3.数量或能力不足的设备:________________________
请您尽快按施工进度要求:对“2”项设备更换后再报验,并补充不足设备。

监理工程师:　　　　年　月　日</td></tr>
</table>

注:1.由施工单位呈报三份,签发证明后监理组留档一份,报总监办一份,另一份退回施工单位。

2.对性能、数量不符合要求需要更换或补充的原因另附说明。

施工机械、安全设备验收核查表

表 3-15

归档编号：DB5-12

编号：

工程名称		施工单位	

致＿＿＿＿＿＿＿＿＿＿＿＿＿＿＿＿监理单位

根据相关建设工程安全监理工作要求，＿＿＿＿＿＿＿＿＿＿工程的＿＿＿＿＿＿＿＿□施工机械、□施工安全设施已验收(检测)合格，验收手续已齐全，现将＿＿＿＿＿＿＿＿报送给你们，请查收。

附件：

施工承包单位项目负责人＿＿＿＿＿＿＿＿

日　期：

监理意见：

符合施工方案要求，验收手续齐全，同意使用。　□

不符合施工方案要求，验收手续不齐全，不同意使用。　□

总监理工程师：　　　　　　安全监理人员：

日　期：　　　　　　　　　日　期：

注：本表一式两份：由施工承包单位填写，监理、施工各一份。

初期支护净空测量记录

表 3-16

归档编号：DC1-12

编号：

工程名称																施工单位								
施工部位																检查日期			年　月　日					
序号	桩号	部位	线路中心左侧(mm)											线路中心右侧(mm)										
			1	2	3	4	5	6	7	8	9	10	11	1	2	3	4	5	6	7	8	9	10	11
	设计值	拱部边墙																						
		仰拱																						
		拱部边墙																						
		仰拱																						
		拱部边墙																						
		仰拱																						
		拱部边墙																						
		仰拱																						
技术负责人						质检员										记录人								

注：1. 自中线向两侧测量横向尺寸，自轨顶向上每 50cm 一点(包含拱顶最高点)； 2. 仰拱从中线向两侧每 50cm 一点，测量自轨面线下的竖向尺寸	断面示意图	

隧道净空测量记录

表 3-17

归档编号:DC1-13

编号:

工程名称					施工单位							
施工部位					检查日期				年 月 日			
里程	项目	拱顶高程(m)	轨顶水平面以上(3200mm处)宽度(mm)		起拱线水平面以上(1800mm处)宽度(mm)		轨顶水平面以上(1400mm处)宽度(mm)		轨顶水平面以上(432mm处)宽度(mm)		轨顶水平面处宽度(mm)	
			左侧	右侧	左侧	右侧	左侧	右侧	左侧	右侧	左侧	右侧
	设计											
	竣工											
	误差											
	设计											
	竣工											
	误差											
	设计											
	竣工											
	误差											
	设计											
	竣工											
	误差											
	设计											
	竣工											
	误差											
	设计											
	竣工											
	误差											
施工负责人			技术负责人				质检员					

注:车站净空测量在站台板面处即 y 值为 965mm 处增测一点;车站净空测量:测量线路中线至边墙一侧的净空尺寸。

结构收敛观测成果记录

表 3-18

归档编号:DC1-14

编号:

工程名称				施工单位			
观测点机号		对测日期	自＿＿年＿＿月＿＿日至＿＿年＿＿月＿＿日				
测点位置	观测日期	时间间隔	前本次相差（mm）	速率（mm/d）	总收敛（mm）	初测日期	初测值
观测点位布置简图:							
技术负责人		复核		计算		测量员	

拱顶下沉观测成果表

表 3-19

归档编号:DC1-15

编号:

工程名称				施工单位			
水准点编号: 水准点所在位置: 观测日期: 自　　年　月　日至　　年　月　日				量测部位: 测量桩号:			
测点位置	观测日期	时间间隔	前本次相差（mm）	速率（mm/d）	累计沉降（mm）	初测日期	初测值
技术负责人		复核		计算		测量员	

围岩收敛量测记录

表 3-20

归档编号：DC1-16

编号：

施工单位					工程名称			
隧洞名称				里程		设点日期		
量测时间				观测值		变化值		备注
年	月	日	时	尺孔读数（mm）	数显读数（mm）	相对上次收敛值（mm）	总收敛值（mm）	
附图								
量测			记录			复核		

周围建筑物沉降监测统计表

表 3-21

归档编号：DC1-17

编号

施工单位					工程名称				
初测时间					仪器名称				
编号	测量时间	初始值（m）	上次观测值（m）	本次观测值（m）	沉降值（mm）	累计沉降值（mm）	速率（mm/d）	允许最大沉降值(mm)	原因分析及备注
点位示意图：									
测量人员			制表				复核		

地表正线沉降监测记录

表 3-22

归档编号：DC1-18

编号

施工单位						工程名称			
允许最大沉降值(mm)				初测时间			测量仪器		
编号	里程	测量时间	初始值（m）	上次观测值（m）	本次观测值（m）	沉降值（mm）	累计沉降值（mm）	速率（mm/d）	原因分析及备注
测量人员			制表				复核		

测量交接桩记录

表 3-23

归档编号：DC1-19

编号：

工程或项目名称		日　期		
交桩单位和人员				
接桩单位和人员				
情况说明：				
签字	交桩单位	接桩单位	测量中心	监理单位

注：本表一式七份，业主、交桩单位、监理单位、测量中心各一份，接桩单位三份。

降水井施工记录

表 3-24

归档编号：DC2-1-2

工程名称		井号		施工机台	
地面高程(m)		钻机型号		日期	
护筒直径(m)		护筒长度(m)		护筒顶口高程(m)	
钻头类别		钻头直径(m)		钻头长度(m)	
钻孔深度(m)		孔底直径(m)		孔底高程(m)	
滤水管规格(mm)		滤水管长度(m)		滤水管材质	
滤料规格(mm)		滤料回填高度(m)			

工作时间			工作内容	钻进深度			地层描述
起	止	总计		开钻	停钻	小计	
备注							

分项技术负责人		班组长		记录人	

管井井点降水记录表

表 3-25

归档编号：DC2-1-3

工程名称					工程里程			
施工单位					观测时间			
井点和观测孔编号	井点类别	功率(kW)	电流(A)	电压(V)	水位读数(孔口起算)(m)	流量(m^3/h)	含泥量	记事
1#								
2#								
3#								
4#								
5#								
…								
观 1	观测孔口高程(m)				孔深(m)			
观 2	观测孔口高程(m)				孔深(m)			
观 3	观测孔口高程(m)				孔深(m)			
观 4	观测孔口高程(m)				孔深(m)			
观 5	观测孔口高程(m)				孔深(m)			
…	观测孔口高程(m)				孔深(m)			
工程负责人					观测记录者			

注：记事内容包括水泵运转及边坡稳定等情况。

基坑降水与排水工程检查证

表 3-26

归档编号：DC2-1-4

单位工程名称		地铁里程	
分部工程名称		验收部位	
施工单位		项目经理	
施工执行标准名称及编号			
检查项目 1.降水井个数： 2.降水井深度： 3.排水管(沟)长度： 4.排水管(沟)坡度：			
自查意见： 主管工程师：　　施工负责人：　　质检工程师：			
监理意见： 监理工程师：　　日期：			

钻孔桩钻进记录表

表 3-27

归档编号：DC2-1-5

单位(子单位)工程名称							地铁里程						
分部(子分部)工程名称							施工部位						
施工单位							项目经理						
钻机类型及编号				设计孔深		(m)		设计桩径			(mm)		
护筒高度		(m)		设计孔底高程		(m)		施工时间					
桩位编号	地面高程(m)	护筒顶高程(m)	时间		钻进情况	钻进深度(m)				孔底高程(m)	泥浆比重		地质柱状图
			开始	停止		起钻读数	停钻读数	本次进尺	累计进尺		进	出	

技术负责人	质检员	施工员	记录员

钢围檩安装检查证

表 3-28

归档编号：DC2-5-10

<table>
<tr><td>单位工程名称</td><td>沈阳地铁一号线中央大街站</td><td>地铁里程</td><td></td></tr>
<tr><td>分部工程名称</td><td>主体结构支护</td><td>检查部位</td><td></td></tr>
<tr><td>施工单位</td><td>沈阳市市政建设工程公司</td><td>项目经理</td><td>杜利君</td></tr>
<tr><td>施工执行标准名称及编号</td><td colspan="3">钢结构工程施工质量验收规范 GB 50205—2001</td></tr>
<tr><td colspan="4">检查结果：
1. 围檩截面形式：
2. 安装高程：________ m
3. 安装长度：________ m
4. 支架个数：________个
5. 围檩与围护结构结合情况：</td></tr>
<tr><td colspan="4">自检意见：

主管工程师：　　　　施工负责人：　　　　质检工程师：</td></tr>
<tr><td colspan="4">监理意见：

监理工程师：　　　　日期：</td></tr>
</table>

钢支撑安装检查证

表 3-29

归档编号：DC2-5-11

<table>
<tr><td colspan="2">单位工程名称</td><td colspan="3">沈阳市地铁一号线中央大街站</td><td>地铁里程</td><td></td></tr>
<tr><td colspan="2">分部工程名称</td><td colspan="3"></td><td>检查部位</td><td></td></tr>
<tr><td colspan="2">施工单位</td><td colspan="3"></td><td>项目经理</td><td></td></tr>
<tr><td colspan="3">施工执行标准名称及编号</td><td colspan="4"></td></tr>
<tr><td colspan="2">设计长度</td><td></td><td>设计直径</td><td></td><td>设计壁厚</td><td></td></tr>
<tr><td colspan="3">检查项目</td><td colspan="2">设计要求</td><td colspan="2">检查结果</td></tr>
<tr><td>1</td><td colspan="2">安装高程(m)：</td><td colspan="2"></td><td colspan="2"></td></tr>
<tr><td>2</td><td colspan="2">管身长度(m)：</td><td colspan="2"></td><td colspan="2"></td></tr>
<tr><td>3</td><td colspan="2">管壁厚度(mm)：</td><td colspan="2"></td><td colspan="2"></td></tr>
<tr><td>4</td><td colspan="2">管身连接形式：</td><td colspan="2"></td><td colspan="2"></td></tr>
<tr><td rowspan="2">5</td><td rowspan="2">端头长度</td><td>左(m)：</td><td colspan="2"></td><td colspan="2"></td></tr>
<tr><td>右(m)：</td><td colspan="2"></td><td colspan="2"></td></tr>
<tr><td>6</td><td colspan="2">施加预应力(kN)：</td><td colspan="2"></td><td colspan="2"></td></tr>
<tr><td colspan="7"></td></tr>
<tr><td colspan="7">自检意见：

主管工程师：　　　　施工负责人：　　　　质检工程师：</td></tr>
<tr><td colspan="7">监理意见：

监理工程师：　　　　日期：</td></tr>
</table>

钢立柱安装检查证

表 3-30

归档范围：DC2-5-12

单位(子单位)工程名称		地铁里程	
分部(子分部)工程名称		检查部位	
施工单位		项目经理	
施工执行标准名称及编号			

检查结果：

1.围檩截面形式：

2.柱位偏差：(cm)

3.柱底高程(m)：

4.柱顶高程(m)：

5.桩高(m)：

6.柱基形式：

柱基面高程(m)：

自检意见：

主管工程师：　　施工负责人：　　质检工程师：

监理意见：

监理工程师：　　日期：

混凝土垫层工程检查证

表 3-31

归档编号：DC2-5-13

编号：

工程名称		地铁里程	
施工单位		施工图号	
检查部位		检查日期	

本部位检查结果如下：

1.左线中线左侧混凝土垫层设计宽度＿＿＿＿＿m，实测宽度＿＿＿＿＿m

右线中线右侧混凝土垫层设计宽度＿＿＿＿＿m，实测宽度＿＿＿＿＿m

2.右线中线设计高程＿＿＿＿＿实测高程＿＿＿＿＿

3.左线中线设计高程＿＿＿＿＿实测高程＿＿＿＿＿

4.垫层厚度＿＿＿＿＿mm。垫层平整度＿＿＿＿＿

5.混凝土等级＿＿＿＿＿

混凝土垫层质量情况：

＿＿＿＿＿＿＿＿＿＿＿＿

6.基坑排水设施

自检意见：

项目经理：　　技术负责人：　　质检工程师：

监理工程师意见：

监理工程师：　　日期：

卷材防水层检查证

表 3-32

档案编号:DC2-5-14

<table>
<tr><td>单位工程名称</td><td colspan="2"></td><td>地铁里程</td><td></td></tr>
<tr><td>分部工程名称</td><td colspan="2"></td><td>检查部位</td><td></td></tr>
<tr><td>施工单位</td><td colspan="2"></td><td>项目经理</td><td></td></tr>
<tr><td colspan="2">施工执行标准名称及编号</td><td colspan="3"></td></tr>
<tr><td colspan="5">1.使用材料品种和规格：
2.混凝土基面验收情况：
3.变形缝、施工缝及埋管嵌缝处理情况：
4.施工工艺情况：
(1)卷材铺贴方式：
(2)卷材搭接方式：
(3)接缝宽度及检验情况：
(4)层厚是否符合设计：
(5)卷材独立封边及卷材的收口处理是否符合设计：
(6)保护层是否符合设计： 是否完好：
(7)其他情况：</td></tr>
<tr><td colspan="5">自查意见：

主管工程师： 施工负责人： 质检工程师：</td></tr>
<tr><td colspan="5">监理意见：

监理工程师： 日期：</td></tr>
</table>

塑料板防水层检查证

表 3-33

档案编号:DC2-5-15

<table>
<tr><td>单位工程名称</td><td colspan="2"></td><td>地铁里程</td><td></td></tr>
<tr><td>分部工程名称</td><td colspan="2"></td><td>检查部位</td><td></td></tr>
<tr><td>施工单位</td><td colspan="2"></td><td>项目经理</td><td></td></tr>
<tr><td colspan="2">施工执行标准名称及编号</td><td colspan="3"></td></tr>
<tr><td colspan="5">1.使用材料品种和规格：
2.混凝土基面验收情况：
3.缓冲层施工是否符合规定要求： 暗钉圈间距：
4.搭接宽度： 是否符合设计要求：
5.焊缝形式： 是否符合设计要求：
6.焊接宽度： 是否符合设计要求：
7.焊缝充气压力： 持续时间： 是否符合设计要求：
8.收口处理是否符合设计：
9.保护层是否符合设计： 是否完好：
10.其他情况：</td></tr>
<tr><td colspan="5">自查意见：

主管工程师： 施工负责人： 质检工程师：</td></tr>
<tr><td colspan="5">监理意见：

监理工程师： 日期：</td></tr>
</table>

水泥砂浆防水层检查证

表 3-34

档案编号：DC2-5-16

<table>
<tr><td colspan="2">单位工程名称</td><td></td><td>地铁里程</td><td></td></tr>
<tr><td colspan="2">分部工程名称</td><td></td><td>检查部位</td><td></td></tr>
<tr><td>施工单位</td><td colspan="2"></td><td>项目经理</td><td></td></tr>
<tr><td colspan="2">施工执行标准名称及编号</td><td colspan="3"></td></tr>
<tr><td colspan="5">1. 砂浆种类：　　　　　　　　　　砂浆强度等级：
2. 水泥品种及强度等级：　　　　　　　　　　水灰比：
3. 基层验收情况：
4. 砂浆防水层厚度：
5. 预埋件、穿墙管凹槽内嵌填密封材料的施工验收：
6. 施工工艺情况：
(1)层厚是否符合设计：
(2)分层厚度：
(3)接槎是否符合规定要求：
(4)有无压实、压光：
(5)其他情况：</td></tr>
<tr><td colspan="5">自查意见：

主管工程师：　　　　施工负责人：　　　　质检工程师：</td></tr>
<tr><td colspan="5">监理意见：

监理工程师：　　　　日期：</td></tr>
</table>

涂料防水层检查证

表 3-35

归档编号：DC2-5-17

编号：

<table>
<tr><td colspan="2">单位工程名称</td><td></td><td>地铁里程</td><td></td></tr>
<tr><td colspan="2">分部工程名称</td><td></td><td>施工部位</td><td></td></tr>
<tr><td>施工单位</td><td colspan="2"></td><td>项目经理</td><td></td></tr>
<tr><td colspan="2">施工执行标准名称及编号</td><td colspan="3"></td></tr>
<tr><td colspan="5">1. 防水层种类____________________
2. 使用材料名称及外观质量：
____
3. 施工质量情况：
(1)基面处理情况：
____
(2)与基层黏结是否牢固____________________
(3)设计层厚__________ mm，实际检查厚度__________ mm；
(4)空鼓、开裂、针孔眼：
____
(5)搭接是否符合设计要求____________________
4. 有无渗漏水____________________
5. 保护层做法及质量情况：
6. 其他</td></tr>
<tr><td colspan="5">自检意见：

项目经理：　　　　技术负责人：　　　　质检工程师：</td></tr>
<tr><td colspan="5">监理工程师意见：

监理工程师：　　　　日期：</td></tr>
</table>

开挖断面及地质检查证

表 3-36

归档编号：DC2-5-18

编号：

工程名称							地铁里程			
施工单位							检查部位			
断面超欠挖值（cm）			1	2	3	4	5	6	7	8
工程地质	岩性									
	围岩类别									
	结构面形状									
	特殊地质描述									
水文地质	地下水出露位置及描述									
	涌水量(t/d)									
	环境变化									
自检意见： 主管工程师：　　施工负责人：　　质检工程师：										
监理工程师意见： 监理工程师：　　日期：										

注：每 5m 或 3 个循环进尺填报一次。

暗挖区间隧道基面检查证

表 3-37

归档编号：DC2-5-19

编号：

工程名称		地铁里程	
施工单位		检查部位	
平整度			
钢筋头等尖锐物处理			
虚渣处理			
积水处理			
主筋保护层厚度			
初支混凝土强度			
自检意见： 主管工程师：　　施工负责人：　　质检工程师：			
监理意见： 监理工程师：　　日期：			

隧道格栅钢架架立检查证

表 3-38

归档编号:DC2-5-20

编号:

工程名称				施工单位									
编号	断面里程	格栅部位	垂直度	间距(m)	偏差(mm)						连接质量状况	纵向筋设置	保护层
					中线		起拱线		墙角				
					左	右	左	右	左	右			
附件:1.原材料复验报告;2.焊接试验报告;3.焊条质量证明书;4.格栅钢架制作质量检查记录													
自检意见: 技术负责人: 质检工程师:						监理工程师意见: 监理工程师: 日期:							

隧道网喷混凝土工程检查证

表 3-39

归档编号:DC2-5-21

编号:

工程名称		地铁里程	
施工单位		施工图号	
检查部位		检查日期	

喷射混凝土:混凝土设计强度等级______

设计厚度______

实测厚度______

平 整 度______

矢 弦 比______

锚杆:类型______,布置形式______,直径______mm,

设计间距______mm,实测间距______mm,

设计孔深______m,实测孔深______m,

锚杆数量______

钢筋网:直径______mm,网孔尺寸______mm,

搭接长度______mm,焊接(绑扎)质量______

自检意见:

项目经理: 技术负责人: 质检工程师:

监理工程师意见:

监理工程师: 日期:

复合式衬砌检查证

表 3-40

档案编号：DC2-5-22

单位工程名称		地铁里程	
分部工程名称		检查部位	
施工单位		项目经理	
施工执行标准名称及编号			

1. 衬砌面处理情况：
2. 防水层品种及规格：　　　　　　　　是否符合设计要求：
3. 排水盲管品种及规格：　　　　　　　是否符合设计要求：
4. 缓冲排水层品种及规格：　　　　　　是否符合设计要求：
5. 防水层接缝处理方式：　　充气压力：　　是否符合设计要求：
6. 排水盲管间距：　　　　　　　　　　是否符合设计要求：
7. 衬砌厚度：　　　　　　　　　　　　衬砌混凝土标号：
8. 衬砌有无渗漏水情况：　　渗漏水量：　　是否符合设计要求：
9. 衬砌表面有无露筋、蜂窝等缺陷：
10. 细部构造处理情况：　　　　　　　　有无渗漏：
11. 其他情况：

自检意见：

主管工程师：　　　　施工负责人：　　　　质检工程师：

监理意见：

监理工程师：　　　　日期：

隧道二次衬砌厚度检查证

表 3-41

归档编号：DC2-5-23

编号：

工程名称		地铁里程	
施工单位		施工图号	
检查部位		检查日期	

测点及位置		里程		里程		里程	
		设计厚度（mm）	实测厚度（mm）	设计厚度（mm）	实测厚度（mm）	设计厚度（mm）	实测厚度（mm）
拱顶							
起拱线	左						
	右						
边墙	左						
	右						
仰拱	中心线						
	左边墙下						
	右边墙下						
厚度最小值	左						
	右						
厚度最大值	左						
	右						

自检意见：

项目经理：　　　　技术负责人：　　　　质检工程师：

监理意见：

监理工程师：　　　　日期：

杂散电流防护隐蔽检查记录 表 3-42

归档编号：DC2-5-24

编号：

工程名称		图号	
保护类型		部位	
杂散电流腐蚀防护装置布设示意图			
杂散电流腐蚀防护设置情况检查表(尺寸单位：mm)			
钢筋间距			
杂散电流钢筋			
防腐处理			
焊接情况			
检验结论		检验日期	

施工技术负责人		质检员		专业工长	
监理工程师： 年 月 日					

细部构造施工记录表 表 3-43

归档编号：DC2-5-25

单位工程名称		地铁里程	
分部工程名称		施工部位	
施工单位		项目经理	
细部构造形式		施工图号	
后浇带两侧混凝土龄期		后浇带清理情况	
后浇带混凝土补偿系数		后浇带混凝土强度	
穿墙管直径		止水环宽度及厚度	
止水环焊缝厚度		内衬填料名称	
变形缝止水带名称		止水带接头形式	
止水带中心线偏差		表面清理情况		止水带加固措施	
施工缝表面清理情况		止水带型号		止水带中心偏差	
密封材料名称		密封材料施工方法	
黏结基层的清理情况		接头方式	
保护层名称		保护层厚度	
埋设件名称		埋设件底部混凝土厚度	
埋设件外的防水层有无损伤		修补情况	
埋设件的止水措施			
施工过程中有无异常情况出现			

施工负责人	质检工程师	班组长	记录

防水混凝土施工记录表

表 3-44

归档编号:DC2-5-26

单位工程名称			地铁里程		
分部工程名称			施工部位		
施工单位			项目经理		
水泥	品种		单位体积混凝土水泥用量		
	强度等级		外加剂型号及单位体积掺量		
施工配合比		水灰比		砂率	
开始浇筑时间		浇筑结束时间		浇筑方量	
混凝土入仓温度		浇筑时气温		混凝土入仓坍落度	
迎水面保护层厚度		混凝土抗渗等级		混凝土强度等级	
施工缝处理后状态		止水带型号		止水带有无损伤	
混凝土设计厚度		混凝土分层厚度		分层混凝土结合情况	
振捣器型号		每次振捣持续时间		振捣状况	
拆模时间		拆模时气温		拆模后混凝土表面状况	
养护方式		养护时间		混凝土内部有无散热措施	
试件制作及养护情况					
施工过程中有无异常情况出现					
施工负责人	质检工程师		班组长		记录

土层锚杆(索)钻孔施工记录

表 3-45

归档编号:DC2-5-27

单位工程名称				地铁里程				
分部工程名称				施工部位				
施工单位				项目经理				
设计钻孔直径		设计钻孔长度		钻孔日期			钻机型号	
锚杆编号	地层类别	钻孔直径(cm)	套管外径(cm)	钻孔时间	钻孔深度(m)	套管长度(m)	钻孔倾角(α^0)	备注
技术负责人		施工负责人			质检员		记录员	

注:备注栏记录钻孔过程中出现的情况,如坍孔、缩颈、地下水及相应的处理方法。

土层锚杆(索)注浆施工记录表　　表 3-46

归档编号:DC2-5-28

单位工程名称				地铁里程				
分部工程名称				施工部位				
施工单位				项目经理				
注浆日期				注浆设备				
锚杆编号	地层类别	注浆起止深度(m～m)	注浆材料及配合比	注浆开始时间	注浆终止时间	注浆压力(MPa)	注浆量(L)	备注
技术负责人:			质检员:		记录员:　　年　月　日			

土层锚杆(索)工程检查证　　表 3-47

归档编号:DC2-5-29

单位工程名称		地铁里程	
分部工程名称		检查部位	
施工单位		项目经理	
施工执行标准名称及编号			

本检查部位按　　　　　　　　　号图施工,检查结果如下

检查内容:

一、钻孔:1.编号:　　　　2.钻机型号:

3.倾角:　　　　4.孔 径:

5.孔深:

二、杆件:1.类型:　　　　2.直 径:

3.锚杆总长(mm):　　　　4.预留张拉长度:

三、注浆:1.水泥标号:　　　　2.水灰比:

3.注浆量:

四、锚固长度:

五、张拉与锁定:1.张拉:　　　　2.锁 定:

附件:

自检意见:

主管工程师:　　　　施工负责人:　　　　质检工程师:

监理意见:

监理工程师:　　　　日期:

喷锚支护施工记录表

表 3-48

档案编号：DC2-5-30

单位工程名称				地铁里程				
分部工程名称				施工部位				
施工单位				项目经理				
水泥	品种		细骨料	型号		粗骨料	型号	
	强度等级			细度模数			最大粒径	
施工配合比		混凝土标号		水灰比		砂率		
速凝剂名称		初凝时间		终凝		单位体积掺量		
混凝土施工起止时间		混凝土设计抗渗强度		混凝土设计抗压强度				
岩面处理情况								
锚杆型号		锚杆长度		锚杆间距		锚杆数量		
钻孔直径		钻孔深度		钻孔角度		钻孔总长		
浆液类型		浆液强度		注浆压力		注浆总量		
喷层厚度		最小厚度		最大厚度		平均厚度		
喷层平整度		喷层		喷层与围岩及喷层之间的黏结情况				
钢筋网型号及间距								
喷层养护方式		喷层养护气温		喷层养护时间				
锚杆抗拔实验情况								
混凝土抗压、抗渗试件留置情况								
其他情况								
施工负责人	质检工程师	班组长	记录					

超前导管、管棚施工记录

表 3-49

归档编号：DC2-5-31

编号：

工程名称							地铁里程			
施工单位							工程部位			
钢管规格							施工日期			
序号	桩号	位置	长度(m)	直径(mm)	角度(°)	间距(cm)	根数	压力(MPa)	注浆量(L)	施工班次
草图：										
技术负责人			质检员				记录人			

注浆施工记录表

表 3-50

归档编号:DC2-5-32

工程名称					
施工单位					
注浆材料及配合比				注浆设备型号	
注浆位置(桩号)	注浆日期	注浆压力(MPa)	注入材料量(L)	饱满情况	备注
其他说明:					

驻地监理工程师: 年　月　日	施工单位		
	技术负责人	质检员	记录人

壁后注浆施工记录表

表 3-51

归档编号:DC2-5-33

单位工程名称								地铁里程			
分部工程名称								盾构机类型			
施工单位								每环管片数		片	
注浆材料及配合比								注浆设备及型号			
施工日期	循环节序号	注浆孔位	注浆时间			注浆压力(MPa)		浆液比重	注浆量(m^3)		备注
			始	终	累计(min)	设定	实际		设定	实际	

自检意见:		孔位示意图:
记录人:	质检工程师:	监理意见: 监理工程师:　　　年　月　日

衬砌裂缝注浆施工记录表

表 3-52

归档编号：DC2-5-34

编号：

单位工程名称			地铁里程		
分部工程名称			施工部位		
施工单位			项目经理		
最大裂缝宽度		浆液名称		配合比	
裂缝宽度		最小裂缝宽度		裂缝平均宽度	
裂缝长度		注浆管数量		注浆管间距	
开槽深度及宽度		注浆管埋设深度		封缝材料	

孔号	注浆管编号	注浆管型号	注浆压力	注浆起止时间	单孔注浆量
备注					

施工负责人	质检工程师	班组长	记录

隧道开挖施工记录

表 3-53

归档编号：DC2-5-35

编号：

工程名称				施工图号	
施工单位				施工日期	年　月　日
序号	里程	施工部位	围岩状况	开挖进尺(m)	开挖情况
施工技术负责人：　质检员　施工员：					
监理工程师：　年　月　日					

隧道支护施工记录

表 3-54

归档编号:DC2-5-36

编号:

工程名称					地铁里程			
施工单位					施工日期		年　月　日	
桩号	施工部位	围岩状况	格栅间距(mm)	中线偏差(mm)	高程偏差(mm)	格栅连接状况	喷混凝土厚度(mm)	混凝土强度等级
施工技术负责人				质检员		施工员		
监理工程师							年　月　日	

喷射混凝土施工

表 3-55

归档编号:DC2-5-37

编号:

工程名称			地铁里程	
施工单位			施工图号	
施工部位			施工日期	
原材料、配合比				
材料名称	规格	产地	试验单编号	
砂				
石				
水泥				
水				
外加剂				
速凝剂				

1.喷射混凝土配合比(水泥:砂:石:水:外加剂)____________

外加剂掺量____________

2.喷射混凝土设计强度等级____________,设计厚度________ mm

3.喷射机械____________

4.喷射风压____________ MPa,水压____________ MPa

5.作业时间:

喷射混凝土施作________月________日________时起至________月________日________时止,

喷射厚度____________ mm,喷射面积____________ m^2

质检员:	施工员:	记录:

混凝土浇筑申请书

表 3-56

归档编号:DC2-5-38

编号:

<table>
<tr><td>工程名称</td><td></td><td>申请浇灌日期</td><td colspan="2"></td></tr>
<tr><td>申请浇灌部位</td><td></td><td>申请方量(m^3)</td><td colspan="2"></td></tr>
<tr><td>技术要求</td><td></td><td>强度等级</td><td colspan="2"></td></tr>
<tr><td>搅拌方式(搅拌站名称)</td><td></td><td>申请人</td><td colspan="2"></td></tr>
<tr><td colspan="5">依据:施工图纸(施工号____)
设计变更/洽商(编号________________________________)和有关规范、规程</td></tr>
<tr><td colspan="2">施工准备检查</td><td colspan="2">专业工长
(质检员)签字</td><td>备注</td></tr>
<tr><td colspan="2">1.隐检情况:□已□未完成隐检</td><td colspan="2"></td><td></td></tr>
<tr><td colspan="2">2.预检情况:□已□未完成预检</td><td colspan="2"></td><td></td></tr>
<tr><td colspan="2">3.水电预埋情况:□已□未完成并未经检查</td><td colspan="2"></td><td></td></tr>
<tr><td colspan="2">4.施工组织情况:□已□未完备</td><td colspan="2"></td><td></td></tr>
<tr><td colspan="2">5.机械设备准备情况:□已□未准备</td><td colspan="2"></td><td></td></tr>
<tr><td colspan="2">6.保温及有关准备:□已□未完备</td><td colspan="2"></td><td></td></tr>
<tr><td colspan="2"></td><td colspan="2"></td><td></td></tr>
<tr><td>施工单位名称</td><td></td><td>技术负责人</td><td colspan="2"></td></tr>
<tr><td colspan="5">审批意见:
审批结论: □同意浇筑 □整改后自行浇筑 □不同意,整改后重新申请
审批人: 审批日期:</td></tr>
</table>

注:“技术要求”栏应根据混凝土合同的具体要求填写。

混凝土浇筑施工记录

表 3-57

归档编号:DC2-5-39

<table>
<tr><td colspan="2">工程名称</td><td colspan="4"></td><td colspan="2">浇筑部位</td><td colspan="2"></td></tr>
<tr><td colspan="2">浇筑日期</td><td colspan="2"></td><td colspan="2">天气情况</td><td></td><td>室外气温</td><td colspan="2">℃</td></tr>
<tr><td colspan="2">设计强度</td><td colspan="2"></td><td colspan="4">钢筋模板验收负责人</td><td colspan="2"></td></tr>
<tr><td rowspan="9">混凝土来源</td><td rowspan="2">商混</td><td colspan="2">供料单位</td><td colspan="4"></td><td>运输单编号</td><td></td></tr>
<tr><td colspan="2">供料强度等级</td><td colspan="2"></td><td colspan="2">试验单编号</td><td colspan="2"></td></tr>
<tr><td rowspan="7">自拌</td><td colspan="2">配合比单编号</td><td colspan="6"></td></tr>
<tr><td rowspan="6">混凝土配合比</td><td>材料名称</td><td>规格产地</td><td>每 m^3 用量</td><td>每盘用量</td><td>材料含水量(%)</td><td colspan="2">实际每盘用量(kg)</td></tr>
<tr><td>水泥</td><td></td><td></td><td></td><td></td><td colspan="2"></td></tr>
<tr><td>沙子</td><td></td><td></td><td></td><td></td><td colspan="2"></td></tr>
<tr><td>石子</td><td></td><td></td><td></td><td></td><td colspan="2"></td></tr>
<tr><td>外掺剂</td><td></td><td></td><td></td><td></td><td colspan="2"></td></tr>
<tr><td></td><td></td><td></td><td></td><td></td><td colspan="2"></td></tr>
<tr><td colspan="3">实测坍落度</td><td>cm</td><td>出盘温度</td><td>℃</td><td>入模温度</td><td colspan="3">℃</td></tr>
<tr><td colspan="3">混凝土完成数量</td><td colspan="3"></td><td>完成时间</td><td colspan="3"></td></tr>
<tr><td colspan="3">试件置留种类、数量、编号</td><td colspan="7"></td></tr>
<tr><td colspan="3">混凝土浇筑中出现的
问题及处理情况</td><td colspan="7"></td></tr>
<tr><td colspan="3">施工单位技术负责人</td><td colspan="3"></td><td>质检工程师</td><td colspan="3"></td></tr>
</table>

注:本记录每浇筑一次混凝土记录一张。

明挖单线隧道净空检查表

表 3-58

归档编号：DC2-5-40

编号：

工程名称		地铁里程	
施工单位		项目经理	

本断面检查里程：K＿＿＿＿＿＿＿＿～K＿＿＿＿＿＿＿＿

测值编号 / 项目	B_1	B_2	B_3	B_4	B_5	B_6
实测宽度(mm)						
设计宽度(mm)						
差值(mm)						
设计轨顶高程	1		设计轨顶高程	1		
设计高(mm)	2		设计深(cm)	2′		
设计顶板高程	3＝1＋2		设计底板高程	3′＝1－2′		
实测顶板高程	H_2		实测底板高程	H'_2		
差值	H_2-3		差值(cm)	H'_2-3'		

自检意见： 技术负责人：　日期：	监理意见： 监理工程师：　日期：

明挖双线区间隧道净空检查表

表 3-59

归档编号：DC2-5-41

编号：

工程名称		地铁里程	
施工单位		项目经理	

本断面检查里程：K ____________ ～K ____________

测值编号 / 项目	B_1	B_2	B_3	B_4	B_5	B_6
实测宽度(mm)						
设计宽度(mm)						
差值(mm)						
测值编号 / 项目	B_7	B_8	B_9	B_{10}	B_{11}	B_{12}
实测宽度(mm)						
设计宽度(mm)						
差值(mm)						

项目		左	右	项　目		左	右
设计轨顶高程	1			设计轨顶高程	1		
设计高(mm)	2			设计深(mm)	2′		
设计顶板高程	3＝1＋2			设计底板高程	3′＝1－2′		
实测顶板高程	H_2			实测底板高程	H_1、H_3		
差值	H_2-3			差值(mm)	H_1-3' H_3-3'		

自检意见：	监理意见：
技术负责人　　日期	监理工程师　　日期

土层锚杆索加荷试验记录表

表 3-60

归档编号:DC2-5-42

工程名称		部位	
施工单位		张拉设备	
设计荷载 TW/kN		试验时间	

锚杆编号	拉杆长度(m)			施加荷载 T 及位移量(mm)													
	总长度	锚固体长度	非锚固体长度	0.25TW		0.50TW		0.75TW		1.00TW		抗拉强度试验 1.33TW		验收试验 1.20TW		张拉强度 0.75～0.80TW	
				稳压时间 min	位移量	稳压时间 min	位移量	稳压时间 min	位移量	稳压时间 min	位移量	稳压时间 min	位移量	稳压时间 min	位移量	稳压时间 min	位移量

施荷人		记录人		技术负责人	

土层锚杆(索)张拉记录表

表 3-61

归档编号:DC2-5-43

单位工程名称		地铁里程	
分部工程名称		施工部位	
施工单位		项目经理	
锚杆类型		锚具编号	
张拉设备		张拉日期	

锚杆编号	张拉荷载(kN)	油压表读数(MPa)	稳定时间(min)	锚头位移读数(mm)	锁定荷载(kN)	锚头位移增量(mm)	备注

技术负责人	质检员	施工班组长	记录员

预制钢筋混凝土管片出厂合格证

归档编号：DC2-5-44

编号：

工程名称		管片类型	
委托单位		合同编号	
设计强度等级		设计抗渗等级	
养护方法		出厂日期	

环数序号	管片型号	管片编号	生产日期	混凝土			出厂抗渗等级	抗渗报告编号	主筋报告编号
				配合比编号	出厂强度	强度报告编号			

结构性能				
外观	□合格　□不合格			
防水密封条	供货厂家		黏贴质量	□合格　□不合格

供应单位技术负责人	填写人	检验结论	管片生产厂家
		□合　格 □不合格	（盖章）

进场管片检验记录表

表 3-63

归档编号：DC2-5-45

编号：

工程名称		地铁里程	
施工单位		施工图号	
供货厂家		检查日期	
1. 管片规格、型号、数量： 2. 管片出厂合格证： 3. 管片标志（厂名、构件型号、生产日期、编号）： 4. 外观质量（有无缺棱、掉角、飞边、疤瘤、蜂窝、孔洞、露筋、掉皮、起砂等现象）：			
自检意见 项目经理：　　技术负责人：　　质检工程师：			
监理工程师意见： 监理工程师：　　日期：			

盾构掘进施工记录表

表-64

归档编号：DC2-5-46

工程名称		施工班组	
设计每环长度(m)		管片设计每环(片)	
盾构机类型		千斤顶编组	

循环节序号	循环节起止里程	施工日期 年月日时至 年月日时	盾构掘进				管片拼装		压浆				
			掘进速度	地质描述	千斤顶压力(t)	出土量(m^3)	拼装时间 年月日时 至 年月日时	拼装质量	时间 年月日时 至 年月日时	材料及配比	压浆压力(Pa)	压浆数量(m^3)	压浆质量

记事：

施工单位：	工班长：	技术负责人：

注：管片拼装栏除按此表填写外，并应填写“盾构管片拼装记录表”。

盾构管片拼装记录表

表 3-65

归档编号：DC2-5-47

工程名称		盾构机械类型	
管片设计每环(m)		管片设计每环(片)	
施工单位		班组别	

循环节序号	循环节起止里程	盾构掘进时间 年月日时 至 年月日时	循环节处地质描述	管理拼装时间 年月日时 至 年月日时	管片拼装								记事
					螺栓连接数量				高程(m)		平面	相邻管片	
					设计		实际						
					纵	环	纵	环	设计	实际	位置偏差(mm)	平整度最大偏差(mm)	

工程负责人：	记录者： 年 月 日

注：记事内容包括管片拼装过程中出现的问题及精度偏差等。

第四章 评定资料

第一节 工程质量评定要求

公路工程质量评定应按照交通部《公路工程质量检验评定标准》(JTG F80/—2004、JTG F80/2—2004)和交通部公路发[2004]446号文《关于贯彻执行公路工程竣交工验收办法有关事宜的通知》的规定进行。

一 一般评定

(1)工程质量检验评定以分项工程为单元,采用百分制进行。在分项工程评分的基础上,逐级计算各相应分部工程、单位工程、单项工程和建设项目的评分值。

(2)工程质量评定等级分为合格与不合格,应按分项、分部、单位工程、单项工程和建设项目逐级评定。

(3)施工单位应对各分项工程按《验评标准》所列基本要求、实测项目和外观鉴定进行自检,按《分项工程质量检验评定表》及相关施工技术规范提交真实、完整的自检资料,对工程质量进行自评。

(4)工程监理单位应按规定要求对工程质量进行独立抽检,对施工单位自评资料进行签认,对工程质量进行评定。

(5)建设单位根据对工程质量的检查及平时掌握的情况,对工程监理单位所做的工程质量评分等级进行审定。

(6)质量监督部门、质量检测机构可依据评定标准对公路工程质量进行检测评定。

二 工程质量评分

1.分项工程质量评分

分项工程质量检验内容包括基本要求、实测项目、外观鉴定和质量保证资料四个部分。只有在其使用的原材料、半成品、成品及施工工艺符合基本要求的规定,且无严重外观缺陷和质量保证资料真实并基本齐全时,才能对分项工程进行检验评定。

涉及结构安全和使用功能的重要实测项目为关键项目,在分项工程的实测项目中以“△”标识,其合格率不得低于90%(属于工厂加工制造的桥梁金属构件不低于95%,机电工程为100%),且检测值不得超过规定极值,否则必须进行返工处理。

实测项目的规定值是指任一单个检测值都不能突破的极限值,不符合要求时该实测项目为不合格。

采用《验评标准》附录B至附录I所列方法进行评定的关键项目，不符合要求时则该分项工程评为不合格。

分项工程的评分值满分为100分，按实测项目采用加权平均法计算。存在外观缺陷或资料不全时，应予减分。

$$分项工程得分=\frac{\sum 检查项目得分\times 权值}{\sum 检查项目权值}$$

分项工程评分值=分项工程得分－外观缺陷减分－资料不全减分

(1)基本要求项目。分项工程所列基本要求，对施工质量优劣具有关键作用，应按基本要求对工程进行认真检查。经检查不符合基本要求规定时，不得进行工程质量的检验和评定。

(2)实测项目计分。对规定项目采用现场抽样方法，按照规定频率和下列计分方法对分项工程的施工质量直接进行检测计分。检查项目除按数理统计方法评定的项目以外，均应按单点(组)测定值是否符合标准要求进行评定，并按合格率计分。

$$检查项目合格率=\frac{检查合格的点数}{该检查项目的全部检查点数}\times 100\%$$

(3)外观缺陷减分。对工程外表情况应逐项进行全面检查，如发现外观缺陷，应进行减分。对于较严重的外观缺陷，施工单位须采取措施进行整修处理。

(4)资料不全减分。分项工程的施工资料和图表残缺，缺乏最基本的数据或有伪造涂改者，不予检查或评定。资料不全者应予减分，减分幅度可按质量保证资料各款要求检查，视资料不全情况，每款减1～3分。

2.分部工程和单位工程质量评分

分部工程和单位工程采用加权平均值计算法确定相应的评分值。

$$分部(单位)工程评分值=\frac{\sum 分项工程评分值\times 相应权值}{\sum 分项工程权值}$$

3.单项工程和建设项目工程质量评分

单项工程和建设项目工程质量评分值按交通部令[2004]第3号《公路竣(交)工验收办法》计算。

4.质量保证资料

施工单位应有完整的施工原始记录、试验数据、分项工程自检数据等质量保证材料，并进行整理分析，负责提交齐全、真实和系统的施工资料和图表。工程监理单位负责提交齐全、真实和系统的监理资料。质量保证资料应包括以下6个方面：

(1)所用原材料、半成品和成品质量检验结果。

(2)材料配比、拌和加工控制检验和试验数据。

(3)地基处理、隐蔽工程施工记录和大桥、隧道施工监控资料。

(4)各项质量控制指标的试验记录和质量检验汇总图表。

(5)施工过程中遇到的非正常情况记录及其对工程质量影响分析。

(6)施工过程中如发现质量事故，经处理补救后，达到设计要求的认可证明文件。

三 工程质量等级评定

1. 分项工程质量等级评定

分项工程评分值不小于 75 分者为合格，小于 75 分者为不合格；机电工程，属于工厂加工制作的桥梁金属构件不小于 90 分者为合格，小于 90 分者为不合格。

评定为不合格的分项工程，经加固、补强或返工、调测，满足设计要求后，可以重新评定其质量等级，但计算分部工程评分值时按其评分值的 90%计算。

2. 分部工程质量等级评定

所属各分项工程全部合格，则该分部工程评定为合格；所属任一分项工程不合格，则该分项工程为不合格。

3. 单位工程质量等级评定

所属各分部工程全部合格，则该单位工程评定为合格；所属任一分部工程不合格，则该单位工程不合格。

4. 单项工程和建设项目质量等级评定

单项工程和建设项目所含单位工程全部合格，其工程质量等级评定为合格；所属任一单位工程不合格，则单位工程和建设项目为不合格。

第二节 单位工程质量评定

一 路基工程质量评定

1. 单位工程质量检验评定

路基工程质量检验评定见表 4-1。

单位工程质量检验评定表 表 4-1

单位工程名称：路基工程 所属建设项目：

线路名称： 工程地点、桩号：YK7＋000～K12＋000

施工单位：××集团有限责任公司 监理单位：××国际工程咨询有限公司

××公路工程项目经理部 ××公路工程监理部

施工单位	子单位工程					备注
	工 程 名 称	质量评定				
		实得分	权值	加权得分	等级	
	ZK6＋800～ZK8＋000 路基工程	98	1	98	合格	
	ZK8＋000～ZK9＋000 路基工程	98.5	1	98.5	合格	
	YK7＋000～YK8＋000 路基工程	97.5	1	97.5	合格	
	YK8＋000～YK9＋000 路基工程	97	1	97	合格	
	K9＋000～K10＋000 路基工程	98	1	98	合格	
	K10＋000～K11＋000 路基工程	98.5	1	98.5	合格	

续上表

施工单位	子单位工程					备注
	工 程 名 称	质量评定				
		实得分	权值	加权得分	等级	
	K11＋000～K12＋000 路基工程	98	1	98	合格	
	合计		7	685.5		
质量等级	合格			加权平均数		98
评定意见	所属各子单位工程全部合格，该单位工程评为合格。					

检验负责人：××× 计算：××× 复核：××× ××年×月×日

2.子单位工程质量检验评定表

以 K11＋000～K12＋000 路基工程为例，介绍子单位工程质量评定方法(见表 4-2)，其他里程段子单位工程质量评定可参照该评定方法进行计算。

子单位工程质量检验评定表 表 4-2

子单位工程名称：K11＋000～K12＋000 路基工程 所属建设项目：

线路名称： 工程地点、桩号：K11＋000～K12＋000

施工单位：××集团有限责任公司 监理单位：××国际工程咨询有限公司

××公路工程项目经理部 ××公路工程监理部

施工单位	分 部 工 程					备注
	工 程 名 称	质量评定				
		实得分	权值	加权得分	等级	
	路基土石方工程	98.5	2	197	合格	
	排水工程	98	1	98	合格	
	K11＋800 小桥	97.5	2	195	合格	
	合计		5	490		
质量等级	合格				加权平均数	98
评定意见	所属分部工程全部合格，该子单位工程评为合格。					

检验负责人：××× 计算：××× 复核：××× ××年×月×日

二 路面工程质量评定

路面工程质量检验评定见表 4-3。

单位工程质量检验评定表

表 4-3

单位工程名称：路面工程　　所属建设项目：

线路名称：　　工程地点、桩号：YK7＋000～K12＋000

施工单位：××集团有限责任公司 ××公路工程项目经理部　　监理单位：××国际工程咨询有限公司 ××公路工程监理部

施工单位	子单位工程					备注
	工程名称	质量评定				
		实得分	权值	加权得分	等级	
	ZK6＋800～ZK8＋000 路面工程	97	2	194	合格	
	ZK8＋000～ZK9＋000 路面工程	96	2	192	合格	
	YK7＋000～YK8＋000 路面工程	96.5	2	193	合格	
	YK8＋000～YK9＋000 路面工程	96	2	192	合格	
	K9＋000～K10＋000 路面工程	97	2	194	合格	
	K10＋000～K11＋000 路面工程	96	2	192	合格	
	K11＋000～K12＋000 路面工程	97	2	194	合格	
	合计		14	1351		
质量等级	合格			加权平均数		96.5
评定意见	所属各子单位工程全部合格，该单位工程评为合格。					

检验负责人：×××　　计算：×××　　复核：×××　　××年×月×日

三 桥梁工程质量评定

以 K11＋000 大桥为例，介绍桥梁工程质量评定方法（见表 7-4），K10＋000 中桥质量评定可参照该桥评定方法进行评定。

单位工程质量检验评定表

表 4-4

单位工程名称：桥梁工程　　所属建设项目：

线路名称：　　工程地点、桩号：K11＋000 大桥

施工单位：××集团有限责任公司 ××公路工程项目经理部　　监理单位：××国际工程咨询有限公司 ××公路工程监理部

施工单位	分部工程					备注
	工程名称	质量评定				
		实得分	权值	加权得分	等级	
	基础及下部构造	96.5	2	193	合格	
	上部构造预制和安装	95.5	2	191	合格	
	总体桥面系和附属工程	96	1	96	合格	
	合计		5	480		
质量等级	合格				加权平均数	96
评定意见	所属分部工程全部合格，该单位工程评为合格					

检验负责人：×××　　计算：×××　　复核：×××　　××年×月×日

四 隧道工程质量评定

以右线隧道为例，介绍隧道工程质量评定方法（见表4-5），左线隧道质量评定可参照该评定方法进行评定。

单位工程质量检验评定表 表4-5

单位工程名称：隧道工程　　所属建设项目：

线路名称：　　工程地点、桩号：右线隧道

施工单位：××集团有限责任公司　　监理单位：××国际工程咨询有限公司

××公路工程项目经理部　　××公路工程监理部

施工单位	分部工程					备注
	工程名称	质量评定				
		实得分	权值	加权得分	等级	
	总体	96	1	96	合格	
	明洞	96	1	96	合格	
	洞口工程	96	1	96	合格	
	洞身开挖	96	1	96	合格	
	洞身衬砌	96	1	96	合格	
	防排水	96	1	96	合格	
	隧道路面	96	1	96	合格	
	装饰	96	1	96	合格	
	辅助施工措施	96	1	96	合格	
	合计		9	964		
质量等级	合格				加权平均数	96
评定意见	所属分部工程全部合格，该单位工程评为合格					

检验负责人：×××　　计算：×××　　复核：×××　　××年×月×日

五 交通安全设施质量评定

交通安全设施质量检验评定见表4-6。

单位工程质量检验评定表 表4-6

单位工程名称：交通安全设施　　所属建设项目：

线路名称：　　工程地点、桩号：YK7＋000～K12＋000

施工单位：××集团有限责任公司　　监理单位：××国际工程咨询有限公司

××公路工程项目经理部　　××公路工程监理部

施工单位	分部工程					备注
	工程名称	质量评定				
		实得分	权值	加权得分	等级	
	标志	98	2	98	合格	
	标线、突起路标	98	1	98	合格	
	护栏、轮廓标	98	2	98	合格	

续上表

施工单位	分 部 工 程					备注
	工 程 名 称	质量评定				
		实得分	权值	加权得分	等级	
	防眩设施	98	1	98	合格	
	隔离栅、防落网	98	1	98	合格	
	合计		7	686		
质量等级	合格				加权平均数	98
评定意见	所属分部工程全部合格，该单位工程评为合格					

检验负责人：××× 计算：××× 复核：××× ××年×月×日

第三节 分部工程质量评定

一 路基各分部工程质量评定

以 K11＋000～K12＋000 路基工程为例，相继介绍路基土石方工程、排水工程和 K11＋800 小桥等分部工程质量评定方法，其他里程段分部工程质量评定可参照该评定方法进行计算。

1. 路基土石方工程质量检验评定

路基土石方工程质量检验评定见表 4-7。

分部工程质量检验评定表 表 4-7

分部工程名称：路基土石方工程 所属单位工程名称：路基工程

所属建设项目： 工程部位：K11＋000～K12＋000

（桩号、墩台号、孔号）

施工单位：××集团有限责任公司 监理单位：××国际工程咨询有限公司

××公路工程项目经理部 ××公路工程监理部

施工单位	分 部 工 程					备注
	工 程 名 称	质量评定				
		实得分	权值	加权得分	等级	
	土方路基	98.5	2	197	合格	
	软土路基	98.5	2	197	合格	
	合计		4	394		
质量等级	合格				加权平均数	98.5
评定意见	所属分部工程全部合格，该子单位工程评为合格					

检验负责人：××× 计算：××× 复核：××× ××年×月×日

2.排水工程质量检验评定

路基排水工程质量检验评定见表 4-8。

分部工程质量检验评定表　　表 4-8

分部工程名称：排水工程　　所属单位工程名称：路基工程

所属建设项目：　　工程部位：K11+000～K12+000

（桩号、墩台号、孔号）

施工单位：××集团有限责任公司

××公路工程项目经理部

监理单位：××国际工程咨询有限公司

××公路工程监理部

施工单位	分 部 工 程					备注
	工 程 名 称	质量评定				
		实得分	权值	加权得分	等级	
	土沟	98	2	98	合格	
	浆砌排水沟	98	1	196	合格	
	合计		3	294		
质量等级	合格				加权平均数	98
评定意见	所属分部工程全部合格，该单位工程评为合格					

检验负责人：×××　　计算：×××　　复核：×××　　××年×月×日

3.涵洞工程质量检验评定

路基涵洞工程质量检验评定见表 4-9。

分部工程质量检验评定表　　表 4-9

分部工程名称：K9+000 涵洞　　所属单位工程名称：路基工程

所属建设项目：　　工程部位：K9+000 涵洞

（桩号、墩台号、孔号）

施工单位：××集团有限责任公司

××公路工程项目经理部

监理单位：××国际工程咨询有限公司

××公路工程监理部

施工单位	分 部 工 程					备注
	工 程 名 称	质 量 评 定				
		实得分	权值	加权得分	等级	
	涵台	96.5	2	193	合格	
	管节预制	95.5	2	193	合格	
	钢筋安装	96	1	96	合格	
	管座及涵管安装	96	2	192	合格	
	涵背回填	96.5	1	96.5	合格	
	锥坡	95.5	1	95.5	合格	
	涵洞总体	96	1	96	合格	
	合计		10	960		
质量等级	合格				加权平均数	96
评定意见	所属分部工程全部合格，该单位工程评为合格					

检验负责人：×××　　计算：×××　　复核：×××　　××年×月×日

4.K11+800 小桥质量检验评定

K11+800 小桥工程质量检验评定见表 4-10。

分部工程质量检验评定表　　表 4-10

分部工程名称:K11+800 小桥　　所属单位工程名称:路基工程

所属建设项目:　　工程部位:K11+800 小桥（桩号、墩台号、孔号）

施工单位:××集团有限责任公司 ××公路工程项目经理部　　监理单位:××国际工程咨询有限公司 ××公路工程监理部

施工单位	分 部 工 程					备注
	工 程 名 称	质量评定				
		实得分	权值	加权得分	等级	
	基础及下部构造	97.5	2	195	合格	
	上部构造预制和安装	97.5	2	195	合格	
	总体桥面系和附属工程	97.5	1	195	合格	
	合计		5	487.5		
质量等级	合格				加权平均数	97.5
评定意见	所属分部工程全部合格,该单位工程评为合格。					

检验负责人:×××　　计算:×××　　复核:×××　　××年×月×日

5.子分部工程质量检验评定表

以 K11+800 小桥为例,相继介绍上部构造预制和安装、总体桥面系和附属工程、0#台基础及下部构造等子分部工程质量评定方法,其他部位子分部工程质量评定可参照该评定方法进行计算。

(1)基础及下部构造质量检验评定(见表 4-11)

子分部工程质量检验评定表　　表 4-11

子分部工程名称:基础及下部构造　　所属单位工程名称:路基工程

所属建设项目:　　工程部位:K11+800 小桥 0#台（桩号、墩台号、孔号）

施工单位:××集团有限责任公司 ××公路工程项目经理部　　监理单位:××国际工程咨询有限公司 ××公路工程监理部

施工单位	分 部 工 程					备注
	工 程 名 称	质量评定				
		实得分	权值	加权得分	等级	
	扩大基础	97	1	97	合格	
	基础钢筋安装	98	1	98		
	台身浇筑	97.5	2	195		
	台身钢筋安装	98	1	98		
	台帽浇筑	97.5	2	195		

续上表

施工单位	分部工程					备注
	工程名称	质量评定				
		实得分	权值	加权得分	等级	
	台帽钢筋安装	98	1	98		
	锥坡	97	1	97		
	台背回填	97	1	97		
	合计		10	975		
质量等级	合格				加权平均数	97.5
评定意见	所属分部工程全部合格,该单位工程评为合格					

检验负责人:××× 计算:××× 复核:××× ××年×月×日

(2)上部构造预制和安装质量检验评定(见表4-12)

子分部工程质量检验评定表 表4-12

子分部工程名称:上部构造预制和安装 所属单位工程名称:路基工程

所属建设项目: 工程部位:K11+800小桥

(桩号、墩台号、孔号)

施工单位:××集团有限责任公司 监理单位:××国际工程咨询有限公司

××公路工程项目经理部 ××公路工程监理部

施工单位	分部工程					备注
	工程名称	质量评定				
		实得分	权值	加权得分	等级	
	预制空心板	97	2	194	合格	
	空心板钢筋安装	98	1	98	合格	
	梁板安装	98	1	98	合格	
	合计		4	390		
质量等级	合格			加权平均分		97.5
评定意见	所属各分项工程全部合格,该子分部工程评为合格					

检验负责人:××× 计算:××× 复核:××× ××年×月×日

(3)总体、桥面系和附属工程质量检验评定(见表4-13)

子分部工程质量检验评定表 表4-13

子分部工程名称:总体、桥面系和附属工程 所属单位工程名称:路基工程

所属建设项目: 工程部位:K11+800小桥

(桩号、墩台号、孔号)

施工单位:××集团有限责任公司 监理单位:××国际工程咨询有限公司

××公路工程项目经理部 ××公路工程监理部

施工单位	分部工程					备注
	工程名称	质量评定				
		实得分	权值	加权得分	等级	
	桥梁总体	98	2	196	合格	

续上表

施工单位	分部工程					备注
	工程名称	质量评定				
		实得分	权值	加权得分	等级	
	桥面铺装	97	2	194	合格	
	桥面铺装钢筋安装	97.5	1	97.5	合格	
	混凝土防撞护栏	97	1	97	合格	
	混凝土防撞护栏钢筋安装	98	1	98	合格	
	桥头搭板	97	1	97	合格	
	桥头搭板钢筋安装	98	1	98	合格	
	合计		9	877.5		
质量等级	合格			加权平均分		97.5
评定意见	所属各分项工程全部合格，该子分部工程评为合格					

检验负责人：××× 计算：××× 复核：××× ××年×月×日

二 路面各分部工程质量评定

以K11＋000～K12＋000路面工程为例，介绍分部工程质量评定方法（见表4-14），其他里程段分部工程质量评定可参照该评定方法进行计算。

分部工程质量检验评定表 表4-14

分部工程名称：路面工程　　所属单位工程名称：路面工程

所属建设项目：　　工程部位：K11＋000～K12＋000

（桩号、墩台号、孔号）

施工单位：××集团有限责任公司　　监理单位：××国际工程咨询有限公司

××公路工程项目经理部　　××公路工程监理部

施工单位	分部工程					备注
	工程名称	质量评定				
		实得分	权值	加权得分	等级	
	水泥沙砾底基层	96	1	96	合格	
	水泥沙砾基层	97.5	2	195	合格	
	水泥混凝土棉层	96.5	2	193	合格	
	路肩	97	1	97	合格	
	合计		6	582		
质量等级	合格			加权平均分		97
评定意见	所属各分项工程全部合格，该子分部工程评为合格					

检验负责人：××× 计算：××× 复核：××× ××年×月×日

三 桥梁各分部工程质量评定

以 K11＋000 大桥为例，介绍分部工程质量评定方法，K10＋000 中桥质量评定可参照该桥评定方法进行评定。

1.基础及下部构造质量检验评定

基础及下部构造质量检验评定见表 4-15。

分部工程质量检验评定表　　表 4-15

分部工程名称：基础及下部构造　　所属单位工程名称：桥梁工程

所属建设项目：　　工程部位：K11＋000 大桥（桩号、墩台号、孔号）

施工单位：××集团有限责任公司 ××公路工程项目经理部　　监理单位：××国际工程咨询有限公司 ××公路工程监理部

施工单位	分部工程					备注
	工程名称	质量评定				
		实得分	权值	加权得分	等级	
	0＃台基础及下部构造	97	1	97	合格	
	1＃墩基础及下部构造	96	1	96	合格	
	2＃墩基础及下部构造	97	1	97	合格	
	3＃墩基础及下部构造	96.5	1	96.5	合格	
	4＃墩基础及下部构造	97	1	97	合格	
	5＃墩基础及下部构造	96	1	96	合格	
	6＃墩基础及下部构造	97	1	97	合格	
	7＃墩基础及下部构造	96	1	96	合格	
	8＃墩基础及下部构造	96	1	96	合格	
	合计		9	868.5		
质量等级	合格			加权平均分		96.5
评定意见	所属各分项工程全部合格，该子分部工程评为合格					

检验负责人：×××　　计算：×××　　复核：×××　　××年×月×日

2.上部构造预制和安装质量检验评定

上部构造预制和安装质量检验评定见表 4-16。

分部工程质量检验评定表　　表 4-16

分部工程名称：上部构造预制和安装　　所属单位工程名称：桥梁工程

所属建设项目：　　工程部位：K11＋000 大桥（桩号、墩台号、孔号）

施工单位：××集团有限责任公司 ××公路工程项目经理部　　监理单位：××国际工程咨询有限公司 ××公路工程监理部

施工单位	分部工程					备注
	工程名称	质量评定				
		实得分	权值	加权得分	等级	
	1＃孔上部构造预制和安装	96	1	96	合格	

续上表

施工单位	分部工程					备注
	工程名称	质量评定				
		实得分	权值	加权得分	等级	
	2#孔上部构造预制和安装	95	1	95	合格	
	3#孔上部构造预制和安装	96	1	96	合格	
	4#孔上部构造预制和安装	95	1	95	合格	
	5#孔上部构造预制和安装	96	1	96	合格	
	6#孔上部构造预制和安装	95	1	95	合格	
	7#孔上部构造预制和安装	96	1	96	合格	
	8#孔上部构造预制和安装	95	1	95	合格	
	合计		8	764		
质量等级	合格			加权平均分		95.5
评定意见	所属各分项工程全部合格，该子分部工程评为合格					

检验负责人：××× 计算：××× 复核：××× ××年×月×日

3.总体桥面系和附属工程质量检验评定

总体桥面系和附属工程质量检验评定见表4-17。

分部工程质量检验评定表 表4-17

分部工程名称：总体桥面系和附属工程 所属单位工程名称：桥梁工程

所属建设项目： 工程部位：K11+000大桥

（桩号、墩台号、孔号）

施工单位：××集团有限责任公司 监理单位：××国际工程咨询有限公司

××公路工程项目经理部 ××公路工程监理部

施工单位	分部工程					备注
	工程名称	质量评定				
		实得分	权值	加权得分	等级	
	桥梁总体	96.5	2	193	合格	
	桥面铺装	95.5	2	193	合格	
	桥面铺装钢筋安装	96.5	1	96.5	合格	
	支座安装	95.5	1	95.5	合格	
	伸缩缝安装	96.5	1	96.5	合格	
	混凝土防撞护栏	95.5	1	95.5	合格	
	混凝土防撞护栏钢筋安装	96.5	1	96.5	合格	
	桥头搭板	95.5	1	95.5	合格	
	桥头搭板钢筋安装	96	1	96.5	合格	
	合计		11	1056		
质量等级	合格			加权平均分		96
评定意见	所属各分项工程全部合格，该子分部工程评为合格					

检验负责人：××× 计算：××× 复核：××× ××年×月×日

4.子分部工程质量检验评定表

以K11+000大桥0#台基础及下部构造、1#孔上部构造预制和安装为例，介绍子分部工程质量评定方法，其他部位子分部工程质量评定可参照该评定方法进行计算。

(1)0#台基础及下部构造质量检验评定检验(见表4-18)

子分部工程质量检验评定表 表4-18

子分部工程名称:0#台基础及下部构造 所属单位工程名称:桥梁工程

所属建设项目: 工程部位:K11+000大桥0#台

(桩号、墩台号、孔号)

施工单位:××集团有限责任公司 监理单位:××国际工程咨询有限公司

××公路工程项目经理部 ××公路工程监理部

施工单位	分部工程					备注
	工程名称	质量评定				
		实得分	权值	加权得分	等级	
	钻孔灌注桩	97.5	2	195	合格	
	钻孔灌注桩钢筋安装	96.5	1	96.5	合格	
	承台浇筑	97.5	1	97.5	合格	
	承台钢筋安装	97	1	97	合格	
	台身浇筑	96.5	2	193	合格	
	台身钢筋安装	97	1	97	合格	
	台帽浇筑	96.5	2	193	合格	
	台帽钢筋安装	97	1	97	合格	
	盖梁浇筑	97.5	2	195	合格	
	盖梁钢筋安装	96.5	1	96.5	合格	
	锥坡	97.5	1	97.5	合格	
	台背回填	96.5	1	96.5	合格	
	挡块	97.5	1	97.5	合格	
	支座垫石	97	1	97	合格	
	合计		18	1746		
质量等级	合格			加权平均分		97
评定意见	所属各分项工程全部合格，该子分部工程评为合格					

检验负责人:××× 计算:××× 复核:××× ××年×月×日

(2)1#孔上部构造预制和安装质量检验评定(见表4-19)

分部工程质量检验评定表 表4-19

子分部工程名称:1#孔上部构造预制和安装 所属单位工程名称:路基工程

所属建设项目: 工程部位:K11+000大桥1#孔

(桩号、墩台号、孔号)

施工单位:××集团有限责任公司 监理单位:××国际工程咨询有限公司

××公路工程项目经理部 ××公路工程监理部

施工单位	分部工程					备注
	工程名称	质量评定				
		实得分	权值	加权得分	等级	
	预制T形梁	96.5	2	193	合格	

续上表

施工单位	分 部 工 程					备注
	工 程 名 称	质量评定				
		实得分	权值	加权得分	等级	
	空心板钢筋安装	96	1	96	合格	
	预应力筋的加工和张拉	95.5	2	191	合格	
	T形梁安装	96	1	96	合格	
	合计		6	576		
质量等级	合格			加权平均分		96
评定意见	所属各分项工程全部合格，该子分部工程评为合格					

检验负责人：××× 计算：××× 复核：××× ××年×月×日

四 隧道各分部工程质量评定

以右线隧道洞口工程、洞身衬砌为例，介绍分部工程质量评定方法，其他部位工程质量评定可参照该评定方法进行评定。

1.隧道洞口质量检验评定

隧道洞口质量检验评定见表4-20。

分部工程质量检验评定表 表4-20

分部工程名称：隧道洞口 所属单位工程名称：隧道工程

所属建设项目： 工程部位：右线隧道

（桩号、墩台号、孔号）

施工单位：××集团有限责任公司 监理单位：××国际工程咨询有限公司

××公路工程项目经理部 ××公路工程监理部

施工单位	分 部 工 程					备注
	工 程 名 称	质量评定				
		实得分	权值	加权得分	等级	
	洞口开挖	96.5	1	96.5	合格	
	洞口边仰坡防护	95.5	1	95.5	合格	
	洞口和翼墙的浇(砌)筑	96.5	1	96.5	合格	
	截水沟	95.5	1	95.5	合格	
	洞口排水沟	96	1	96	合格	
	合计		4	480		
质量等级	合格			加权平均分		96
评定意见	所属各分项工程全部合格，该子分部工程评为合格					

检验负责人：××× 计算：××× 复核：××× ××年×月×日

2. 洞身衬砌质量检验评定

洞身衬砌质量检验评定见表 4-21。

分部工程质量检验评定表 表 4-21

分部工程名称：洞身衬砌　　所属单位工程名称：隧道工程

所属建设项目：　　工程部位：右线隧道

（桩号、墩台号、孔号）

施工单位：××集团有限责任公司　　监理单位：××国际工程咨询有限公司

××公路工程项目经理部　　××公路工程监理部

施工单位	分部工程					备注
	工程名称	质量评定				
		实得分	权值	加权得分	等级	
	（钢纤维）喷射混凝土支护	96.5	1	96.5	合格	
	锚杆支护	95.5	1	95.5	合格	
	钢筋网支护	96.5	1	96.5	合格	
	仰拱	95.5	1	95.5	合格	
	混凝土衬砌	96	2	96	合格	
	钢支撑	96.5	1	96.5	合格	
	衬砌钢筋	95.5	1	95.5	合格	
	合计		8	768		
质量等级	合格			加权平均分		96
评定意见	所属各分项工程全部合格，该子分部工程评为合格					

检验负责人：×××　　计算：×××　　复核：×××　　××年×月×日

五 交通安全设施各分部工程质量评定

以护栏、轮廓标为例，介绍分部工程质量评定方法（见表 4-22），其他部位质量评定可参照该评定方法进行评定。

分部工程质量检验评定表 表 4-22

分部工程名称：护栏、轮廓标　　所属单位工程名称：交通安全设施

所属建设项目：　　工程部位：YK7＋000～K12＋000

（桩号、墩台号、孔号）

施工单位：××集团有限责任公司　　监理单位：××国际工程咨询有限公司

××公路工程项目经理部　　××公路工程监理部

施工单位	分部工程					备注
	工程名称	质量评定				
		实得分	权值	加权得分	等级	
	波形梁护栏	95.5	2	191	合格	
	缆索护栏	95	2	190	合格	

续上表

施工单位	分部工程					备注
	工程名称	质量评定				
		实得分	权值	加权得分	等级	
	混凝土护栏	94.5	2	199	合格	
	轮廓标	95	1	95	合格	
	合计		7	665		
质量等级	合格			加权平均分		95
评定意见	所属各分项工程全部合格,该子分部工程评为合格					

检验负责人:××× 计算:××× 复核:××× ××年×月×日

第四节 分项工程质量评定

一 路基各分项工程质量评定

路基各分项工程质量检验评定主要包括以下几个方面:

(1)土方路基分项工程质量检验评定,见表4-23。

(2)石方路基分项工程质量检验评定,见表4-24。

(3)管节预制分项工程质量检验评定,见表4-25。

(4)管道基础及管节安装分项工程质量检验评定,见表4-26。

(5)浆砌排水沟分项工程质量检验评定,见表4-27。

(6)涵洞总体分项工程质量检验评定,见表4-28。

二 路面各分项工程质量评定

路面各分项工程质量检验评定主要包括以下几个方面:

(1)水泥混凝土面层分项工程质量检验评定,见表4-29。

(2)沥青混凝土面层分项工程质量检验评定,见表4-30。

(3)水泥沙砾基层分项工程质量检验评定,见表4-31。

三 桥梁各分项工程质量评定

桥梁各分项工程质量检验评定主要包括以下几个方面:

(1)桥梁总体分项工程质量检验评定,见表4-32。

(2)钢筋安装分项工程质量检验评定,见表4-33。

(3)钻孔罐注桩分项工程质量检验评定,见表4-34。

(4)承台分项工程质量检验评定,见表4-35。

(5)墩、台身分项工程质量检验评定，见表 4-36。

(6)墩、台帽分项工程质量检验评定，见表 4-37。

(7)梁(板)预制分项工程质量检验评定，见表 4-38。

(8)梁(板)安装分项工程质量检验评定，见表 4-39。

四 隧道各分项工程质量评定

隧道各分项工程质量检验评定主要包括以下几个方面：

(1)隧道总体分项工程质量检验评定，见表 4-40。

(2)洞身开挖分项工程质量检验评定，见表 4-41。

(3)(钢纤维)喷射混凝土分项工程质量检验评定，见表 4-42。

(4)混凝土衬砌分项工程质量检验评定，见表 4-43。

(5)衬砌钢筋分项工程质量检验评定，见表 4-44。

分项工程质量检验评定表 表 4-23

分项工程名称：土方路基　　所属分部工程名称：路基土石方工程

所属建设项目：　　工程部位所属：YK11＋000～K12＋000

施工单位：××集团有限责任公司　　监理单位：××国际工程咨询有限公司

××公路工程项目经理部　　××公路工程监理部

基本要求	对路基范围内进行了彻底清除和碾压，符合规范和设计要求；路基填料符合规范和设计规定；每层表面平整、路拱合适、排水良好；有临时排水系统，不积水															
实测项目	项次	检查项目	规定值或允许偏差	实测值或实测偏差值										质量评定		
				1	2	3	4	5	6	7	8	9	10	平均值、代表值	合格率/%	权值	得分
	1△	压实度	≥96，极值 91											96.5，96.2	100	3	100
	2△	弯沉(0.01mm)	不大于设计要求值											134.156	100	3	100
	3	纵断高程/mm	＋10，－15												100	2	100
	4	中线偏位/mm	50												100	2	100
	5	宽度/mm	符合设计要求												100	2	100
	6	平整度/mm	15												100	2	100
	7	横坡/%	±0.3												100	1	100
	8	边坡	符合设计要求												100	1	100
	合计															16	100

外观鉴定	无外观不够整齐、完美	减分	2	监理意见	同意施工单位的评定 签字：××× ××年×月×日
质量保证资料	资料齐全、完美、真实	减分	0		
工程质量等级评定	评分：98			质量等级：合格	

检验负责人：×××　　检测：×××　　记录：×××

复核：×××　　××年×月×日

分项工程质量检验评定表 表 4-24

分项工程名称：石方路基　　所属分部工程名称：路基土石方工程

所属建设项目：　　工程部位：YK10＋000～K11＋000

施工单位：××集团有限责任公司　　监理单位：××国际工程咨询有限公司

××公路工程项目经理部　　××公路工程监理部

基本要求	石方路堑采用光爆法开挖，爆破后险石、松石及时清理，边坡安全、稳定；填石空隙用石渣、石屑嵌压稳定；石料最大尺寸符合规范规定；采用振动压路机分层碾压，填筑层顶面石块稳定；20t 以上压路机振压两遍无明显高程差异；路基表面整修平整																
实测项目	项次	检查项目		规定值或允许偏差	实测值或实测偏差值										质量评定			
					1	2	3	4	5	6	7	8	9	10	平均值、代表值	合格率/%	权值	得分
	1	压实度		层厚和碾压遍数符合要求												100	3	100
	2	纵断高程/mm		＋10，－20												100	2	100
	3	中线偏位/mm		50												100	2	100
	4	宽度/mm		符合设计要求												100	2	100
	5	平整度/mm		20												100	2	100
	6	横坡/%		±0.3												100	1	100
	7	边坡	坡度	符合设计要求												100	1	100
			平顺度	符合设计要求														
	合计																13	100

外观鉴定	路基边线不够直顺	减分	2	监理意见	同意施工单位的评定 签字：××× ××年×月×日
质量保证资料	资料齐全、完美、真实	减分	0		
工程质量等级评定	评分：98			质量等级：合格	

检验负责人：×××　　检测：×××　　记录：×××

复核：×××　　××年×月×日

分项工程质量检验评定表 表 4-25

分项工程名称：管节预制　　所属分部工程名称：排水工程

所属建设项目：　　工程部位：YK11＋000～K12＋000

施工单位：××集团有限责任公司　　监理单位：××国际工程咨询有限公司

××公路工程项目经理部　　××公路工程监理部

<table>
<tr><td>基本要求</td><td colspan="17">所用水泥、砂、石、水、外加剂和掺和料的质量和规格符合规范的要求，按规定的配合比施工；混凝土符合耐久性设计要求，无露筋和空洞现象</td></tr>
<tr><td rowspan="14">实测项目</td><td rowspan="2">项次</td><td rowspan="2">检查项目</td><td rowspan="2">规定值或允许偏差</td><td colspan="10">实测值或实测偏差值</td><td colspan="4">质量评定</td></tr>
<tr><td>1</td><td>2</td><td>3</td><td>4</td><td>5</td><td>6</td><td>7</td><td>8</td><td>9</td><td>10</td><td>平均值、代表值</td><td>合格率/%</td><td>权值</td><td>得分</td></tr>
<tr><td>1Δ</td><td>混凝土强度/MPa</td><td>在合格标准内</td><td></td><td></td><td></td><td></td><td></td><td></td><td></td><td></td><td></td><td></td><td></td><td>100</td><td>3</td><td>100</td></tr>
<tr><td>2</td><td>内径/mm</td><td>不小于设计值</td><td></td><td></td><td></td><td></td><td></td><td></td><td></td><td></td><td></td><td></td><td></td><td>100</td><td>2</td><td>100</td></tr>
<tr><td>3</td><td>壁厚/mm</td><td>不小于设计壁厚−3</td><td></td><td></td><td></td><td></td><td></td><td></td><td></td><td></td><td></td><td></td><td></td><td>100</td><td>2</td><td>100</td></tr>
<tr><td>4</td><td>顺直度</td><td>失节不大于 0.2%管节长</td><td></td><td></td><td></td><td></td><td></td><td></td><td></td><td></td><td></td><td></td><td></td><td>100</td><td>1</td><td>100</td></tr>
<tr><td>5</td><td>长度/mm</td><td>＋5，−0</td><td></td><td></td><td></td><td></td><td></td><td></td><td></td><td></td><td></td><td></td><td></td><td>100</td><td>1</td><td>100</td></tr>
<tr><td></td><td></td><td></td><td></td><td></td><td></td><td></td><td></td><td></td><td></td><td></td><td></td><td></td><td></td><td></td><td></td><td></td></tr>
<tr><td></td><td></td><td></td><td></td><td></td><td></td><td></td><td></td><td></td><td></td><td></td><td></td><td></td><td></td><td></td><td></td><td></td></tr>
<tr><td></td><td></td><td></td><td></td><td></td><td></td><td></td><td></td><td></td><td></td><td></td><td></td><td></td><td></td><td></td><td></td><td></td></tr>
<tr><td></td><td></td><td></td><td></td><td></td><td></td><td></td><td></td><td></td><td></td><td></td><td></td><td></td><td></td><td></td><td></td><td></td></tr>
<tr><td></td><td></td><td></td><td></td><td></td><td></td><td></td><td></td><td></td><td></td><td></td><td></td><td></td><td></td><td></td><td></td><td></td></tr>
<tr><td></td><td></td><td></td><td></td><td></td><td></td><td></td><td></td><td></td><td></td><td></td><td></td><td></td><td></td><td></td><td></td><td></td></tr>
<tr><td></td><td></td><td></td><td></td><td></td><td></td><td></td><td></td><td></td><td></td><td></td><td></td><td></td><td></td><td></td><td></td><td></td></tr>
<tr><td></td><td colspan="3">合计</td><td colspan="10"></td><td colspan="2"></td><td>9</td><td>100</td></tr>
<tr><td>外观鉴定</td><td colspan="4">混凝土表面不够平整</td><td>减分</td><td>2</td><td rowspan="2">监理意见</td><td colspan="10" rowspan="2">同意施工单位的评定
签字：×××
××年×月×日</td></tr>
<tr><td>质量保证资料</td><td colspan="4">资料齐全、完美、真实</td><td>减分</td><td>0</td></tr>
<tr><td>工程质量等级评定</td><td colspan="7">评分：98</td><td colspan="10">质量等级：合格</td></tr>
</table>

检验负责人：×××　　检测：×××　　记录：×××

复核：×××　　××年×月×日

分项工程质量检验评定表　　表 4-26

分项工程名称：管道基础及管节安装　　所属分部工程名称：排水工程

所属建设项目：　　工程部位：YK11＋000～K12＋000

施工单位：××集团有限责任公司　　监理单位：××国际工程咨询有限公司

××公路工程项目经理部　　××公路工程监理部

基本要求	管材无裂缝，破损；管节铺设时，混凝土强度达到了 5MPa；管节铺设平顺、稳固，管底坡度无反坡现象；管节接头处流水面高差小于 5mm；管内无泥土、砖石、砂浆等杂物；管口内缝砂浆平整密实、无裂缝、空鼓现象；抹带前，管口已洗干净，管口表面平整密实、无裂缝

	项次	检查项目	规定值或允许偏差	1	2	3	4	5	6	7	8	9	10	平均值、代表值	合格率/%	权值	得分
实测项目	1Δ	混凝土抗压强度或砂浆强度/MPa	在合格标准内												100	3	100
	2	管轴线偏位/mm	15												100	2	100
	3	管内底高程/mm	±10												100	2	100
	4	基础厚度/mm	不小于设计												100	1	100
	5	管座 肩宽/mm	±10，－5												100	1	100
		管座 肩高/mm	±10														
	6	抹带 宽度	不小于设计												100	2	100
		抹带 厚度	不小于设计														
	合计															13	100

外观鉴定	基础混凝土表面不够平整密实	减分	2	监理意见	同意施工单位的评定 签字：××× ××年×月×日
质量保证资料	资料齐全、完美、真实	减分	0		
工程质量等级评定	评分：98			质量等级：合格	

检验负责人：×××　　检测：×××　　记录：×××

复核：×××　　××年×月×日

分项工程质量检验评定表

表 4-27

分项工程名称：浆砌排水沟　　　　所属分部工程名称：排水工程

所属建设项目：　　　　工程部位：YK11＋000～K12＋000

施工单位：××集团有限责任公司　　　　监理单位：××国际工程咨询有限公司

　　　　××公路工程项目经理部　　　　　　　　××公路工程监理部

基本要求	砌体砂浆配合比准确，砌缝内砂浆均匀饱满，勾缝密实；浆砌片石质量和规模符合设计要求，基础中缩缝与墙身对齐；砌体抹面平整、压光、直顺、无裂缝、空鼓现象																
实测项目	项次	检查项目	规定值或允许偏差	实测值或实测偏差值										质量评定			
				1	2	3	4	5	6	7	8	9	10	平均值、代表值	合格率/%	权值	得分
	1Δ	砂浆强度/MPa	在合格标准内												100	3	100
	2	轴线偏位/mm	50												100	1	100
	3	沟底高程/mm	±15												100	2	100
	4	墙面直顺度或坡度/mm	30或符合设计要求												100	1	100
	5	断面尺寸/mm	±30												100	2	100
	6	铺砌厚度/mm	不小于设计												100	1	100
	7	基础垫层宽、厚/mm	不小于设计												100	1	100
	合计															11	10

外观鉴定	沟底内有杂物	减分	2	监理意见	同意施工单位的评定 签字：××× ××年×月×日
质量保证资料	资料齐全、完美、真实	减分	0		
工程质量等级评定	评分：98				质量等级：合格

检验负责人：×××　　　　检测：×××　　　　记录：×××

复核：×××　　　　××年×月×日

分项工程质量检验评定表 表 4-28

分项工程名称：涵洞总体　　所属分部工程名称：涵洞工程

所属建设项目：　　工程部位：K9＋000

施工单位：××集团有限责任公司
××公路工程项目经理部　　监理单位：××国际工程咨询有限公司
××公路工程监理部

基本要求	涵洞施工严格按照设计图纸，施工规范和有关技术操作规程要求，各接缝、沉降缝位置正确；填缝无空鼓、开裂、漏水现象；涵洞内无垃圾、杂物																
实测项目	项次	检查项目	规定值或允许偏差	实测值或实测偏差值										质量评定			
				1	2	3	4	5	6	7	8	9	10	平均值、代表值	合格率/%	权值	得分
	1	轴线偏位/mm	暗涵												100	2	100
	2△	流水面高程/mm	±20												100	3	100
	3	涵底铺砌厚度/mm	±40，－10												100	1	100
	4	长度/mm	＋100，－50												100	1	100
	5△	孔径/mm	±20												100	3	100
	6	净高/mm	暗涵±50												100	1	100
	合计															11	100

外观鉴定	外漏混凝土表面不够平整，颜色不一致	减分	2	监理意见	同意施工单位的评定。 签字：××× ××年×月×日
质量保证资料	资料齐全、完美、真实	减分	0		
工程质量等级评定	评分：98		质量等级：合格		

检验负责人：×××　　检测：×××　　记录：×××

复核：×××　　××年×月×日

分项工程质量检验评定表 表 4-29

分项工程名称：水泥混凝土面层　　　　所属分部工程名称：路面工程

所属建设项目：　　　　工程部位：YK11＋000～K12＋000

施工单位：××集团有限责任公司　　　　监理单位：××国际工程咨询有限公司

××公路工程项目经理部　　　　××公路工程监理部

<table>
<tr><td>基本要求</td><td colspan="17">基层质量合格；水泥等各种材料符合设计要求；施工配合比为最佳配合比，接缝的施工及传力杆、拉杆的设置符合设计要求；抗化构造深度、养生符合施工规范要求</td></tr>
<tr><td rowspan="18">实测项目</td><td rowspan="2">项次</td><td rowspan="2">检查项目</td><td rowspan="2">规定值或允许偏差</td><td colspan="10">实测值或实测偏差值</td><td colspan="4">质量评定</td></tr>
<tr><td>1</td><td>2</td><td>3</td><td>4</td><td>5</td><td>6</td><td>7</td><td>8</td><td>9</td><td>10</td><td>平均值、代表值</td><td>合格率/%</td><td>权值</td><td>得分</td></tr>
<tr><td>1Δ</td><td>弯拉强度/MPa</td><td>在合格标准内</td><td></td><td></td><td></td><td></td><td></td><td></td><td></td><td></td><td></td><td></td><td></td><td>100</td><td>3</td><td>100</td></tr>
<tr><td>2Δ</td><td>板厚度/mm</td><td>代表值－5，
合格值－10</td><td></td><td></td><td></td><td></td><td></td><td></td><td></td><td></td><td></td><td></td><td></td><td>100</td><td>3</td><td>100</td></tr>
<tr><td>3</td><td>平整度/mm</td><td>5</td><td></td><td></td><td></td><td></td><td></td><td></td><td></td><td></td><td></td><td></td><td></td><td>100</td><td>2</td><td>100</td></tr>
<tr><td>4</td><td>抗滑构造深度/mm</td><td>0.7～1.1</td><td></td><td></td><td></td><td></td><td></td><td></td><td></td><td></td><td></td><td></td><td></td><td>100</td><td>2</td><td>100</td></tr>
<tr><td>5</td><td>相邻板、高差/mm</td><td>2</td><td></td><td></td><td></td><td></td><td></td><td></td><td></td><td></td><td></td><td></td><td></td><td>100</td><td>2</td><td>100</td></tr>
<tr><td>6</td><td>纵、横缝顺直度/mm</td><td>10</td><td></td><td></td><td></td><td></td><td></td><td></td><td></td><td></td><td></td><td></td><td></td><td>100</td><td>1</td><td>100</td></tr>
<tr><td>7</td><td>中线平面偏差/mm</td><td>20</td><td></td><td></td><td></td><td></td><td></td><td></td><td></td><td></td><td></td><td></td><td></td><td>100</td><td>1</td><td>100</td></tr>
<tr><td>8</td><td>路面宽度/mm</td><td>±20</td><td></td><td></td><td></td><td></td><td></td><td></td><td></td><td></td><td></td><td></td><td></td><td>100</td><td>1</td><td>100</td></tr>
<tr><td>9</td><td>纵断高程/mm</td><td>±10</td><td></td><td></td><td></td><td></td><td></td><td></td><td></td><td></td><td></td><td></td><td></td><td>100</td><td>1</td><td>100</td></tr>
<tr><td>10</td><td>横坡/%</td><td>±0.15</td><td></td><td></td><td></td><td></td><td></td><td></td><td></td><td></td><td></td><td></td><td></td><td>100</td><td>1</td><td>100</td></tr>
<tr><td></td><td></td><td></td><td></td><td></td><td></td><td></td><td></td><td></td><td></td><td></td><td></td><td></td><td></td><td></td><td></td><td></td></tr>
<tr><td></td><td></td><td></td><td></td><td></td><td></td><td></td><td></td><td></td><td></td><td></td><td></td><td></td><td></td><td></td><td></td><td></td></tr>
<tr><td></td><td></td><td></td><td></td><td></td><td></td><td></td><td></td><td></td><td></td><td></td><td></td><td></td><td></td><td></td><td></td><td></td></tr>
<tr><td></td><td></td><td></td><td></td><td></td><td></td><td></td><td></td><td></td><td></td><td></td><td></td><td></td><td></td><td></td><td></td><td></td></tr>
<tr><td></td><td></td><td></td><td></td><td></td><td></td><td></td><td></td><td></td><td></td><td></td><td></td><td></td><td></td><td></td><td></td><td></td></tr>
<tr><td colspan="3">合计</td><td colspan="12"></td><td>17</td><td>100</td></tr>
<tr><td>外观鉴定</td><td colspan="8">路面侧石不够直顺，曲线不够圆滑</td><td colspan="2">减分</td><td>2</td><td rowspan="2">监理意见</td><td colspan="5" rowspan="2">同意施工单位的评定。

签字：×××
××年×月×日</td></tr>
<tr><td>质量保证资料</td><td colspan="8">资料齐全、完美、真实</td><td colspan="2">减分</td><td>0</td></tr>
<tr><td>工程质量等级评定</td><td colspan="9">评分：98</td><td colspan="8">质量等级：合格</td></tr>
</table>

检验负责人：×××　　　　检测：×××　　　　记录：×××

复核：×××　　　　××年×月×日

分项工程质量检验评定表 表 4-30

分项工程名称：沥青混凝土面层　　所属分部工程名称：路面工程

所属建设项目：　　工程部位：YK11＋000～K12＋000

施工单位：××集团有限责任公司　　监理单位：××国际工程咨询有限公司

××公路工程项目经理部　　××公路工程监理部

基本要求	沥青混合料的矿料质量及矿料级配符合设计要求施工规范的规定；基层碾压密实，表面干燥、清洁、无浮土；平整度和路拱符合设计要求

	项次	检查项目	规定值或允许偏差	实测值或实测偏差值										质量评定			
				1	2	3	4	5	6	7	8	9	10	平均值、代表值	合格率/%	权值	得分
实测项目	1Δ	压实度/%	96%												100		100
	2Δ	平整度/mm	5												100		100
	3	弯沉度(0.01)	符合设计要求												100		100
	4	渗水系数	300mL/min												100		100
	5	抗滑	符合设计要求												100		100
	6	厚度/mm	代表值－10%，合格值－20%												100		100
	7	中线平面偏位/mm	20												100		100
	8	纵断高程/mm	±15												100		100
	9	路面宽度/mm	±20												100		100
	10	横坡/%	±0.3												100		100
	合计															18	100

外观鉴定	面层与路缘石不够密贴顺接，有积水现象	减分	2	监理意见	同意施工单位的评定。 签字：××× ××年×月×日
质量保证资料	资料齐全、完美、真实	减分	0		
工程质量等级评定	评分：98			质量等级：合格	

检验负责人：×××　　检测：×××　　记录：×××

复核：×××　　××年×月×日

分项工程质量检验评定表 表 4-31

分项工程名称：6%水泥沙砾基层　　所属分部工程名称：路面工程

所属建设项目：　　工程部位：YK11＋000～K12＋000

施工单位：××集团有限责任公司　　监理单位：××国际工程咨询有限公司

××公路工程项目经理部　　××公路工程监理部

基本要求	粒料符合设计和施工规范的要求；摊铺时无离析现象；碾压检查合格后养生及时																
实测项目	项次	检查项目	规定值或允许偏差	实测值或实测偏差值										质量评定			
				1	2	3	4	5	6	7	8	9	10	平均值、代表值	合格率/%	权值	得分
	1Δ	压实度/%	标准值98，极值94												100	3	100
	2	平整度/mm	8												100	2	100
	3	纵断高程/mm	＋5，－10												100	1	100
	4	宽度/mm	符合设计要求												100	1	100
	5Δ	厚度/mm	代表值－8，合格值－15												100	2	100
	6	横坡/%	±0.3												100	1	100
	7Δ	强度/MPa	符合设计要求												100	4	100
	合计															13	100

外观鉴定	表面不够平整密实	减分	2	监理意见	同意施工单位的评定。 签字：××× ××年×月×日
质量保证资料	资料齐全、完美、真实	减分	0		
工程质量等级评定	评分：98		质量等级：合格		

检验负责人：×××　　检测：×××　　记录：×××

复核：×××　　××年×月×日

分项工程质量检验评定表 表 4-32

分项工程名称：桥梁总体　　　　所属分部工程名称：总体桥面系和附属工程

所属建设项目：　　　　工程部位：YK11＋000 大桥

施工单位：××集团有限责任公司　　　　监理单位：××国际工程咨询有限公司

××公路工程项目经理部　　　　××公路工程监理部

基本要求	桥梁施工严格按照设计图纸、施工技术规范和有关技术操作规程要求进行；桥下净空不小于设计																
实测项目	项次	检查项目	规定值或允许偏差	实测值或实测偏差值										质量评定			
				1	2	3	4	5	6	7	8	9	10	平均值、代表值	合格率/%	权值	得分
	1	桥面中线偏位/mm	20												100	2	100
	2	桥宽/mm	±10												100	2	100
	3	桥长/mm	＋300，－100												100	1	100
	4	引道中心线与桥梁中心线的衔接/mm	20												100	2	100
	5	桥头高程衔接/mm	±3												100	2	100
	合计															9	100

外观鉴定	踏步不够直顺	减分	2	监理意见	同意施工单位的评定。 签字：××× ××年×月×日
质量保证资料	资料齐全、完美、真实	减分	0		
工程质量等级评定	评分：98			质量等级：合格	

检验负责人：×××　　　　检测：×××　　　　记录：×××

复核：×××　　　　××年×月×日

分项工程质量检验评定表 表 4-33

分项工程名称：钢筋安装　　　　　　　　　　所属分部工程名称：总体桥面系和附属工程

所属建设项目：　　　　　　　　　　　　　　工程部位：YK11＋000 大桥

施工单位：××集团有限责任公司　　　　　　监理单位：××国际工程咨询有限公司

　　　　　××公路工程项目经理部　　　　　　　　　　××公路工程监理部

基本要求	钢筋、机械连接器、焊条等的品种、规格和技术性能符合国家现行标准规定和设计要求；钢筋根数满足设计要求

实测项目	项次	检查项目	规定值或允许偏差	实测值或实测偏差值										质量评定			
				1	2	3	4	5	6	7	8	9	10	平均值、代表值	合格率/%	权值	得分
	1Δ	受力钢筋间距/mm	±5												100	3	100
	2	横向水平钢筋间距/mm	±10												100	2	100
	3	钢筋骨架尺寸	长±10，宽±5												100	1	100
	4	弯起钢筋位置/mm	±20												100	2	100
	5Δ	保护层厚度/mm	±3												100	3	100
	合计															11	100

外观鉴定	钢筋表面局部有铁锈和焊渣	减分	2	监理意见	同意施工单位的评定。 签字：××× ××年×月×日
质量保证资料	资料齐全、完美、真实	减分	0		
工程质量等级评定	评分：98			质量等级：合格	

检验负责人：×××　　　　　　检测：×××　　　　　　记录：×××

复核：×××　　　　　　　　　　　　　　　　　　　××年×月×日

分项工程质量检验评定表 表 4-34

分项工程名称：钻孔灌注桩　　所属分部工程名称：基础及下部构造

所属建设项目：　　工程部位：YK11＋000 大桥

施工单位：××集团有限责任公司 ××公路工程项目经理部　　监理单位：××国际工程咨询有限公司 ××公路工程监理部

基本要求	桩身混凝土所用材料的质量和规格符合规范要求；孔径、孔深、孔位和沉淀层厚度满足设计要求；水下混凝土连续灌注，无夹层和断桩															
实测项目	项次	检查项目	规定值或允许偏差	实测值或实测偏差值										质量评定			
				1	2	3	4	5	6	7	8	9	10	平均值、代表值	合格率/%	权值	得分
	1Δ	混凝土强度/MPa	在合格标准内												100	3	100
	2	桩位/mm	100												100	2	100
	3Δ	孔深/m	不小于设计												100	3	100
	4Δ	孔径/mm	不小于设计												100	3	100
	5	钻孔倾斜度/mm	1%桩长，且不大于 500												100	1	100
	6Δ	沉淀厚度/mm	符合设计规定												100	2	100
	7	钢筋骨架底面高程/mm	±50												100	1	100
	合计															15	100

外观鉴定	桩顶面不够平整	减分	2	监理意见	同意施工单位的评定。签字：××× ××年×月×日
质量保证资料	资料齐全、完美、真实	减分	0		
工程质量等级评定	评分：98			质量等级：合格	

检验负责人：×××　　检测：×××　　记录：×××

复核：×××　　××年×月×日

分项工程质量检验评定表

表 4-35

分项工程名称：承台　　　　所属分部工程名称：基础及下部构造

所属建设项目：　　　　工程部位：YK11+000 大桥

施工单位：××集团有限责任公司　　　　监理单位：××国际工程咨询有限公司

××公路工程项目经理部　　　　××公路工程监理部

基本要求	承台混凝土所用材料的质量和规格符合规范要求，无露筋和空洞现象																
实测项目	项次	检查项目	规定值或允许偏差	实测值或实测偏差值										质量评定			
				1	2	3	4	5	6	7	8	9	10	平均值、代表值	合格率/%	权值	得分
	1△	混凝土强度/MPa	在合格标准内												100		100
	2	断面尺寸/mm	±30												100		100
	3	顶面高程/mm	±20												100		100
	4	轴线偏位/mm	15												100		100
	合计																100

外观鉴定	混凝土表面不够平整	减分	2	监理意见	同意施工单位的评定。 签字：××× ××年×月×日
质量保证资料	资料齐全、完美、真实	减分	0		
工程质量等级评定	评分：98		质量等级：合格		

检验负责人：×××　　　　检测：×××　　　　记录：×××

复核：×××　　　　××年×月×日

分项工程质量检验评定表

表 4-36

分项工程名称：墩台身　　　　所属分部工程名称：基础及下部构造

所属建设项目：　　　　工程部位：YK11＋000 大桥

施工单位：××集团有限责任公司
××公路工程项目经理部　　　　监理单位：××国际工程咨询有限公司
××公路工程监理部

基本要求	混凝土所用材料的质量和规格符合规范要求，无露筋和空洞现象																
实测项目	项次	检查项目	规定值或允许偏差	实测值或实测偏差值										质量评定			
				1	2	3	4	5	6	7	8	9	10	平均值、代表值	合格率/%	权值	得分
	1△	混凝土强度/MPa	在合格标准内												100		100
	2	断面层/mm	±20												100		100
	3	竖直度或斜度/mm	0.3%且 H 不大于 20												100		100
	4	顶面高程/mm	±10												100		100
	5△	轴线偏位/mm	10														
	6	节段间错台/mm	5														
	7	大面积平整度/mm	5														
	8	预埋件位置/mm	10														
	合计																100

外观鉴定	混凝土表面不够平整	减分	2	监理意见	同意施工单位的评定。 签字：××× ××年×月×日
质量保证资料	资料齐全、完美、真实	减分	0		
工程质量等级评定	评分：98			质量等级：合格	

检验负责人：×××　　　　检测：×××　　　　记录：×××

复核：×××　　　　××年×月×日

分项工程质量检验评定表 表 4-37

分项工程名称:墩台帽或盖梁　　所属分部工程名称:基础及下部构造

所属建设项目:　　工程部位:YK11＋000 大桥

施工单位:××集团有限责任公司　　监理单位:××国际工程咨询有限公司

××公路工程项目经理部　　××公路工程监理部

<table>
<tr><td>基本要求</td><td colspan="17">混凝土所用材料的质量和规格符合规范要求,无漏筋和空洞现象</td></tr>
<tr><td rowspan="17">实测项目</td><td rowspan="2">项次</td><td rowspan="2">检查项目</td><td rowspan="2">规定值或允许偏差</td><td colspan="10">实测值或实测偏差值</td><td colspan="4">质量评定</td></tr>
<tr><td>1</td><td>2</td><td>3</td><td>4</td><td>5</td><td>6</td><td>7</td><td>8</td><td>9</td><td>10</td><td>平均值、代表值</td><td>合格率/%</td><td>权值</td><td>得分</td></tr>
<tr><td>1Δ</td><td>混凝土强度/MPa</td><td>在合格标准内</td><td></td><td></td><td></td><td></td><td></td><td></td><td></td><td></td><td></td><td></td><td></td><td>100</td><td>3</td><td>100</td></tr>
<tr><td>2</td><td>断面尺寸/mm</td><td>±20</td><td></td><td></td><td></td><td></td><td></td><td></td><td></td><td></td><td></td><td></td><td></td><td>100</td><td>2</td><td>100</td></tr>
<tr><td>3Δ</td><td>轴线偏位/mm</td><td>10</td><td></td><td></td><td></td><td></td><td></td><td></td><td></td><td></td><td></td><td></td><td></td><td>100</td><td>2</td><td>100</td></tr>
<tr><td>4Δ</td><td>顶面高程/mm</td><td>±10</td><td></td><td></td><td></td><td></td><td></td><td></td><td></td><td></td><td></td><td></td><td></td><td>100</td><td>1</td><td>100</td></tr>
<tr><td>5</td><td>支座垫石预留位置/mm</td><td>10</td><td></td><td></td><td></td><td></td><td></td><td></td><td></td><td></td><td></td><td></td><td></td><td>100</td><td>1</td><td>100</td></tr>
<tr><td colspan="3">合计</td><td colspan="10"></td><td></td><td></td><td>9</td><td>100</td></tr>
</table>

<table>
<tr><td>外观鉴定</td><td>混凝土表面不够平整</td><td>减分</td><td>2</td><td rowspan="2">监理意见</td><td rowspan="2">同意施工单位的评定。
签字:×××
××年×月×日</td></tr>
<tr><td>质量保证资料</td><td>资料齐全、完美、真实</td><td>减分</td><td>0</td></tr>
<tr><td>工程质量等级评定</td><td colspan="3">评分:98</td><td colspan="2">质量等级:合格</td></tr>
</table>

检验负责人:×××　　检测:×××　　记录:×××

复核:×××　　××年×月×日

分项工程质量检验评定表

表 4-38

分项工程名称：梁（板）预制　　　　所属分部工程名称：上部构造预制和安装

所属建设项目：　　　　工程部位：YK11＋000 大桥

施工单位：××集团有限责任公司
××公路工程项目经理部　　　　监理单位：××国际工程咨询有限公司
××公路工程监理部

基本要求	混凝土所用材料的质量和规格符合规范要求，无漏筋和空洞现象																
实测项目	项次	检查项目	规定值或允许偏差	实测值或实测偏差值										质量评定			
				1	2	3	4	5	6	7	8	9	10	平均值、代表值	合格率/%	权值	得分
	1Δ	混凝土强度/MPa	在合格标准内												100	3	100
	2	梁（板）长度/mm	＋5，－10												100	1	100
	3	宽度/mm	±20												100	1	100
	4Δ	高度/mm	±5												100	1	100
	5Δ	断面尺寸/mm	＋5，－0												100	2	100
	6	平整度/mm	5												100	1	100
	7	横系梁及预埋件位置/mm	5												100	1	100
	合计															10	100

外观鉴定	混凝土表面不够平整	减分	2	监理意见	同意施工单位的评定。 签字：××× ××年×月×日
质量保证资料	资料齐全、完美、真实	减分	0		
工程质量等级评定	评分：98			质量等级：合格	

检验负责人：×××　　　　检测：×××　　　　记录：×××

复核：×××　　　　××年×月×日

分项工程质量检验评定表 表4-39

分项工程名称：梁(板)安装　　所属分部工程名称：上部构造预制和安装

所属建设项目：　　工程部位：YK11＋000大桥

施工单位：××集团有限责任公司　　监理单位：××国际工程咨询有限公司

××公路工程项目经理部　　××公路工程监理部

基本要求	梁在吊移出预制底座时，混凝土的强度设计所要求的吊装强度；梁在安装时，支撑结构的强度符合设计要求；两梁之间接缝填充材料的规格和强度符合设计要求

	项次	检查项目	规定值或允许偏差	实测值或实测偏差值										质量评定			
				1	2	3	4	5	6	7	8	9	10	平均值、代表值	合格率/%	权值	得分
实测项目	1Δ	支座中心偏位/mm	5												100	3	100
	2	倾斜度/%	1.2												100	2	100
	3	梁(板)顶面纵向/mm	＋8，－5												100	2	100
	4	相邻梁(板)顶面高差/mm	8												100	1	100
合计																8	10

外观鉴定	混凝土表面不够平整	减分	2	监理意见	同意施工单位的评定。 签字：××× ××年×月×日
质量保证资料	资料齐全、完美、真实	减分	0		
工程质量等级评定	评分：98		质量等级：合格		

检验负责人：×××　　检测：×××　　记录：×××

复核：×××　　××年×月×日

分项工程质量检验评定表　　表 4-40

分项工程名称：隧道总体　　所属分部工程名称：总体

所属建设项目：　　工程部位：右线隧道

施工单位：××集团有限责任公司 ××公路工程项目经理部　　监理单位：××国际工程咨询有限公司 ××公路工程监理部

基本要求	洞口设置符合设计要求；洞口外排水系统符合设计要求，无淤积、堵塞																
	项次	检查项目	规定值或允许偏差	实测值或实测偏差值										质量评定			
				1	2	3	4	5	6	7	8	9	10	平均值、代表值	合格率/%	权值	得分
实测项目	1	车行道	±10												100	2	100
	2	净总宽	不小于设计												100	2	100
	3Δ	隧道净高	不小于设计												100	3	100
	4	轴线偏差	20												100	2	100
	5	路线中心线与隧道中心的衔接	20												100	2	100
	6	边坡、仰坡	不大于设计												100	1	100
	合计															12	100

外观鉴定	洞内有渗水现象	减分	2	监理意见	同意施工单位的评定。签字：××× ××年×月×日
质量保证资料	资料齐全、完美、真实	减分	0		
工程质量等级评定	评分：98				质量等级：合格

检验负责人：×××　　检测：×××　　记录：×××

复核：×××　　××年×月×日

分项工程质量检验评定表

表 4-41

分项工程名称:洞身开挖　　　　所属分部工程名称:洞身开挖

所属建设项目:　　　　工程部位:右线隧道

施工单位:××集团有限责任公司　　　　监理单位:××国际工程咨询有限公司

××公路工程项目经理部　　　　××公路工程监理部

基本要求	不良地质段开挖前,已按要求做好预加固、预支护

实测项目 项次	检查项目	规定值或允许偏差	实测值或实测偏差值 1	2	3	4	5	6	7	8	9	10	质量评定 平均值、代表值	合格率/%	权值	得分
1△	拱部超挖/mm	平均100,最大150												95	3	95
2	边墙宽度/mm	+100,-0												100	2	100
3	边墙、仰拱、隧底超挖/mm	平均100												100	1	100
合计															6	97.5

外观鉴定	无外观缺陷	减分	2	监理意见	同意施工单位的评定。 签字:××× ××年×月×日
质量保证资料	资料齐全、完美、真实	减分	0		
工程质量等级评定	评分:98			质量等级:合格	

检验负责人:×××　　　　检测:×××　　　　记录:×××

复核:×××　　　　××年×月×日

分项工程质量检验评定表 表 4-42

分项工程名称：钢纤维喷射混凝土支护　　所属分部工程名称：洞身衬砌

所属建设项目：　　工程部位：右线隧道

施工单位：××集团有限责任公司　　监理单位：××国际工程咨询有限公司

××公路工程项目经理部　　××公路工程监理部

基本要求	材料满足规范和设计要求；喷射前，岩面已经清洁，并做好排水措施；钢纤维抗拉强度不低于 380MPa																
实测项目	项次	检查项目	规定值或允许偏差	实测值或实测偏差值										质量评定			
				1	2	3	4	5	6	7	8	9	10	平均值、代表值	合格率/%	权值	得分
	1Δ	喷射混凝土强度/MPa	在合格标准内												100	3	100
	2Δ	喷层厚度/mm	平均厚度≥设计厚度；检查点的 60%≥设计厚度；最小厚度≥0.5 设计厚度，且≥50												100	3	100
	3Δ	空洞检测	无空洞，无杂物												100	3	100
	合计															9	100

外观鉴定	局部存在钢筋外漏现象	减分	2	监理意见	同意施工单位的评定。 签字：××× ××年×月×日
质量保证资料	资料齐全、完美、真实	减分	0		
工程质量等级评定	评分：98		质量等级：合格		

检验负责人：×××　　检测：×××　　记录：×××

复核：×××　　××年×月×日

分项工程质量检验评定表

表 4-43

分项工程名称：混凝土衬砌　　　　所属分部工程名称：洞身衬砌

所属建设项目：　　　　工程部位：右线隧道

施工单位：××集团有限责任公司
××公路工程项目经理部

监理单位：××国际工程咨询有限公司
××公路工程监理部

基本要求	所用材料的质量和规格满足规范和设计要求；拱墙背后的空隙已经回填密实																
实测项目	项次	检查项目	规定值或允许偏差	实测值或实测偏差值										质量评定			
				1	2	3	4	5	6	7	8	9	10	平均值、代表值	合格率/%	权值	得分
	1Δ	混凝土强度/MPa	在合格标准内												100	3	100
	2Δ	衬砌强度/mm	不小于设计值												100	3	100
	3Δ	墙面平整度/mm	5												100	1	100
合计																7	100

外观鉴定	局部存在蜂窝麻面现象	减分	2	监理意见	同意施工单位的评定。 签字：××× ××年×月×日
质量保证资料	资料齐全、完美、真实	减分	0		
工程质量等级评定	评分：98		质量等级：合格		

检验负责人：×××　　　　检测：×××　　　　记录：×××

复核：×××　　　　××年×月×日

分项工程质量检验评定表

表 4-44

分项工程名称：衬砌钢筋　　所属分部工程名称：洞身衬砌

所属建设项目：　　工程部位：右线隧道

施工单位：××集团有限责任公司
××公路工程项目经理部　　监理单位：××国际工程咨询有限公司
××公路工程监理部

基本要求	钢筋的品种、规格、形状、尺寸、数量、接头位置符合设计要求和相关标准的规定															
	项次	检查项目	规定值或允许偏差	实测值或实测偏差值										质量评定		
				1	2	3	4	5	6	7	8	9	10	平均值、代表值	合格率/%	权值	得分
实测项目	1Δ	主筋间距	±10												100	3	100
	2Δ	两层钢筋间距	±5												100	3	100
	3	绑扎搭接长度 受拉 HPB235级钢	30d												100	1	100
		绑扎搭接长度 受拉 HPB335级钢	35d														
		绑扎搭接长度 受压 HPB235级钢	20d														
		绑扎搭接长度 受压 HPB335级钢	25d														
	4	钢筋加工 钢筋长度/mm	−10，+5														
	合计															7	100

外观鉴定	个别钢筋存在锈蚀现象	减分	2	监理意见	同意施工单位的评定。 签字：××× ××年×月×日
质量保证资料	资料齐全、完美、真实	减分	0		
工程质量等级评定	评分：98			质量等级：合格	

检验负责人：×××　　检测：×××　　记录：×××

复核：×××　　××年×月×日

第五章　客运专线铁路工程施工质量验收

第一节　客运专线铁路工程施工质量验收标准的基本组成

系列标准的组成

铁道部铁建设[2005]160号文发布了下列五项暂行标准：

《客运专线铁路路基工程施工质量验收暂行标准》；

《客运专线铁路桥涵工程施工质量验收暂行标准》；

《客运专线铁路隧道工程施工质量验收暂行标准》；

《客运专线铁路轨道工程施工质量验收暂行标准》；

《铁路混凝土工程施工质量验收补充标准》。

上述五项暂行标准，自2005年9月1日起施行。其他相关专业标准以后陆续发布施行。

《铁路混凝土工程施工质量验收补充标准》是针对有耐久性设计要求的混凝土编制的，适用于客运专线铁路主体结构混凝土工程的验收，各专业验标应与之配套使用。

总则

(1)验标的编制目的是为了加强和统一工程施工质量的验收，保证工程质量。明确验标是对工程施工阶段的质量进行验收的标准，并不涉及工程决策阶段的质量、勘察设计阶段的质量以及运营养护维修阶段的质量。验标是政府部门、专门质量机构、建设单位、监理单位、勘察设计单位和施工单位对工程施工阶段的质量进行监督、管理和控制的主要依据。

施工阶段的质量控制是工程整体质量控制的关键环节，工程整体质量的优劣在很大程度上取决于施工阶段的质量控制。

(2)验标的总体适用范围是客运专线铁路，根据各专业特点和速度条件不同，分别提出了不同的质量指标。

(3)编制原则。《建设工程质量管理条例》是我国关于建设工程质量的第一部条例，分别规定了建设单位、勘察设计单位、监理单位和施工单位的质量职责和义务，各行业的建设工程都必须贯彻执行。本系列验标对建设各方在施工阶段的质量职责具体细化，作出明确规定，改变了几十年来一直沿用的工程施工质量仅由施工单位一方负责的传统模式，促使各方共同保证工程质量的合格。强调施工单位作为工程施工质量控制的责任主体，应对工程施工质量进行全过程控制；建设单位、监理单位和勘察设计单位等各方应按验标、有关法律法规和合同的规定及要求对施工阶段的工程质量进行控制。

(4)重要的共性问题。客运专线铁路建设规模大、工点多、工期较长，取弃土(碴)、污水

(物)排放、噪声等对生态环境的影响较大。施工单位应在施工前制订有效的环保方案，施工期内最大限度地减少对环境的影响，施工结束后给予必要的恢复，切实做好环境保护和水土保持工作，保证国民经济的可持续发展。设计文件中有要求的更应该全面按设计文件办理。

工程施工质量的检验检测工作，是工程质量管理的重要组成部分，也是工程质量控制的重要手段。客观、准确的检验检测数据，是评价工程质量的科学依据。判定工程施工质量合格与否，要体现质量数据说话的原则。其基础是保证质量数据必须真实可靠，并且能够代表工程施工的质量情况。这就要求检验、检测所用的仪器、方法和抽样方案必须符合相关标准或技术条件的规定。只有方法统一，数据才有可比性。另外，随着工程检测技术的发展，一些成熟可靠的新方法、新仪器不断出现，尤其是对工程实体质量的检测，使用新技术后，能减少检测工作量，提高检测精度，应该积极采用。但采用这些新技术应经过规定程序的鉴定。

(5)与相关标准规范的关系。铁路工程施工过程中的环节多、专业多，所以采用的标准规范就会很多，既有技术标准又有管理标准，既有国家标准又有行业标准，甚至还有国际标准和国外标准，本系列验标难以一一详列。一般情况下，可根据工程实际情况，确定各种标准规范的采用与否。但是对于施工过程涉及到的现行国家和铁道行业标准中有强制性执行要求的标准或标准条文，则必须贯彻执行。

三 术语

客运专线铁路工程施工质量验收系列标准的第二章是术语。每项验标中的术语包括通用术语和专业术语两部分。通用术语是各专业在工程施工质量验收工作中共用的、列在前面的那一部分；专业术语是具有专业特点的、列在后面的那一部分。术语的解释不一定是其理论涵义，可能与其他标准中的解释不尽一致。列出术语及其解释的主要目的是为了在工程施工质量验收工作中统一其内容和界定其范围，避免产生理解上的不同甚至歧义。需要重点说明的是下列几个术语：

(1)验收：其含义为工程施工质量在施工单位自行检查评定的基础上，参与建设活动的有关单位(建设单位、施工单位、监理单位、勘察设计单位)共同对检验批、分项、分部、单位工程的质量按有关规定进行检验，根据相关标准以书面形式对工程质量达到合格与否作出确认。与铁路建设项目竣工交接验收不是一码事。铁路建设项目竣工交接验收是按有关文件规定的办法进行的。可以说，验标规定的施工质量验收是建设项目竣工交接验收的一个组成部分。

(2)检验批：它是这次验标修订引入的一个新概念，是施工质量验收的基本单元，很好地解决了一次验收的规模和范围的大小问题。原验标规定分项工程是验收的基本单元，但往往由于一个分项工程的规模过大、分部零散、施工期较长而不可能一次验收，但对多大规模和范围的分项工程进行一次验收，并没有给出具体的规定，造成分项工程验收时，规模大小相差悬殊，质量数据可比性差，实际操作出现了一定的混乱。

(3)见证和见证取样检测：从理论上讲，“见证”的范畴较大，包括“见证取样检测”在内。国家标准《建设工程监理规范》(GB 50319—2000)、铁道行业标准《铁路建设工程监理规范》(TB 10402—2003)中，列有“见证”术语，没有列“见证取样检测”术语；国家标准《建筑工程施工质量验收统一标准》(GB 50300—2001)中列有“见证取样检测”术语，没有列“见证”术语。考虑到两个术语的使用特点，新验标予以全部列出，但应区别使用。“见证取样检测”术语的定义在国家标准和其他有关标准中已经定型，并规定了许多特定的使用条件，且已广泛使用。“见证取样检测”多适用于能够取样的重要原材料、重要结构的试件检测。对于不取样或不能取样的现场检测项目，以及施工单位进行检验、检测、试验，监理单位见证就可以的项目，用“见证”（检验、检测、试验）较为合适，如路基压实质量检验、桥涵桩基无损检测、隧道衬砌厚度检测、电力及通信信号设备和系统的性能、功能试验等，用“见证取样检测”就不太合适。并列给出“见证”、“见证取样检测”两个术语，便于使用，与相关标准规范并不矛盾。

四 基本规定

客运专线铁路工程施工质量验收系列标准的第三章是基本规定。其内容是对工程施工质量的全过程控制提出总的要求。包括施工现场质量管理的检查、原材料和设备的进场验收、工序质量的控制的工序之间的交接检验、配套的标准、施工的依据、验收的依据、有关单位的资质、各方人员的资格、验收单元的划分、验收的组织和程序、不合格质量的处理等。

五 一般规定

客运专线铁路工程施工质量验收系列标准中的第四章及以后各章中的一般规定，其内容主要是规定了对工程施工质量有重要影响的和涉及施工安全、人体健康、环境保护和公众利益的施工工艺方法，还包括必要的施工准备、工装设备等，明确是必须执行还是禁止使用。

六 主控项目和一般项目

主控项目和一般项目是按其对工程质量的影响程度划分的，实际上是一个相对的概念。对于大多数检验项目来讲，在验收工作中没有区别，质量要求都是合格。主要区别是对于有允许偏差的项目。如果有允许偏差的项目是主控项目，则其检测点的实测值必须在给定的允许偏差范围内，不允许超差；如果有允许偏差的项目是一般项目，除有特别要求不允许超差者外，则允许有20%检测点的实测值超出给定的允许偏差范围，但是最大偏差不得大于给定的允许偏差值的1.5倍。

第二节　工程施工质量的控制

工程施工质量控制贯穿于工程施工全过程、各环节，是过程控制。工程施工质量控制根据工程实体形成的时间阶段可划分为事前控制、事中控制、事后控制，根据工程实体形成过程中物质形态的转化划分为：对投入品的质量控制、施工过程的质量控制、工程产出品的质量控制及验收。综合工程施工质量控制的特性，对于施工单位和监理单位，验标提出了三个方面的共性要求，即施工现场质量管理的检查、材料（包括成品、半成品、构配件和设备）质量的控制、工序质量的控制。

一 施工现场质量管理的检查

工程施工质量控制要体现过程控制的原则。施工现场应配齐相应的施工技术标准，包括国家标准、行业标准和企业标准及其他相关标准；施工单位要有健全的质量管理体系，要建立必要的施工质量检验制度；施工准备工作要全面、到位。

施工前，监理单位要对施工单位所做的施工准备工作进行全面检查。这是对施工单位和监理单位两方提出的要求，是保证开工后顺利施工和保证工程质量的基础。一般情况下，每个单位工程应检查一次。施工现场质量管理检查记录由施工单位的现场负责人填写，由监理单位的总监理工程师进行检查验收，做出合格或不合格及限期整改的结论。

现场质量管理制度应包括现场施工技术资料的管理制度。

二 材料（包括成品、半成品、构配件和设备）质量的控制

材料是工程施工的物质条件，材料质量是工程质量的基础。材料质量不合格，工程质量就不可能合格。所以，加强对材料质量的控制，是合格工程质量的重要保证。施工单位和监理单位两方要共同做好对材料质量的控制，即做好对材料的进场验收。对材料的进场验收应分两个层次进行。

外观检查和书面检查：对材料、构配件和设备的外观、规格、型号和质量证明文件等进行验收。检验方法为观察检查并配以必要的尺量，检查合格证、厂家（产地）试验报告；检验数量多为全部检查。施工单位和监理单位的检验方法和数量多数情况下相同。未经检验或检验不合格的，不得运进施工现场，不得用于工程施工和安装。

试验检验：凡是涉及结构安全和使用功能的，要进行试验检查。试验检验项目的确定掌握了两个原则：一是对工程的结构安全和使用功能确有重要影响，二是大多数单位具备相应的试验条件。施工单位试验检验批的批量、抽样数量、质量指标是根据相关产品标准、设计要求或工程特点确定的，检验方法是根据相关标准或技术条件规定的。监理单位的检验数量，一般情况下是按施工单位检验数量的10％或20％以上的比例进行平行检验或见证取样检测，各项专业验标中具体检验项目的数量都是按此原则确定的。较为特殊的检验项目规定了一定比例的见证检验、检测、试验。不合格的不得用于工程施工和安装。

三 工序质量的控制

对工序质量的控制包括自检和交接检验。

自检：施工过程中各工序应按施工技术标准进行操作，该工序完成后，按照谁生产谁负责质量的原则，施工单位要对反映该工序质量的控制点进行自我检查。自检的结果要留有记录。这些结果可以作为施工记录的内容，有的也正好是检验批验收需要的检验数据，要填入检验批质量验收记录表中。

交接检验：一般情况下，一个工序完成后就形成了一个检验批，可以对这个检验批进行验收，而不需要另外进行交接检验。对于不能形成检验批的工序，在其完成后应由其完成方与承接方进行交接检验。特别是不同专业工序之间的交接检验，应经监理工程师检查认可，未经检查或经检查不合格的不得进行下道工序施工。其目的有三个：一是促进前道工序的质量控制；二是促进后道工序对前道工序质量的保护；三是分清质量职责，避免发生纠纷。

第三节　工程施工质量验收的原则

做好工程施工质量验收工作，保证工程施工质量验收工作的质量，一些通用的、具有普遍指导意义的原则必须执行。

(1)铁路工程施工质量验收的依据是各专业验标,各项验标均具有强制性。除此之外,均不得作为验收依据。

(2)按图施工是施工单位的重要原则,勘察设计文件是施工的依据,施工中不得随意改变勘察设计文件。如必须改变时,应按程序进行设计变更,施工质量也应符合变更后的勘察设计文件要求。

(3)参加施工质量验收的各方人员,是指参加检验批、分项工程、分部工程、单位工程施工质量验收的人员,这些人员应具有相应的资格。所谓资格并没有严格的资质要求,验标给出了原则性的规定,还应结合工程情况、管理模式等,在保证工程质量、分清责任的前提下具体确定。

(4)施工单位是施工质量控制的主体,应对工程施工质量负责,其工程施工质量必须达到验标的规定。另外,其他各方的验收工作必须在施工单位自行检查合格基础上进行,否则,也是违反标准的行为。

(5)对于重要构筑物的地基基础、特殊结构和系统,在相应阶段,还应通知勘察设计单位参加验收,实际上是要求勘察设计单位对现场情况进行确认,并留有记录。这一点对于保证工程质量及日后可能出现的质量事故的责任判定很重要,不能忽视。

(6)为了保证对涉及结构安全的试块、试件的代表性和真实性负责,监理单位必须按验标对各检查项目的规定,进行平行检验、见证取样检测。平行检验、见证取样检测的比例是按分别不应小于施工单位抽样数量的10%、20%的原则制订的,且各检验项目均有具体数量规定。涉及结构安全和使用功能的现场检测项目,监理单位应按规定进行平行检验或见证检验(检测、试验)。对于平行检验或见证检验的数量,各验标中也有具体规定。见证检验(检测、试验)是一个新概念,是根据铁路工程施工质量验收标准的需要确定的,是一个很有效的手段。因为铁路工程施工质量验收标准规定:监理单位必须对主控项目进行全部检查,取得质量数据。监理单位对原材料可以进行平行检验或见证取样检测,而对现场检测项目除进行平行检验外,还可以用现场见证施工单位检测的方法取得质量数据。

(7)检验批质量验收主要是对主控项目和一般项目的检查验收。只要这些项目的质量达到了本标准的规定,就可以判定该检验批合格。标准中的其他要求不在检验批质量验收中涉及。

(8)对涉及结构安全和使用功能的重要分部工程的抽样检测,是这次标准修订增加的重要内容,以前的标准中没有这方面的要求。

(9)为了保证见证取样检测及结构安全检测结果的可靠性、可比性和公正性,检测单位应具备有关管理部门核定的资质。对于特殊项目的检测,可由建设单位确定检测单位。

(10)单位工程的观感质量相对涉及结构安全和使用功能的主体工程质量而言,应该是比较次要的。但是,对完工后的工程进行一次全面检查,对工程整体质量进行一次现场核实,是很有必要的。观感质量验收绝不是单纯的外观检查,也不是在单位工程完成后对涉及外观质量的项目进行重新检查,更不是引导施工单位在工程外观上做片面的投入。观感质量验收的目的在于直观地从宏观上对工程的安全可靠性能和使用功能进行验收。如局部变形、缺损、污染等,特别是在检验批、分项工程、分部工程的检查验收时反映不出来的,而后来又发生变化的情况,通过观感质量验收及时发现问题,提出整改,是一个不可缺少的质量控制环节。

第四节　单位、分部、分项工程和检验批的划分

客运专线铁路工程建设过程中，一个构筑物的施工，一个系统的安装和调试，从施工准备到完工验收，要经过若干工序、工种的配合施工，包括若干个施工安装阶段，这就需要对各工序、工种及各施工安装阶段的质量进行控制和检验。工程施工质量的好坏，取决于各工序、工种的操作质量及各施工安装阶段的质量控制。为了便于控制、检查每个工序、工种、施工阶段的质量，就需要把整个工程施工过程按不同工序、工种、部位、区段、阶段、系统等划分成不同的单元，即划分成单位工程、分部工程和分项工程，一般情况下分项工程还要划分为若干个检验批。

一　单位工程

首先应该明确的是，一个单位工程必须是由一个承包单位施工完成的，不管其规模大小、工程数量多少、所含分部工程和分项工程是否齐全。不同承包单位施工完成的工程，不论规模大小、关联情况如何，都不能划归为一个单位工程进行验收，这是划分单位工程的首要原则。

单位工程是按一个完整工程或一个相当规模的施工范围来划分的。这是共性的划分原则，各项验标都遵循了这一原则，并给出了推荐的单位工程划分原则。

所谓按一个完整工程划分的单位工程，是指一个完整构筑物、一个独立系统，如一座大桥、一座隧道、一个给水站、一个变电所、一个监控系统等。

所谓按一个相当规模的施工范围划分的单位工程，包括两方面的情况：一个单位工程是一个完整工程中的一部分，如一个承包单位施工的一座特大桥中的一个标段；另外，一个单位工程可以由几个完整工程组成，如由几个涵洞组成的一个涵洞单位工程，由地道、天桥、站台、雨棚等组成的站场构筑物单位工程。

二　分部工程

分部工程是按一个单位工程中的完整部位、主要结构、施工阶段或功能相对独立的组成部分来划分的。一个分部工程应尽量类型相同或材料相同或施工方法相同。类型不同或材料不同或施工方法不同时，可以划分为不同的分部工程。

如一个桥梁单位工程，可以划分为地基与基础、墩台、梁部、附属设施等几个分部工程。若该桥的基础既有明挖基础又有钻孔桩基础，则明挖基础和钻孔桩基础就可以划分为两个分部工程。

三　分项工程

分项工程应按工种、工序、材料、设备和施工工艺等划分。

站前工程的分项工程主要按工种、工序划分，也可按材料和施工工艺等划分，如模板、钢筋、混凝土、开挖、填筑、铺轨、整道、顶推架设、涂装等分项工程。

站后工程的分项工程主要按设备、系统、工序划分，如信号机、转辙机、光缆通道、变压器、杆塔组立、导线架设、系统功能测试等分项工程。

同一个分项工程其施工条件应基本相同，所用原材料及其质量要求应基本相同。

四 检验批

检验批是分项工程的组成部分。根据施工质量控制和验收需要，把一个分项工程划分成若干个检验批。特殊情况下一个分项工程仅含一个检验批。检验批是施工质量验收的基本单元。一个检验批的施工条件应基本相同，所用原材料及其质量要求应相同，形成的质量应均匀一致。

各项验标都给出了检验批的最大数量，对施工质量验收工作以指导，使质量数据具有可比性，有利于施工质量控制。如模板分项工程的检验批是一个安装段、钢筋分项工程的检验批是一个安装段、混凝土分项工程的检验批是一个浇筑段、道岔铺设分项工程的检验批是一组、路堤填筑分项工程的检验批是同一压实工作班的单个压实区段的每一检测层等。

需要特别说明的是，检验批是针对工程实体划分的。验标中有关材料、构配件和设备进场验收的批量，是根据相关产品标准的抽样方案和工程施工特点制订的，与检验批没有联系。也就是说，一次进场验收的材料可能用于多个检验批，也可能一个检验批所用的材料经过了多次进场验收。

第五节　检验批和分项、分部、单位工程的验收

工程施工质量验收时按从检验批到分项工程、分部工程、单位工程的顺序进行。检验批验收是工程施工质量验收的基本单元，是分项工程、分部工程和单位工程施工质量验收的基础。分项工程、分部工程和单位工程施工质量的验收，是在检验批质量验收合格的基础进行的。

一 检验批的验收

检验批合格质量的规定：主控项目的质量经抽样检验合格，要特别注意的是主控项目中有允许偏差的抽检点，其实测值必须在允许偏差范围内，不允许超差；一般项目的质量经抽样检验合格，当采用计数检验时，除有专门要求外，对于一般项目中有允许偏差的抽检点，合格点率应达到80%及以上，且其中不合格点的最大偏差不得大于规定允许偏差的1.5倍。

对检验批的质量验收内容分为实物检查和资料检查两个方面。

实物检查：(1)对原材料、构配件和设备等的进场验收，是把好施工质量的第一关，各专业验标均已制订了明确的检验项目和抽样方案；(2)对施工过程中较为重要的如混凝土强度等的检验，应按现行国家和行业标准及各专业验标规定的方案进行检查；(3)对工程实体中以计数检验的项点是按各专业验收标准规定的方案进行检查，并按抽查总点数的合格率进行判定。

资料检查：实际也就是所谓的书面检查。检查内容既包括原材料、构配件和设备的合格证和其他质量证明文件，又包括施工过程中的自检、交接检验记录、隐蔽工程验收记录以及各种检验、检测报告。

检验批的合格质量主要取决于主控项目和一般项目的检验结果。

主控项目：是对安全、卫生、环境保护和公众利益起决定性作用的检验项目。主控项目所规定的质量要求必须全部达到合格。主控项目主要包括以下三个方面的内容：(1)主要材料、

构配件和设备的材质、规格、数量等，如钢筋、水泥、电缆的质量，路基填料的质量，水泵、电源屏、变压器等设备的质量，检查出厂合格证及有关质量证明文件，并对重要的性能指标进行检验或试验，安装数量要符合设计要求；(2)结构的强度、刚度和稳定性及工程性能等，如混凝土的强度、路基压实度、电气绝缘性能、防雷接地性能、系统运转试验等；(3)工程实体的关键几何尺寸，如涉及限界的结构外形、设备安装位置以及有允许偏差但必须控制在允许偏差限值之内的项目，如无缝线路轨道整理作业后的轨距、轨向、水平、高低等静态几何尺寸。

一般项目：是除主控项目以外的检验项目。这些项目虽然不像主控项目那样对工程质量起决定性作用，指标可以放宽一些，但对结构安全、使用功能和工程外观等有较大影响，同样要求全部达到合格标准。但对于有允许偏差的一般项目，当采用计数检验时，除有专门要求外，合格点率应达到80%及以上，且不合格点的最大偏差不得超过规定允许偏差的1.5倍。如下列两种情况：(1)给定允许偏差值的项目：如结构或构件的截面几何尺寸允许偏差±15mm、与设计中心线允许偏差10mm、表面平整度5mm等，要求合格点率应在80%及以上，且不合格点的偏差值不能大于允许偏差值的1.5倍。如果规定所有点的偏差值均不得超出允许偏差值，那么该项目就不是一般项目而是主控项目；(2)要求大于或小于某一数值的项目：即给定了一个最低或最高值，而在一个方向不控制，要求80%及以上测点的数据大于或小于给定的数据值。如碎石桩桩径允许偏差为－50mm，就是要求80%及以上测点的桩径不允许比设计值小50 mm，允许有 20% 的桩比设计值小50mm，但最大不允许小75mm。实际桩径比设计值大的则不控制。

二 分项工程的验收

分项工程质量验收合格的规定：分项工程所含的检验批均应符合合格质量的规定；分项工程所含的检验批的质量验收记录应完整。

分项工程质量验收是对其所含检验批质量的统计汇总，主要是检查核对检验批是否覆盖了分项工程范围、检验批验收记录的内容及签字是否齐全正确。特别要注意的是，一些项目不一定出现在每个检验批中，可能几个检验批才出现一次，如实体的高程、垂直度等，应注意检查，不能缺漏。当然，如果检验批质量不合格，也就不能进行分项工程的质量验收。

三 分部工程的验收

分部工程质量验收合格的规定：分部工程所含分项工程的质量均应验收合格；质量控制资料应完整；有关结构安全及使用功能的检验和抽样检测结果应符合有关规定。

分部工程质量验收包括以下三个方面的内容：

(1)分部工程所含分项工程的质量均应验收合格。这也是一项统计汇总工作，应注意核对有没有缺漏的分项工程，各分项工程验收是否正确等。

(2)质量控制资料应完整。这也是一项统计汇总工作，主要是检查检验批的验收资料、施工操作依据、质量记录是否完整配套，是否全面反映了质量状况。

(3)有关结构的实体质量和主要功能的检验和抽样检测项目是否有缺漏、检测记录是否符合要求，检测结果是否符合验标的规定和设计要求。

四 单位工程的验收

单位工程质量验收合格的规定：单位工程所含分部工程的质量均应验收合格；质量控制资料应完整；实体质量和主要功能核查结果应符合有关标准规范的规定；观感质量验收应符合要求。

单位工程质量的验收是建设各方对施工质量控制的最后一关。分部工程质量、质量控制资料、实体质量和主要功能、观感质量均应符合验标的规定，单位工程质量才能通过合格验收。

(1)单位工程所含分部工程的质量均应验收合格。主要是检查分部工程验收是否正确，有无缺漏。

(2)质量控制资料应完整。何谓质量控制资料的完整，实际上是一个相对的概念，应视工程特点和已有的资料情况而定，重点是看其是否反映了结构安全和使用功能，是否达到了设计要求。质量控制资料的项目应严格按“单位工程质量控制资料核查表”进行核查，做到项目全、资料全、数据全。

(3)实体质量和主要功能核查结果应符合有关标准规范的规定。实体质量和主要功能核查的目的是为了保证工程的使用功能。有的项目检测是在分部工程完成后即进行，单位工程验收时不再重复检测，如复合地基承载力试验、基桩无损检测等；有的是在单位工程全部完成后进行，轨道动态质量检查、接触网试运行等。抽查项目由验收组确定，抽查结果应符合有关标准规范的规定。

(4)观感质量验收应符合要求。观感质量是这次验标修订增加的内容。观感质量验收是一项重要的评价工作，是实地对工程质量进行的一次全面检查。特别是在检验批验收时不能检查的或者是当时检查不出来的内容，以及后来又发生质量变化的项目，很有必要。首先明确观感质量验收绝不是单纯的外观检查，也不是在单位工程完成后对涉及外观质量的项目进行重新检查，更不是引导施工单位在工程外观上做片面的过大投入，重点是不要出现影响结构安全和使用功能的项目。观感质量验收的目的就是直观地从宏观上核实工程的安全可靠性能和使用功能，促进施工过程质量控制。内容要关键，方法要简便，不可复杂化和片面化。观感质量检查项目的标准是合格，达不到合格的就是差，对于差的项目要进行返修。另外，并非所有工程都要进行观感质量检查，这方面各专业验标均有相应规定。

第六节　工程施工质量不符合要求时的处理情况

工程施工质量不符合要求的情况，多在检验批质量验收阶段出现，会直接影响相关分项、分部工程质量的验收。

(1)对于返工重做、更换构配件或设备的检验批，应该重新进行验收。当重新检查后，检验项目合格的，应判定该检验批合格。

(2)个别检验批试块试件的强度不能满足要求的情况，包括试块试件失去代表性、试块试件丢失或缺少、试验报告有缺陷或对试验报告有怀疑等。这种情况下，应按规定程序由有资质的检测单位进行检验测试。如果测试结果证明该检验批的质量能够达到原设计要求，则该检验批予以合格验收。

应该说以上两种情况的处理，没有造成永久缺陷，没有降低工程的质量标准，不会影响结构安全和使用功能，还是属于正常验收的范围。

虽然以上两种情况的检验批质量经处理或检测鉴定后达到了原设计要求，符合验标的规定，予以合格验收，但毕竟说明施工单位的质量控制过程存在缺陷，应该引起高度重视，采取有力措施，最大限度减少甚至消除这类返工、检测鉴定项目。

对于其他不合格的现象，因情况复杂，验标不能给出明确的处理方案，只能由各方根据具体情况按规定程序协商处理。当采取返修或加固处理等其他措施后，施工质量仍然存在严重缺陷，不能满足结构安全和使用功能的，属于不合格工程，严禁验收。

第七节　工程施工质量验收的程序和组织

在工程施工质量验收的程序和组织方面，验标重点突出了各方主体在验收过程中的具体职责。特别是各方有关人员对质量情况的检查和审核签认，对落实质量责任制原则有积极的促进作用。

(1)验收的程序和组织。验收的程序是先进行检验批验收，其后是分项工程验收，再是分部工程验收，最后是单位工程验收。验收工作按其所处阶段分别由监理单位或建设单位组织进行。

(2)施工单位的自检工作。尽管检验批、分项工程、分部工程和单位工程的质量验收工作是由监理单位或建设单位组织的，但每个阶段的验收工作都是在施工单位自检合格的基础上进行的。特别强调施工单位的自检是各阶段质量验收的基础。施工单位要加强过程控制，落实内部质量责任制，做好自检、互检和交接检。要充分认识到工程施工质量是通过施工操作控制出来的，不是最后检验收出来的，施工单位是工程施工质量控制的责任主体。施工单位应在自检合格的基础上，把各种验收记录表填好后，向监理单位或建设单位提出验收申请。需要特别说明的是，施工单位是由专职质量检查员对检验批的质量进行检查评定。专职质量检查员是代表企业的质量部门进行质量验收的，检验批的质量不能由施工班组来自我评定，应以专职质量检查员的检查评定为准，并且由分项工程技术负责人、分项工程负责人审核签认。也就是说施工单位对检验批的自检，专职质量检查员履行质量检查职责，分项工程技术负责人、分项工程负责人履行管理职责。施工单位对分项工程、分部工程和单位工程质量的自检，由于多属统计汇总，由相应的负责人审核签认即可。

(3)监理单位的验收工作。监理单位由专业监理工程师组织对检验批、分项工程、分部工程的质量进行验收，总监理工程师参与单位工程的质量验收。另外，各本验标还规定了重要的旁站监理项目，监理单位应对这些项目进行旁站。当然，对于不同的工程，监理单位还要根据情况补充确定其他的旁站项目。

(4)勘察设计单位的验收工作。勘察设计单位要对与勘察设计质量有关的检验项目进行确认，如对主体结构的地质条件进行确认、对需要检验的复合地基承载力进行确认等；参与重要的、特殊的分部工程的质量验收；参与每个单位的工程质量验收。

(5)建设单位的验收工作。建设单位组织施工单位、监理单位、勘察设计单位对单位工程的质量进行验收。单位工程的质量验收是施工质量过程控制的最后一道程序，是建设投资转化为工程实体的标志，也是检验设计质量和施工质量的重要环节。建设单位应该对工程质量情况全面掌握，组织施工单位、监理单位、勘察设计单位共同对单位工程质量进行验收是非常必要的。

第八节 工程施工质量验收过程中应注意的问题

一 施工质量验收资料的归档

验标规定的 8 种验评表格，是反映工程质量状况、体现各方质量责任的基础文件，应当认真及时填写，按规定完整归档。

客运专线铁路验标规定：施工质量验收资料的归档整理应符合有关规定的要求。其中，检验批、分项工程质量验收记录，建设单位、施工单位、监理单位均应长期保存；分部工程、单位工程质量验收记录，建设单位应永久保存，施工单位应长期保存；其他资料应按相关规定保存。

这是根据国家标准《建设工程文件归档整理规范》(GB/T 50328—2001)的要求规定的，与其他行业的建设工程文件归档一致。其中，保管期限分为：永久、长期、短期三种。

永久——是指工程档案需永久保存；

长期——是指工程档案保存期限等于该工程的使用寿命；

短期——是指工程档案保存 20 年以下。

二 验标与施工规范（技术指南）对质量要求不一致的情况

在 2003 年以前，铁道行业的施工规范和验标同属强制性标准，对于保证工程施工质量而言，施工规范面向过程控制，验标着重于最终检验。两者共同发挥作用，具有同样的重要性。

从 2004 年开始，新的铁路工程建设标准体系，已经明确验标是建设活动各方都必须遵守的强制性标准，工程质量合格与否的判定标准是验标，验标中也强化了过程控制的要求，验标变成了一个既有过程控制，又有最终检验的综合标准。从标准管理角度，施工规范（技术指南）应逐步弱化，逐步演化为行业推荐性标准及企业标准。但是，根据我国铁路工程施工企业的现状，绝大多数企业还没有自己的企业标准，要在较短的时间内完成配套的施工技术和施工工艺操作标准难度很大，特别是要完成客运专线铁路配套的施工技术和施工工艺操作标准难度更大。如果立即废止施工规范，必然对铁路建设造成不利影响。另外，实践证明，通过标准的形式进行新技术、新工艺的推广，是最为直接和有效的途径。铁路实施跨越式发展，建设一流的客运专线，如果没有统一的工艺技术保证，工程质量则很难想像。所以，在以往部颁施工规范尚未及时修订调整的情况下，考虑到实际需要，又组织编制了客运专线各专业的施工技术指南。

当验标与施工规范（技术指南）对质量要求不一致时，应以验标为准进行验收。当施工规范对质量的要求高于验标时，应按施工规范进行施工操作。

三 验标与设计规范对质量要求不一致的情况

当前，铁路建设的形势发展很快，尤其是客运专线建设过程中，一些新技术、新结构、新设备、新材料、新方法会不断采用，在实际验收工作中，现行验标的内容可能会出现一些不足，当涉及结构安全和系统功能的部分设计规范条文和设计文件对质量的要求与验标不一致时，应以标准高者为准。

第六章　验收记录表格的编制和应用

第一节　施工现场质量管理检查记录表

施工现场质量管理检查，是施工前监理单位对施工单位所做施工准备工作的一次全面检查，也是施工单位对现场施工质量管理的一次自我检查，是保证顺利施工和工程质量的一项基础工作。一般情况下，每个单位工程应检查一次。施工现场质量管理检查记录表可由监理单位或施工单位的现场负责人填写，并将有关文件、证件、资料的原件或复印件备齐，监理单位的总监理工程师进行检查，做出合格或不合格及限期整改的结论。

施工现场质量管理检查记录表填写样式见表6-1。

一　表头部分

表头部分填写的内容反映了一个单位工程的概况和各方情况，表头部分的各方负责人无需签字。

(1)单位工程名称：与设计文件中工程名称对应的单位工程名称。

(2)开工日期：开工报告中的开工日期。

(3)建设单位：承包合同中的甲方单位全称，项目负责人为合同的签字人。考虑到铁路建设工程管理模式和组织机构的多样性，建设单位也可以填写为受委托的管理机构全称，项目负责人也可以填写为按规定程序委托的代表人。

(4)设计单位：勘察设计合同中签章的单位全称。项目负责人为合同的签字人或按规定程序委托的该项目现场负责人。

(5)监理单位：委托监理合同中的监理单位全称或该项目监理机构全称。总监理工程师应是委托监理合同中明确的项目监理机构负责人，也可以是监理单位以文件形式明确的该项目监理负责人。该负责人必须具有总监理工程师任职资格。

(6)施工单位：承包合同中的乙方单位全称或该单位的现场项目机构全称。项目负责人、项目技术负责人与合同一致或为按规定程序明确的人员。由于铁路建设项目的规模较大，为便于现场管理，突出谁生产谁负责的原则，可填写该单位工程的具体施工单位、项目负责人、项目技术负责人。

表头部分的填写也可由建设单位根据实际情况作出具体规定。

二　检查项目部分

(1)开工报告。检查开工报告有无及审批情况。开工报告的审批可能因工程规模及性质、施工阶段、管理模式不同而异，可根据具体情况判定。

(2)现场质量管理制度。主要是检查施工技术调查制度、施工测量制度、施工图审核复核制度、技术交底制度、施工组织设计编制及审批制度、工程质量管理制度、技术档案管理制度等。各施工单位的现场质量管理制度的名称可能不一致，主要检查其内容是否全面。

(3)质量责任制。主要是检查现场机构及人员的质量控制分工和责任落实制度、与质量挂钩的奖惩制度、挂牌制度等。

(4)工程质量检验制度。主要是检查三个方面：原材料(构配件、设备)的检验制度、施工过程中的试验检测制度、完工后的实体抽验及试运行制度。

(5)施工技术标准。施工技术标准是施工操作的依据，是保证工程质量的基础，工程施工所涉及的有关国家标准、行业标准、企业标准，即现场应该有的施工技术标准要备齐。应该说企业标准最能反映施工单位的技术、管理水平，施工单位应该较多地制订高于国家标准、行业标准的企业标准，以加强内部管理和控制，提高企业的市场竞争能力。但是，由于以前编制的国家标准、行业标准所含内容过细，在一定程度上形成了企业对国家标准、行业标准的依赖性，制定企业标准的动力显得不足；另外，受传统计划经济模式的影响，企业标准化工作开展得也不够普及和深入。这就造成了施工技术方面的企业标准偏少的现状。现场检查时应注意这方面的实际情况。

(6)施工图现场核对情况。主要是检查施工单位在施工前，是否结合现场实际情况对施工图进行了全面系统的复核，包括施工图纸合法资格的认定，图纸和说明书是否齐全，图纸中有无“差、错、漏、碰”问题，有无相互矛盾和不便施工之处。施工图现场核对结果要留有记录。

(7)地质勘察资料。包括工程所需的工程地质和水文地质的基础资料。地质勘察资料对工程本体、临时和附属工程都很重要，应该齐全。不涉及地质勘察资料的单位工程则无此项检查。

(8)交接桩、施工复测和测量控制网资料。检查施工单位是否会同设计单位按规定办理了线路桩橛和控制桩交接手续，并根据施工图纸和有关资料进行了复测；是否建立了重要工点的施工测量控制网；测量资料和桩橛是否齐全；复测精度是否符合要求。

(9)施工组织设计、施工方案和环境保护方案及审批。施工组织设计是工程施工的实施性文件，要检 查其编制内容是否全面，施工方案、措施是否合理完备，能否保证质量和安全，能否实现设计所要求的使用功能，审批是否符合程序。

(10)主要专业工种操作上岗证。主要检查这些人员如钢筋工、混凝土工、架子工、焊工、起重工是否经过正规从业技能培训并取得上岗证书。

(11)施工检测设备及计量器具设置。主要是检查施工检测设备及计量器具的精度是否符合规定要求，配置是否合理，有无管理、校验制度等。

(12)材料、设备管理制度。加强施工现场的材料、设备(包括机械设备)的管理，对保证工程质量、提高工效具有重要作用。施工单位应根据材料、设备的性能、状态，制订相应的运输、保管、供应、使用和保养方面的管理制度。

三 检查结论部分

总监理工程师在全面检查后，要作出合格或不合格并限期整改的结论，对整改的情况要进行复查。总监理工程师应签字。

施工现场质量管理检查记录表　　表 6-1

<table>
<tr><td>单位工程名称</td><td colspan="3">×××5 号大桥(DK168＋988)</td><td>开　工　日　期</td><td>2005.11.18</td></tr>
<tr><td>建设单位</td><td colspan="3">×××线建设总指挥部</td><td>项目负责人</td><td>赵甲方</td></tr>
<tr><td>设计单位</td><td colspan="3">×××勘测设计研究院</td><td>项目负责人</td><td>钱设季</td></tr>
<tr><td>监理单位</td><td colspan="3">×××工程建设监理公司</td><td>总监理工程师</td><td>孙坚礼</td></tr>
<tr><td>施工单位</td><td>×××道桥工程公司</td><td>项目负责人</td><td>李实功</td><td>项目技术负责人</td><td>周纪树</td></tr>
<tr><td>序号</td><td colspan="2">项　　目</td><td colspan="3">内　　容</td></tr>
<tr><td>1</td><td colspan="2">开工报告</td><td colspan="3">有开工报告。编号:第××号</td></tr>
<tr><td>2</td><td colspan="2">现场质量管理制度</td><td colspan="3">有施工调查、施工测量、施工图复核、技术交底、施工组织设计编制、质量计划等制度 10 项</td></tr>
<tr><td>3</td><td colspan="2">质量责任制</td><td colspan="3">《部门及人员质量管理职责》、《层层质量责任制》</td></tr>
<tr><td>4</td><td colspan="2">工程质量检验制度</td><td colspan="3">《工程质量试验检验管理办法》</td></tr>
<tr><td>5</td><td colspan="2">施工技术标准</td><td colspan="3">有钢筋、混凝土、桥涵施工规范、规程、细则等共计 18 种</td></tr>
<tr><td>6</td><td colspan="2">施工图现场核对情况</td><td colspan="3">施工图现场核对工作已进行,有记录。编号:第 05 号</td></tr>
<tr><td>7</td><td colspan="2">地质勘察资料</td><td colspan="3">地质资料在施工图上</td></tr>
<tr><td>8</td><td colspan="2">交接桩,施工复测及测量控制网资料</td><td colspan="3">资料齐全,共计 5 份</td></tr>
<tr><td>9</td><td colspan="2">施工组织设计、施工方案和环境保护方案及审批</td><td colspan="3">施工组织设计及各类方案齐全,已按程序审批</td></tr>
<tr><td>10</td><td colspan="2">主要专业工种操作上岗证书</td><td colspan="3">钢筋工、混凝土工、架子工、焊工、起重工、电工等有证</td></tr>
<tr><td>11</td><td colspan="2">施工检测设备及计量器具设置</td><td colspan="3">设置合理、有管理制度、有校验和精度控制措施</td></tr>
<tr><td>12</td><td colspan="2">材料、设备管理制度</td><td colspan="3">《工程物资管理、使用、运输、贮存工作细则》、《机械设备管理办法》</td></tr>
<tr><td colspan="6">检查结论:

现场质量管理检查合格。

总监理工程师
孙坚礼
2005 年 12 月 20 日</td></tr>
</table>

第二节　检验批质量验收记录表

实际的工程施工质量验收工作，都要按验标规定的表格来填写，质量验收结果和结论均应反映在各类表格上。检验批质量验收记录表是各分项工程分批验收的专用表格，其中的检验项目（主控项目、一般项目）要按各验标所规定的全部项目数量列全，做到一一对应，防止漏项。验标中规定的质量指标和质量控制要求，也应该简要地反映在检验批质量验收记录表格上，便于与实际检查验收结果进行对照，直观地进行合格与否的判定。

检验批质量验收记录表是验标规定的各种表格中最基本、最具有实质性内容、最能反映质量状况的一个重要表格，是各阶段质量验收的基础，应该予以充分重视。只有经过实际检验填入检验批质量验收记录表，且由各方签字认可的检验项目和质量数据，才是质量验收的有效依据。

检验批质量验收记录表填写样式见表6-2～表6-5。

一　表的名称及编号

检验批质量验收记录表的名称，应按各本验标规定的分项工程名称填写完整，如“铺轨检验批质量验收记录表”、“混凝土检验批质量验收记录表”。

检验批质量验收记录表的编号，就是检验批的编号，统一采用12位数字编码。为了统一客运专线铁路工程施工质量验收工作，避免交叉混乱，将每一个分项工程给定一个固定的8位数字编码。在按验标划分的不同单位工程、不同分部工程中，可能存在着相同名称的分项工程，但其检验项目、质量指标往往并不相同。为了把这些名称相同而实际内容不同的分项工程区分开来，分项工程的编码是按其所属专业、单位工程、分部工程不同，而分别给定不同的编码。例如在桥梁的明挖基础分部工程和墩台分部工程中，都含有一个“混凝土”分项工程，但由于两个“混凝土”分项工程所属的分部工程不同，其编码分别为：03010112、03010803。另外，由于分项工程是按检验批进行验收的，每一个检验批也应该有一个顺序号，考虑到客运专线铁路工程中的单位工程规模较大，其中一个分项工程所含的检验批会很多，检验批的顺序号按4位给出。这样一来，一个检验批的编号就是12位数字编码。

第1、2位数字是专业代码，从01到10共十个。其对应的专业分别是：轨道工程为01，路基工程为02，桥涵工程为03，隧道工程为04，给水排水工程为05，站场工程为06，通信工程为07，信号工程为08，电力工程为09，电力牵引供电工程为10。混凝土与砌体工程虽然有单独的验标，包括模板、钢筋、混凝土、预应力和砌体等五个分项工程，但因这些分项工程为各专业验标所引用，没能组成单位工程、分部工程，所以，混凝土与砌体工程不需要给定专业代码。另外，所谓专业代码，只是从工程施工质量验收单元划分角度提出的，并不是严格意义上的专业划分，与其他领域的专业划分并不一定完全对应。

第3、4位数字是单位工程代码。一个专业的验标，根据其工程特点，按工程的完整性和系统性，可能划分了一个以上的单位工程，每个单位工程都应该有其相应的代码，以便与其他单位工程区别开来。如轨道工程分正线轨道、站场轨道两个单位工程，其单位工程代码分别为01、02；桥涵工程分桥梁、涵洞两个单位工程，其单位工程代码分别为01、02；信号工程分车站信号、区间信号、驼峰信号、调度集中（CTC）、运输调度指挥管理信息系统（DMIS）、信号微机监测系统等六个单位工程，其单位工程代码分别为01、02、03、04、05、06。

第5、6位数字是分部工程代码。根据各本验标的"分部工程、分项工程、检验批划分和检验项目"划分表，把一个单位工程中的分部工程，按所列先后顺序给出两位编码。如在一个路基单位工程中的分部工程代码为：地基处理为01、基床以下路堤为02、过渡段为03、路堑为04、基床为05……；如在一个桥梁工程单位工程中的分部工程代码为：明挖基础为01、沉入桩制作为02、沉入桩下沉为03、钻孔桩和挖孔桩为04、桩基承台为05、就地制作沉井为06、浮式沉井为07、墩台为08、先张法预应力混凝土简支箱梁制造为10、后张法预应力混凝土简支箱梁制造为11……；如在一个隧道工程单位工程中的分部工程代码为：洞口工程为01、洞身开挖为02、支护为03、衬砌为04、辅助坑道及附属洞室为05、明洞工程为06、缓冲结构为07……。

第7、8位数字是分项工程代码。按照各本验标的验收单元划分表，把一个分部工程中所有的分项工程按所列先后顺序给出两位编码。如轨道工程的无缝线路轨道分部工程，其中的分项工程代码为：基地钢轨焊接分项工程为01、长钢轨铺设分项工程为02、铺碴整道分项工程为03、工地钢轨焊接分项工程为04、线路锁定分项工程为05、轨道整理分项工程为06……；如桥梁工程的后张法预应力混凝土简支梁分部工程，其中的分项工程代码为：模板及支架分项工程为01、钢筋分项工程为02、混凝土分项工程为03、预应力分项工程为04、防水层分项工程为05。

第9～12位数字是分项工程验收时各检验批的顺序号，按一个实际分项工程所有检验批的实际流水号编列，这样的编列方式，便于统计和查找。当检验批数量不是很多时，也可以采用较少位数。

在本指南中，4位代码用□□□□表示检验批的顺序号。如一个检验批质量验收记录表的编号是：03010803 0026，则其代表的是桥涵专业——桥梁单位工程——墩台分部工程——混凝土分项工程——第26个检验批的质量验收记录表。具体图示如图6-1。

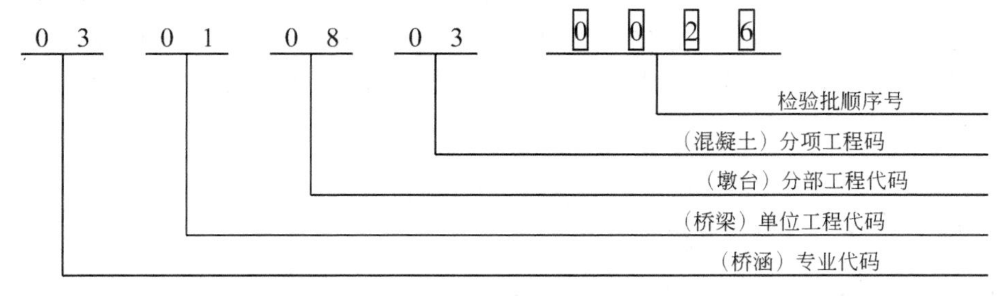

图 6-1

二 表头部分

(1)单位工程名称：按照承包合同或投标文件中所列工程名称对应的单位工程名称填写。

(2)分部工程名称：按验标划分的分部工程名称填写。

(3)分项工程名称：按验标划分的分项工程名称填写；验收部位：一个分项工程中每个检验收批的验收范围或抽样检验范围或所处部位。

(4)施工单位、项目负责人：可填写该单位工程的具体施工单位、项目负责人。

(5)施工质量验收标准名称及编号:填写所执行的验标全称及标准号或批准文号。

三 检验项目部分

检验项目(主控项目、一般项目)的名称是对验标中相应条文内容的归纳或简化描述;检验项目的质量要求,有的将指标直接列上,有的因内容较多而只列验标条文号。“施工单位检查评定记录”应由专职质量检查员填写。

检验项目的检查验收结果填写方法分以下几种情况:

(1)定量项目,直接填写验标要求的全部检验数据。

(2)定性项目,应按验标条文所规定的质量要素描述全面。且当符合验标规定时,填写“合格”、“符合要求”、“符合规定”等;当不符合验标规定时,填写“不合格”、“不符合要求”、“不符合规定”等。

(3)既有定量又有定性的项目,填写验标要求的全部检验数据,并按验标条文所规定的质量要素描述全面。当所有检查内容均符合验标规定时,填写“合格”、“符合要求”、“符合规定”等;当不符合验标规定时,填写“不合格”、“不符合要求”、“不符合规定”等,并简要注明不合格的情况。

(4)对有混凝土、砂浆、水泥浆强度等级(或弹性模量)的检验批,可先填写留置试块的编号,说明试块留置是否符合规定,待试块试验报告出来之后,再对检验批进行判定。

(5)对于有允许偏差的抽查点,应将实测数据直接填入。

(6)检验批质量验收记录通用表格中的检验项目是根据验标制订的,对于某一检验批没有的项目,要用“/”划掉,不留空白。

监理单位对主控项目、一般项目应逐项验收。对主控项目,除核对施工单位的检查评定记录外,还要填写监理单位按验标规定用平行检验、见证取样检测、见证检验等方法取得的质量数据,与施工单位的检验结果互为对照。需要注意的是监理单位的检验数量也应符合验标的规定。对一般项目,由于监理人员在施工过程中进行了旁站或巡视,掌握施工单位的质量控制水平,按验标的规定,监理单位的检查数量和方法自定。一般项目的监理单位验收记录可填具体数据,也可填写“合格”或“符合要求、规定”等。对不符合验标规定的项目,可暂不填写,待处理后再验收,但应做出标记。

四 施工单位检查评定结果

施工单位自行检查评定合格后,应注明“检查评定合格”。专职质量检查员、分项工程技术负责人、分项工程负责人签字,以示对该检验批的质量负责。分项工程技术负责人、分项工程负责人应是该分项工程的直接责任人,相当于以前的队技术员、队长等人。

五 监理单位验收结论

检验项目验收合格后,注明“同意验收”。对有混凝土、砂浆、水泥浆强度等级(或弹性模量)的检验批,可先行对其他项目进行验收,并做出“同意验收”的结论,待试块试验报告出来后再进行判定。专业监理工程师签字。

混凝土(原材料)检验批质量验收记录表(Ⅰ) 表 6-2

03010803 0 0 2 6

<table>
<tr><td colspan="3">单位工程名称</td><td colspan="4">×××5 号大桥(DK168+988)</td></tr>
<tr><td colspan="3">分部工程名称</td><td colspan="4">墩台(0 号台、1～6 号墩、7 号台)</td></tr>
<tr><td colspan="3">分项工程名称</td><td colspan="2">混凝土</td><td>验收部位</td><td>6 号墩</td></tr>
<tr><td colspan="3">施工单位</td><td colspan="2">×××道桥工程公司</td><td>项目负责人</td><td>李实功</td></tr>
<tr><td colspan="4">施工质量验收标准名称及编号</td><td colspan="3">《铁路混凝土工程施工质量验收补充标准》(铁建设[2005]160 号)</td></tr>
<tr><td colspan="5">施工质量验收标准的规定</td><td>施工单位检查评定记录</td><td>监理单位验收记录</td></tr>
<tr><td rowspan="11">主控项目</td><td>1</td><td colspan="2">水泥质量</td><td>第 6.21 条</td><td>合格证 1 份,编号:第 11 号,试验报告 2 份,编号:试报 1—101～102。质量合格</td><td>合格</td></tr>
<tr><td rowspan="3">2</td><td rowspan="3">矿物掺和料</td><td>粉煤灰质量</td><td>第 6.22 条</td><td>试验报告 2 份,编号:试报:8—21～22。质量合格</td><td>合格</td></tr>
<tr><td>磨细矿渣粉质量</td><td>第 6.22 条</td><td>试验报告 2 份,编号:试报:9—51～52。质量合格</td><td>合格</td></tr>
<tr><td>硅灰质量</td><td>第 6.22 条</td><td>/</td><td>合格</td></tr>
<tr><td>3</td><td colspan="2">细骨料质量</td><td>第 6.23 条</td><td>试验报告 2 份,编号:试报:2—31～42。质量合格</td><td>合格</td></tr>
<tr><td>4</td><td colspan="2">粗骨料质量</td><td>第 6.24 条</td><td>试验报告 2 份,编号:试报:3—61～62。质量合格</td><td>合格</td></tr>
<tr><td>5</td><td colspan="2">外加剂质量</td><td>第 6.25 条</td><td>合格证 1 份,编号:第 21 号,试验报告 1 份,编号:试报 9-81。质量合格</td><td>合格</td></tr>
<tr><td>6</td><td colspan="2">拌和用水质量</td><td>第 6.26 条</td><td>饮用水。检验报告 1 份,编号:试报 11-2。符合规定</td><td>合格</td></tr>
<tr><td>7</td><td colspan="2">附加防腐蚀措施原材料质量</td><td>第 6.27 条</td><td>/</td><td>/</td></tr>
<tr><td>8</td><td colspan="2">其他检验项目</td><td></td><td>/</td><td>/</td></tr>
<tr><td colspan="2">施工单位检查评定结果</td><td colspan="5">检查评定合格。
专职质量检查员 吴志亮 2006 年 03 月 28 日
分项工程技术负责人 郑富宗 2006 年 03 月 28 日
分项工程负责人 王兑章 2006 年 03 月 28 日</td></tr>
<tr><td colspan="2">监理单位验收结论</td><td colspan="5">同意验收。
监理工程师
冯勋仕 2006 年 03 月 28 日</td></tr>
</table>

混凝土(配合比)检验批质量验收记录表(II)

表 6-3

03010803 0 0 2 6

<table>
<tr><td colspan="4">单位工程名称</td><td colspan="3">×××5 号大桥(DK168+988)</td></tr>
<tr><td colspan="4">分部工程名称</td><td colspan="3">墩台(0 号台、1~6 号墩、7 号台)</td></tr>
<tr><td colspan="4">分项工程名称</td><td>混凝土</td><td>验收部位</td><td>6 号墩</td></tr>
<tr><td colspan="4">施工单位</td><td>×××道桥工程公司</td><td>项目负责人</td><td>李实功</td></tr>
<tr><td colspan="5">施工质量验收标准名称及编号</td><td colspan="2">《铁路混凝土工程施工质量验收补充标准》(铁建设[2005]160 号)</td></tr>
<tr><td colspan="5">施工质量验收标准的规定</td><td>施工单位检查评定记录</td><td>监理单位验收记录</td></tr>
<tr><td rowspan="14">主控项目</td><td rowspan="8">1</td><td rowspan="8">配合比试验检验项目</td><td>坍落度</td><td>第 6.3.1 条</td><td>配合比选定报告 1 份,编号:试报 12~20。符合规定</td><td>符合要求</td></tr>
<tr><td>泌水率</td><td>第 6.3.1 条</td><td>配合比选定报告 1 份,编号:试报 12~20。符合规定</td><td>符合要求</td></tr>
<tr><td>含气量</td><td>第 6.3.1 条</td><td>含气量测定报告 1 份,编号:20。含气量 3%。符合规定</td><td>符合要求</td></tr>
<tr><td>抗裂性</td><td>第 6.3.1 条</td><td>混凝土抗裂性对比试验报告 1 份,编号:试报 30~20。抗裂性符合规定</td><td>符合要求</td></tr>
<tr><td>抗压强度</td><td>第 6.3.1 条</td><td>配合比选定报告 1 份,编号:试报 12~20。符合规定</td><td>符合要求</td></tr>
<tr><td>电通量</td><td>第 6.3.1 条</td><td>电通量试验报告 1 份,编号:试报 36~9。混凝土试件电通量为 900C。符合规定</td><td>符合要求</td></tr>
<tr><td>抗冻性</td><td>第 6.3.1 条</td><td>/</td><td>/</td></tr>
<tr><td>耐磨性</td><td>第 6.3.1 条</td><td>/</td><td>/</td></tr>
<tr><td>2</td><td colspan="2">混凝土中总碱含量</td><td>第 6.3.2 条</td><td>计算单 1 份,编号:第 9 号。混凝土含碱量 2.0kg/m³。质量合格</td><td>符合要求</td></tr>
<tr><td>3</td><td colspan="2">混凝土中总氯离子含量</td><td>第 6.3.3 条</td><td>计算单 1 份,编号:第 10 号。混凝土中氯离子含量 0.08%。符合规定</td><td>符合要求</td></tr>
<tr><td rowspan="3">4</td><td colspan="2">混凝土水胶比</td><td>第 6.3.4 条</td><td>配合比选定报告 1 份,编号:试报 12~20。符合规定</td><td>符合要求</td></tr>
<tr><td colspan="2">单方混凝土胶凝材料用量</td><td>第 6.3.4 条</td><td>配合比选定报告 1 份,编号:试报 12~20。符合规定</td><td>符合要求</td></tr>
<tr><td colspan="2">胶凝材料抗蚀系数</td><td>第 6.3.4 条</td><td>/</td><td>/</td></tr>
<tr><td>5</td><td colspan="3">其他检验项目</td><td>/</td><td>/</td></tr>
<tr><td colspan="3">施工单位检查评定结果</td><td colspan="4">检查评定合格。
专职质量检查员 吴志亮 2006 年 03 月 28 日
分项工程技术负责人 郑富宗 2006 年 03 月 28 日
分项工程负责人 王兑幸 2006 年 03 月 28 日</td></tr>
<tr><td colspan="3">监理单位验收结论</td><td colspan="4">同意验收。
监理工程师
(冯勋仕 2006 年 03 月 28 日)</td></tr>
</table>

混凝土(施工及养护)检验批质量验收记录表(III) 表 6-4

03010803 0026

单位工程名称	×××5 号大桥(DK168+988)				
分部工程名称	墩台(0 号台、1~6 号墩、7 号台)				
分项工程名称	混凝土		验收部位		6 号墩
施工单位	×××道桥工程公司		项目负责人		李实功
施工质量验收标准名称及编号	【A】:《铁路混凝土工程施工质量验收补充标准》(铁建设[2005]160 号) 【B】:《客运专线铁路桥涵工程施工质量验收暂行标准》(铁建设[2005]160 号)				
施工质量验收标准的规定				施工单位检查评定记录	监理单位验收记录
主控项目	1	原材料称重允许偏差	【A】第 6.4.1 条	称量偏差均为 1‰,符合规定	符合要求
	2	砂、石含水率测试	【A】第 6.4.2 条	每工班测定 1 次。符合规定	符合要求
	3	坍落度	【A】第 6.4.3 条	每工班测定 1 次。偏差－15mm。符合规定	符合要求
	4	入模含气量	【A】第 6.4.4 条	每工班测定 1 次。2%。符合规定	符合要求
	5	入模温度	【A】第 6.4.5 条	每工班测温 4 次。最高 28℃。符合规定	符合要求
	6	与已硬化混凝土温差	【A】第 6.4.6 条	温差 11℃。符合规定	符合要求
	7	湿接缝处理	【A】第 6.4.7 条	/	符合要求
	8	施工缝处理	【B】第 6.4.8 条	按施工方案施工。有施工记录 1 份,编号:第 1228 号。符合规定	符合要求
	9	混凝土养护	【A】第 6.4.9 条	按施工方案养护。有养护记录 1 份;编号:第 0531 号。符合规定	符合要求
	10	拆模温差	【A】第 6.4.10 条	拆模时混凝土表面与环境温差 8℃。有拆模记录 1 份,编号:第 0528 号。符合规定	符合要求
	11	标准养护试件取样、留置和混凝土强度等级	【A】第 6.4.11 条	试件取样制作方法及数量符合要求。试件编号:0512—82~84	符合要求
	12	同条件养护试件取样、留置和混凝土强度等级	【A】第 6.4.12 条	试件取样,制作方法及数量符合要求。试件编号:0512—15 ~18	符合要求
	13	附加防腐蚀措施质量	【A】第 6.4.15 条	/	/
其他检验项目				/	/
施工单位检查评定结果	检查评定合格。 专职质量检查员 吴志亮 2006 年 03 月 28 日 分项工程技术负责人 郑富宗 2006 年 03 月 28 日 分项工程负责人 王兑幸 2006 年 03 月 28 日				
监理单位验收结论	同意验收。 监理工程师 (冯勋仕 2006 年 03 月 28 日)				

混凝土(结构外观和尺寸偏差)检验批质量验收记录表(Ⅳ) 表 6-5

03010803 0 0 2 6

<table>
<tr><td colspan="5">单位工程名称</td><td colspan="7">×××5 号大桥(DKl68+988)</td></tr>
<tr><td colspan="5">分部工程名称</td><td colspan="7">墩台(0 号台、1～6 号墩、7 号台)</td></tr>
<tr><td colspan="5">分项工程名称</td><td colspan="2">混凝土</td><td colspan="3">验收部位</td><td colspan="2">6 号墩</td></tr>
<tr><td colspan="5">施工单位</td><td colspan="2">×××道桥工程公司</td><td colspan="3">项目负责人</td><td colspan="2">李实功</td></tr>
<tr><td colspan="5">施工质量验收标准名称及编号</td><td colspan="7">【A】:《铁路混凝土工程施工质量验收补充标准》(铁建设[2005]160 号)
【B】:《客运专线铁路桥涵工程施工质量验收暂行标准》(铁建设[2005]160 号)</td></tr>
<tr><td colspan="6">施工质量验收标准的规定</td><td colspan="5">施工单位检查评定记录</td><td>监理单位验收记录</td></tr>
<tr><td rowspan="2">主控项目</td><td>1</td><td colspan="3">桥台顶道碴槽面排水坡</td><td>设计要求</td><td colspan="5">/</td><td>/</td></tr>
<tr><td>2</td><td colspan="3">混凝土表面裂缝情况</td><td>【B】第 8.2.9 条</td><td colspan="5">表面有少量宽度不大于 0.1mm 的收缩裂缝,不贯通。符合规定</td><td>合格</td></tr>
<tr><td rowspan="11">一般项目</td><td rowspan="10">1</td><td rowspan="10">施工允许偏差(mm)</td><td colspan="2">边缘距设计中心线</td><td>±20</td><td>+5</td><td>+9</td><td>+5</td><td>−3</td><td>+8</td><td rowspan="11">合格</td></tr>
<tr><td colspan="2">空心墩壁厚</td><td>±5</td><td>+5</td><td>+5</td><td>+5</td><td>−5</td><td>+2</td></tr>
<tr><td colspan="2">桥墩平面扭角</td><td>2°</td><td>1°</td><td>1°</td><td>1°</td><td>1°</td><td>1°</td></tr>
<tr><td colspan="2">表面平整度</td><td>5</td><td>5</td><td>5</td><td>5</td><td>3</td><td>3</td></tr>
<tr><td rowspan="2">简支混土梁支承垫石顶面高差</td><td>每片梁一端两支承垫石</td><td>3</td><td>/</td><td></td><td></td><td></td><td></td></tr>
<tr><td>每孔梁一端两支承垫石</td><td>4</td><td>/</td><td></td><td></td><td></td><td></td></tr>
<tr><td colspan="2">简支钢梁支承垫石顶面高差</td><td>5</td><td>/</td><td></td><td></td><td></td><td></td></tr>
<tr><td colspan="2">支承垫石顶面高程</td><td>0
−10</td><td>/</td><td></td><td></td><td></td><td></td></tr>
<tr><td colspan="2">预埋件、预留孔位置</td><td>5</td><td>3</td><td>3</td><td>3</td><td>5</td><td>5</td></tr>
<tr style="display:none"></tr>
<tr><td>2</td><td colspan="3">混凝土外观质量</td><td>【A】第 6.4.18 条</td><td colspan="5">表面密实平整、颜色均匀,无露筋、蜂窝、孔洞、疏松、麻面和缺棱掉角等缺陷。符合规定</td></tr>
<tr><td colspan="3">施工单位检查评定结果</td><td colspan="9">检查评定合格。
专职质量检查员 吴志亮 2006 年 03 月 28 日
分项工程技术负责人 郑富宗 2006 年 03 月 28 日
分项工程负责人 王兑幸 2006 年 03 月 28 日</td></tr>
<tr><td colspan="3">监理单位验收结论</td><td colspan="9">同意验收。
监理工程师
(冯勋仕 2006 年 03 月 28 日)</td></tr>
</table>

第三节　分项工程质量验收记录表

分项工程质量验收是在检验批质量验收合格后进行的，通常是归纳整理，验收记录表实质上是个统计表。应注意三个方面的问题：所有检验批是否已经覆盖了整个分项工程范围，有无缺漏；含有混凝土、砂浆、水泥浆强度等级（或弹性模量）的检验批，其试块到龄期后是否已出试验报告，试验结果是否符合要求；各个检验批的验收资料是否规范统一，并依次登记编号。监理单位应对每个检验批逐项审查。

分项工程质量验收记录表填写样式见表6-6。

一 表名及表头部分

（1）表名要填上具体的分项工程名称。

（2）单位工程名称的填法与检验批质量验收记录表一致。

（3）分部工程名称的填法与检验批质量验收记录表一致。

（4）施工单位、项目负责人的填法与检验批质量验收记录表一致。

（5）检验批数：填写整个分项工程所含检验批的总数量。

二 验收内容部分

（1）检验批按序号逐一列清，并逐一注明检验批所处（属）部位和区段，也可适当合并填写。

（2）对于每个检验批，因已有施工单位的检查评定结果和监理单位的验收结论，直接抄列过来就可以，合格的填写"合格"、"符合要求"、"符合规定"等。有问题的检验批可暂不填写，待处理后在验收，但应做出标记。

三 验收结论部分

（1）施工单位检查评定结果应填"质量合格"，并由分项工程技术负责人签字。

（2）监理单位验收结论，如监理单位同意对该分项工程验收，则填写"同意验收"并签字确认，不同意验收则应指出存在的问题。

第四节　分部工程质量验收记录表

分部工程质量的验收，除了核查所含分项工程质量外，还要对有关质量控制资料进行核查，还要对涉及安全、功能的必要项目进行抽样检测。在验标中，有关质量控制资料、安全和功能检测项目，尽管是集中列在了单位工程相关的条文中，但有的项目是需要在分部工程质量验收阶段检查的，检查结果就要在分部工程质量验收记录表中体现出来。

勘察设计单位只参加和勘察设计文件质量有密切关系及重要的分部工程的质量验收，验标中已明确了勘察设计单位必须参加验收的分部工程，其他分部工程可协商确定。

分部工程质量验收记录表填写样式见表6-7。

一 表名及表头部分

(1)表名要填上具体的分部工程名称。

(2)单位工程名称的填法与检验批质量验收记录表一致

(3)施工单位的填法与检验批质量验收记录表一致。

(4)施工单位的项目负责人、项目技术负责人、项目质量负责人的填法与检验批质量验收记录表一致。当工程规模很大时,此处可填该单位工程的负责人、技术负责人、质量负责人,建设单位也可以根据具体情况作出相应规定。

二 验收内容部分

1.分项工程

将分部工程所含分项工程按顺序逐一分列,并分别填写各分项工程所含的检验批数量,即分项工程质量验收记录表上的"检验批数",并将各分项工程质量验收记录表按顺序附在表后。施工单位自检合格后,在施工单位检查评定结果栏中填写"合格"、"符合要求"、"符合规定"等。监理单位组织审查符合要求后,在监理单位验收结论栏中填写"同意验收"意见。

2.质量控制资料

按"单位工程质量控制资料核查表"的内容,确定所验收的分部工程应具有的质量控制资料项目。逐项进行核查,当质量控制资料项目齐全,能反映分部工程质量情况,达到保证结构安全和使用能力的要求时,施工单位可在施工单位检查评定结果栏中填写"合格"、"完整"等,监理单位组织审查符合要求后,在验收结论栏中填写"符合要求"、"完整"等的结论。

3.安全和功能检验(检测)报告

安全和功能的抽样检测项目,是按"单位工程安全和功能检验资料核查及主要功能抽查记录表"列出的项目事前确定的。能放在分部工程验收中检测的,应尽量放在分部工程中检测。对在分部工程中已做的抽测项目,应逐一检查每个检测报告,核查检测方法、程序、结果等是否符合要求,全部检查合格后,施工单位在检查评定栏中填写"合格"、"符合要求"、"符合规定"等,监理单位在组织审查符合要求后,在验收结论栏中填写"符合要求"意见。

三 参加验收各方签字认可部分

当分部工程的各项验收内容都合格时,参加分部工程质量验收的各方人员应签字认可,以示负责,便于追查质量责任。

施工单位由项目负责人签字。当工程规模很大时,可由该单位工程的负责人签字,建设单位也可以根据具体情况作出相应规定。

勘察设计单位参加分部工程质量验收的,由项目负责人签字,不参加时此栏用"/"划掉。

监理单位由专业监理工程师签字。

混凝土分项工程质量验收记录表　　表 6-6

单位工程名称	××5 号大桥(DK168+988)		
分部工程名称	墩台(0 号台、1～6 号墩、7 号台)	检验批数	29
施工单位	×××道桥工程公司	项目负责人	李实功

序号	检验批部位	施工单位检查评定结果	监理单位验收结论
1	0 号台:3 个检验批	符合要求	合格
2	1 号墩:4 个检验批	符合要求	合格
3	2 号墩:4 个检验批	符合要求	合格
4	3 号墩:4 个检验批	符合要求	合格
5	4 号墩:4 个检验批	符合要求	合格
6	5 号墩:4 个检验批	符合要求	合格
7	6 号墩:3 个检验批	符合要求	合格
8	7 号台:3 个检验批	符合要求	合格
9			
10			

说明：

标准条件养护混凝土试件强度等级符合设计要求。试验报告编号:试报 16—0912～0920,共 18 份;

同条件养护混凝土试件强度等级符合设计要求。试验报告编号:试报 16—11～18,共 8 份

施工单位检查评定结果	质量合格。 分项工程技术负责人 郑富宗　　2006 年 04 月 20 日
监理单位验收结论	同意验收。 监理工程师 冯勋仕　　2006 年 04 月 20 日

地基及基础分部工程质量验收记录表　　表 6-7

单位工程名称	×××5 号大桥(DK168+988)				
施工单位	×××道桥工程公司				
项目负责人	李实功	项目技术负责人	周纪树	项目质量负责人	陈致良

序号	分项工程名称	检验批数	施工单位检查评定结果	监理单位验收结论
1	基坑	8	符合要求	同意验收
2	钻孔	36	符合要求	同意验收
3	模板及支架	30	符合要求	同意验收
4	钢筋	30	符合要求	同意验收
5	混凝土	30	符合要求	同意验收
6	/	/	/	/
7				
8				

续上表

<table>
<tr><th>序号</th><th>分项工程名称</th><th>检验批数</th><th>施工单位检查评定结果</th><th>监理单位验收结论</th></tr>
<tr><td>9</td><td></td><td></td><td></td><td></td></tr>
<tr><td colspan="3">质量控制资料</td><td>共12项，符合要求</td><td>符合要求</td></tr>
<tr><td colspan="3">安全和功能检验(检测)报告</td><td>共1份桩基承载力试验报告，编号：第051号；共36份桩基无损检测报告，编号：第061～096号。结果合格</td><td>合格</td></tr>
<tr><td rowspan="3">验收单位</td><td>施工单位</td><td colspan="3">质量合格。
项目负责人　李实功　2006年02月20日</td></tr>
<tr><td>勘察设计单位</td><td colspan="3">同意该分部工程验收。
项目负责人　钱设季　2006年02月20日</td></tr>
<tr><td>监理单位</td><td colspan="3">同意验收。
监理工程师　冯勋仕　2006年02月20日</td></tr>
</table>

第五节　单位工程质量验收记录表

单位工程质量验收是一项综合性验收工作，是对单位工程施工质量的一次全面把关。施工单位事前应认真做好准备。特别是要把单位工程所含的检验批质量验收记录表、分项工程质量验收记录表、分部工程质量验收记录表及时收集整理起来，以备查验。单位工程质量验收记录表是一个综合记录表，是在有关部门验收合格后填写的。与单位工程质量验收表配套的表格还有：单位工程质量控制资料核查表、单位工程安全和功能检验资料核查及主要功能抽查记录表、单位工程观感质量检查记录表。

单位工程质量验收记录表填写样式见表6-8。

一　表名及表头部分

(1)表名按单位工程的具体名称填写。

(2)施工单位等的填法与检验批质量验收记录表一致。

二　验收内容之一："分部工程"

首先对所有分部工程质量验收情况进行汇总，在验收记录栏中注明验收共几个分部，经查符合标准及设计要求的几个分部。验收组审查所有的分部工程符合要求后，由监理单位在验收结论栏填写"同意验收"的结论。

三　验收内容之二："质量控制资料核查"

质量控制资料核查工作按专门表格单位工程质量控制资料核查表进行，填表样式见表

6-9，符合要求后，再将其结论填写到单位工程质量验收记录表中。

单位工程质量控制资料核查表填写时，符合要求的资料，核查人在核查意见栏填写“符合要求”，并签名确认。全部检查合格后，监理单位填写“齐全完整”的结论，监理单位、施工单位负责人均应签字。由于大多数内容在各分部工程验收时已经核查，所以到单位工程验收时，应该是一项汇总整理工作。

在单位工程质量验收记录表中，需要把单位工程质量控制资料核查表的项目进行汇总，统计共有多少项资料（一般情况下不按份数计，而是按单位工程质量控制资料核查表中的项数计），经查符合要求后，在验收记录栏中填写有关项数，监理单位在验收结论栏中填写“齐全完整”的结论。

四 验收内容之三：“实体质量和主要功能核查”

实体质量和主要功能核查按专门表格“单位工程实体质量和主要功能核查记录表”进行，填表样式见表 6-10。符合要求后，再将其结论填写到单位工程质量验收记录表中。

单位工程实体质量和主要功能核查按时间先后区分。包括两个方面的内容：一是在分部工程验收阶段已进行的实体质量和主要功能核查项目，二是在单位工程验收阶段进行的实体质量和主要功能核查项目。对于在分部工程验收阶段已进行的检测项目，主要是再审查一下检测报告的结论是否符合标准规定和设计要求；对于在单位工程验收阶段进行的检测项目，要核查抽测项目是否齐全，检测方法、程序和检测结果是否符合标准规定和设计要求。当项目符合要求时，监理单位核查、抽查人可在核查抽查意见栏中填写“符合要求”、“符合规定”等。当个别项目的抽测结果达不到标准规定和设计要求时，应当由施工单位进行返工处理。当所有项目都符合要求时，监理单位填写“符合要求”的结论，并且由施工单位项目负责人、监理单位总监理工程师签字。由于这些需要抽查、核查的项目，是反映工程质量的重要指标，直接影响项目投产后的工程安全和使用功能，且项目数量不是很多，所以要求建设单位项目负责人参与这项工作，掌握这方面的情况，并予以签字确认。

在按“单位工程实体质量和主要功能核查抽查记录表”检查合格后，应统计核查的项数、抽查的总项数，并分别统计符合要求的项数，填入单位工程质量验收记录表，监理单位填写“符合要求”结论。

五 验收内容之四：“观感质量验收”

观感质量验收的方法是先按单位工程观感质量检查记录表进行评定，填表样式见表 6-11。符合要求后，再将结论填写到单位工程质量验收记录表中。

观感质量验收由建设单位项目负责人组织监理单位总监理工程师、施工单位项目负责人等进行现场检查，检查范围要覆盖整个单位工程，能看到要看到，能启动运转的要启动运转。检查完毕后，以建设单位项目负责人为主导共同确定质量评价，被评为“差”的项目应进行返修。每个检查项目质量状况的描述、质量评定的“合格”或“差”（用打“√”的方法标注，另栏用“/”划掉）、检查结论均由监理单位填写。当各项目均评定为“合格”时，在单位工程观感质量检查记录表上填写“合格”的检查结论。建设单位项目负责人、监理单位总监理工程师、施工单位项目负责人签字。

观感质量检查合格后，统计检查项目和符合要求项数填入单位工程质量验收记录表，监理单位填写“合格”结论。

六 验收内容之五：“综合验收结论”

由于单位工程质量的验收工作是由建设单位组织，所以在有关各方对以上4项内容进行检查并符合要求后，且经参加验收各方共同商定，由建设单位填写综合验收结论，可以填写“通过验收”等。

七 参加验收各方签字、盖章

建设单位、监理单位、施工单位、勘察设计单位都同意单位工程通过验收时，由各方负责人签字，并加盖单位公章，以示对工程质量负责，并注明年月日。

单位工程质量验收工作，也可根据工程规模、性质和管理形式，由建设单位具体确定。

单位工程质量验收记录表 表6-8

<table>
<tr><td colspan="2">单位工程名称</td><td colspan="4">×××5号大桥(DK168+988)</td></tr>
<tr><td colspan="2">开工日期</td><td>2004.05.18</td><td colspan="2">竣工日期</td><td>2004.09.20</td></tr>
<tr><td colspan="2">施工单位</td><td colspan="4">×××道桥工程公司</td></tr>
<tr><td>项目负责人</td><td>李实功</td><td>项目技术负责人</td><td>周纪树</td><td>项目质量负责人</td><td>陈致良</td></tr>
<tr><td>序号</td><td>项目</td><td colspan="3">验收记录</td><td>验收结论</td></tr>
<tr><td>1</td><td>分部工程</td><td colspan="3">共4分部
经查，符合标准规定及设计要求4分部</td><td>同意验收</td></tr>
<tr><td>2</td><td>质量控制资料核查</td><td colspan="3">共9项
经查符合要求9项
不符合要求0项</td><td>齐全完整</td></tr>
<tr><td>3</td><td>实体质量和主要功能核查</td><td colspan="3">共核查4项
符合要求4项
不符合要求0项</td><td>符合要求</td></tr>
<tr><td>4</td><td>观感质量验收</td><td colspan="3">共检查6项
评定为合格的6项
评定为差的0项</td><td>合格</td></tr>
<tr><td>5</td><td>综合验收结论</td><td colspan="4">通过验收</td></tr>
<tr><td rowspan="2">验收单位</td><td>施工单位</td><td>监理单位</td><td colspan="2">勘察设计单位</td><td>建设单位</td></tr>
<tr><td>×××道桥工程公司
(公章)
单位负责人
李实功
2006年05月25日</td><td>×××工程建设监理公司
(公章)
总监理工程师
孙坚礼
2006年06月25日</td><td colspan="2">×××勘测设计研究院
(公章)
项目负责人
钱设季
2006年06月25日</td><td>×××铁路建设总指挥部
(公章)
项目负责人
赵甲方
2006年06月25日</td></tr>
</table>

单位工程质量控制资料核查表 表 6-9

单位工程名称	×××5 号大桥(DK168+988)			
施工单位	×××道桥工程公司			
序号	资料名称	份数	核查意见	核查人
1	图纸会审、设计变更、洽商记录	4	符合要求	付宗坚
2	工程定位测量、放线记录	5	符合要求	付宗坚
3	原材料出厂合格证及进场检(试)验报告	25	符合要求	付宗坚
4	施工试验报告	35	符合要求	付宗坚
5	成品及半成品出厂合格证或试验报告	9	符合要求	付宗坚
6	施工记录	31	符合要求	付宗坚
7	工程质量事故及事故调查处理资料	/	/	/
8	施工现场质量管理检查记录	1	符合要求	付宗坚
9	分项、分部工程质量验收记录	44	符合要求	付宗坚
10	新材料、新工艺施工记录	/	/	/
11	/	/		
结论:齐全完整。 施工单位项目负责人 李实功 2006年06月25日 总监理工程师 孙坚礼 2006年06月25日				

单位工程实体质量和主要功能核查抽查记录表 表 6-10

单位工程名称	×××5 号大桥(DK168+988)			
施工单位	×××道桥工程公司			
序号	项目	资料份数	核查意见	核查人
1	地(桩)基承载力试验	1	符合要求	付宗坚
2	桩基承载力试验无损检测	36	符合要求	付宗坚
3	混凝土表面裂缝检查	15	符合要求	付宗坚
4	钢筋的混凝土保护层厚度检查	15	符合要求	付宗坚
5	混凝土强度无损检测	/	/	/
6	渡槽、倒虹吸通水试验	/	/	/
7	交通涵排水系统功能试验	/	/	/
8	桥梁的动、静载试验	/	/	/
9				
10				
结论:符合要求。 施工单位项目负责人 李实功 2006年06月25日 总监理工程师 孙坚礼 2006年06月25日 建设单位项目负责人 赵甲方 2006年06月25日				

注:检查项目由验收组协商确定。

单位工程观感质量检查记录表 表 6-11

<table>
<tr><td colspan="2">单位工程名称</td><td colspan="3">×××5 号大桥(DKl68＋988)</td></tr>
<tr><td colspan="2">施工单位</td><td colspan="3">×××道桥工程公司</td></tr>
<tr><td rowspan="2">序号</td><td rowspan="2">项目名称</td><td rowspan="2">质量状况</td><td colspan="2">质量评定</td></tr>
<tr><td>合格</td><td>差</td></tr>
<tr><td>1</td><td>墩、台</td><td>墩台身混凝土表面平整,色泽均匀,外形整体轮廓清晰,线角顺直</td><td>√</td><td>/</td></tr>
<tr><td>2</td><td>混凝土梁</td><td>梁体表面平整,色泽均匀,无明显表面缺陷。泄水管畅通。全桥整体基本平顺,梁缝基本均匀</td><td>√</td><td>/</td></tr>
<tr><td>3</td><td>钢梁涂装</td><td>/</td><td>/</td><td>/</td></tr>
<tr><td>4</td><td>桥面</td><td>表面无明显损伤,布设符合规定。接缝基本严密</td><td>√</td><td>/</td></tr>
<tr><td>5</td><td>检查设施</td><td>配件齐全,联结牢固,涂装合格</td><td>√</td><td>/</td></tr>
<tr><td>6</td><td>人行道(含避车台)</td><td>步行板平整,无明显损伤,排列均匀,铺装平稳,嵌缝密实。栏杆、扶手无明显缺陷,安装牢固,涂装合格,扶手基本顺直梁配件齐全</td><td>√</td><td>/</td></tr>
<tr><td>7</td><td>锥体护砌</td><td>砌体选料得当,坡度顺直,勾缝无明显缺陷,泄水孔畅通</td><td>√</td><td>/</td></tr>
<tr><td>8</td><td></td><td></td><td></td><td></td></tr>
<tr><td>9</td><td></td><td></td><td></td><td></td></tr>
<tr><td>10</td><td></td><td></td><td></td><td></td></tr>
<tr><td colspan="5">检查结论:合格。

施工单位项目负责人 总监理工程师 建设单位项目负责人
李实功 孙坚礼 赵甲方
2006 年 06 月 25 日 2006 年 06 月 25 日 2006 年 06 月 25 日</td></tr>
</table>

第七章　轨道工程质量验收

轨道工程施工质量验收划分为单位工程、分部工程、分项工程和检验批。

单位工程应按一个完整工程或一个相当规模的施工范围划分，正线轨道按一个区间（以站中心为界、含正线道岔）划分，当区间内含有不同类型轨道时，也可按轨道类型划分。

分部工程应按一个完整部位或主要结构及施工阶段划分。

分项工程应按工种、工序、材料、施工工艺划分。

检验批可根据施工及质量控制和验收需要按长度、施工段、处等进行划分。

轨道工程和单位工程、分部工程、分项工程和检验批的划分及编号应符合下列各表的要求（表 7-1～表 7-39）。

正线有碴轨道分部工程、分项工程和检验批划分及编号　　表 7-1

（正线有碴轨道单位工程编号 0101）

分部工程	分项工程	检验批规模	检验批编号	检验批表格所在页码
01　线路基桩	01 基桩测设	2km	01010101□□□□	1405
02　有碴道床	01 铺底层道碴	5km	01010201□□□□	1407
	02 上碴整道	5km	01010202□□□□	1409
	03 道岔铺碴整道	组	01010203□□□□	1411
03　基地钢轨焊接	01 基地钢轨焊接	500 个焊头	01010301□□□□	1413
04　有碴轨道	01 铺枕铺轨	2km	01010401□□□□	1415
	02 工地钢轨焊接	一个区间	01010402□□□□	1417
	03 设置位移观测桩	单元轨节	01010403□□□□	1419
	04 线路锁定	单元轨节	01010404□□□□	1421
	05 轨道整理	5km	01010405□□□□	1423、1425
05　道岔	01 铺道岔	组	01010501□□□□	1427
	02 设置位移观测桩	组	01010502□□□□	1429
	03 道岔焊接及锁定	组	01010503□□□□	1431
	04 道岔整理	组	01010504□□□□	1433、1435
06　钢轨伸缩调节器	01 铺设轨伸缩调节器	组	01010601□□□□	1437
	02 设置位移观测桩	组	01010602□□□□	1439
	03 工地钢轨焊接	组	01010603□□□□	1441
	04 轨道整理	组	01010604□□□□	1443、1445
07 线路及信号标志	01 线路及信号标志	一个区间	01010701□□□□	1448

注：检验批长度均按单线计算。

基桩测设检验批质量验收记录表 表 7-2

01010101□□□□

<table>
<tr><td colspan="3">单位工程名称</td><td colspan="4"></td></tr>
<tr><td colspan="3">分部工程名称</td><td colspan="4"></td></tr>
<tr><td colspan="3">分项工程名称</td><td colspan="2"></td><td>验收部位</td><td></td></tr>
<tr><td colspan="3">施工单位</td><td colspan="2"></td><td>项目负责人</td><td></td></tr>
<tr><td colspan="3">施工质量验收标准名称及编号</td><td colspan="4">《客运专线铁路轨道工程施工质量验收暂行标准》(铁建设［2005］160 号)</td></tr>
<tr><td colspan="4">施工质量验收标准的规定</td><td colspan="2">施工单位检查评定记录</td><td>监理单位验收记录</td></tr>
<tr><td rowspan="4">主控项目</td><td>1</td><td>基桩所用材料的规格、型式、外观</td><td>第 4.0.4 条</td><td colspan="2"></td><td></td></tr>
<tr><td>2</td><td>基桩的位置及数量</td><td>第 4.0.5 条</td><td colspan="2"></td><td></td></tr>
<tr><td>3</td><td>基桩的测设精度</td><td>第 4.0.6 条</td><td colspan="2"></td><td></td></tr>
<tr><td>4</td><td>基桩标志设置牢固情况</td><td>第 4.0.7 条</td><td colspan="2"></td><td></td></tr>
<tr><td>一般项目</td><td>1</td><td>基桩的标识</td><td>第 4.0.8 条</td><td colspan="2"></td><td></td></tr>
<tr><td colspan="3">施工单位检查评定结果</td><td colspan="4">专职质量检查员 年 月 日
分项工程技术负责人 年 月 日
分项工程负责人 年 月 日</td></tr>
<tr><td colspan="3">监理单位验收结论</td><td colspan="4">监理工程师
年 月 日</td></tr>
</table>

说明：

1. 主控项目

(1)基桩所用材料进场时，应对其规格、型式、外观进行验收，其质量应符合设计要求。

检验数量：施工单位、监理单位全部检查。

检验方法：查验产品合格证、观察检查。

(2)基桩的设置位置及数量应符合设计要求。

检验数量：施工单位全部检查；监理单位全部见证检测。

检验方法：施工单位仪器测量、观察检查；监理单位见证检测。

(3)基桩的测设精度应符合设计要求。

检验数量：施工单位全部检查；监理单位、设计单位全部见证检测。

检验方法：施工单位仪器测量；监理单位、设计单位见证检测。

(4)基桩标志应设置牢固。

检验数量：施工单位、监理单位全部检查。

检验方法：观察检查。

2. 一般项目

基桩的标识应设置齐全,色泽鲜明、清晰完整。

检验数量:施工单位全部检查。

检验方法:观察检查。

[有碴道床]

铺底层道碴检验批质量验收记录表

表 7-3

01010201□□□□

<table>
<tr><td colspan="4">单位工程名称</td><td colspan="7"></td></tr>
<tr><td colspan="4">分部工程名称</td><td colspan="7"></td></tr>
<tr><td colspan="4">分项工程名称</td><td colspan="3"></td><td colspan="2">验收部位</td><td colspan="2"></td></tr>
<tr><td colspan="4">施工单位</td><td colspan="3"></td><td colspan="2">项目负责人</td><td colspan="2"></td></tr>
<tr><td colspan="4">施工质量验收标准名称及编号</td><td colspan="7">《客运专线铁路轨道工程施工质量验收暂行标准》(铁建设[2005]160号)</td></tr>
<tr><td colspan="5">施工质量验收标准的规定</td><td colspan="5">施工单位检查评定记录</td><td>监理单位验收记录</td></tr>
<tr><td rowspan="4">主控项目</td><td>1</td><td colspan="2">道碴材质</td><td>第5.2.1条</td><td colspan="5"></td><td></td></tr>
<tr><td>2</td><td colspan="2">道碴粒径级配、颗粒形状及清洁度</td><td>第5.2.2条</td><td colspan="5"></td><td></td></tr>
<tr><td rowspan="2">3</td><td colspan="2" rowspan="2">道碴的碾压和压实密度</td><td rowspan="2">第5.2.3条</td><td></td><td></td><td></td><td></td><td></td><td rowspan="2"></td></tr>
<tr><td></td><td></td><td></td><td></td><td></td></tr>
<tr><td rowspan="7">一般项目</td><td rowspan="4">1</td><td rowspan="7">道碴铺设</td><td rowspan="2">厚度</td><td rowspan="2">150mm</td><td></td><td></td><td></td><td></td><td></td><td rowspan="7"></td></tr>
<tr><td></td><td></td><td></td><td></td><td></td></tr>
<tr><td rowspan="2">单线宽度</td><td rowspan="2">4.5m</td><td></td><td></td><td></td><td></td><td></td></tr>
<tr><td></td><td></td><td></td><td></td><td></td></tr>
<tr><td rowspan="2">2</td><td rowspan="2">碴面平整度</td><td rowspan="2">20mm/3m</td><td></td><td></td><td></td><td></td><td></td></tr>
<tr><td></td><td></td><td></td><td></td><td></td></tr>
<tr><td>3</td><td>桥梁预铺道碴</td><td>第5.2.6条</td><td colspan="5"></td></tr>
<tr><td colspan="3">施工单位检查评定结果</td><td colspan="8">专职质量检查员 年 月 日
分项工程技术负责人 年 月 日
分项工程负责人 年 月 日</td></tr>
<tr><td colspan="3">监理单位验收结论</td><td colspan="8">监理工程师
年 月 日</td></tr>
</table>

说明:

1. 主控项目

(1)道碴材质应符合铁路碎石道碴相关技术条件的规定。

检验数量:施工单位、监理单位全部检查。

检验方法:查验进场检验证书、生产检验证书和产品合格证,必要时建设单位、施工单位和监理单位共同对采石场进行见证取样检测。

(2)道碴进场时的粒径级配、颗粒形状及清洁度应符合铁路碎石道碴相关技术条件的规定。

检验数量:同一产地品种且连续进场的道碴,每5000m^3为一批,不足5000m^3时亦按一批计。施工单位每批抽检1次;监理单位全部见证检验。

检验方法:施工单位采用筛分、专用量规检测或特定检验;监理单位检查施工单位检验报告,并进行见证检验。

(3)底层道碴应采用压强不小于160kPa的机械碾压,道床密度不应低于1.6g/cm^3。

检验数量:施工单位道床密度每5km抽检5处,每处测2个点位;监理单位全部见证检测。

检验方法:施工单位检算碾压机械压强,用道床密度仪或灌水法检测道床密度;监理单位检查施工单位检算资料和检测记录,并进行见证检测。

2.一般项目

(1)底层道碴厚度宜为150mm,单线宽度一般为4.5m。

检验数量:施工单位每千米抽检4处。

检验方法:观察检查、尺量。

(2)碴面应平整,其平整度允许偏差为20mm/3m,碴面中间不应凸起。

检验数量:施工单位每千米抽检4处。

检验方法:观察检查、3m靠尺量。

(3)桥梁两端各30m范围内预铺道碴碴面应高出桥台挡碴墙顶面50mm以上,并做好临时碴面顺坡。桥上的预铺道碴面应高出盖板,并应与两端桥头的碴面取平。

检验数量:施工单位全部检查。

检验方法:观察检查、尺量。

[有碴道床]

上碴整道检验批质量验收记录表 表7-4

01010202□□□□

<table>
<tr><td colspan="4">单位工程名称</td><td colspan="7"></td></tr>
<tr><td colspan="4">分部工程名称</td><td colspan="7"></td></tr>
<tr><td colspan="4">分项工程名称</td><td colspan="3"></td><td colspan="2">验收部位</td><td colspan="2"></td></tr>
<tr><td colspan="4">施工单位</td><td colspan="3"></td><td colspan="2">项目负责人</td><td colspan="2"></td></tr>
<tr><td colspan="4">施工质量验收标准名称及编号</td><td colspan="7">《客运专线铁路轨道工程施工质量验收暂行标准》(铁建设[2005]160号)</td></tr>
<tr><td colspan="5">施工质量验收标准的规定</td><td colspan="5">施工单位检查评定记录</td><td>监理单位验收记录</td></tr>
<tr><td rowspan="4">主控项目</td><td>1</td><td colspan="2">道碴材料</td><td>第5.3.1条</td><td colspan="5"></td><td></td></tr>
<tr><td>2</td><td colspan="2">道碴粒径级配、颗粒形状及清洁度</td><td>第5.3.2条</td><td colspan="5"></td><td></td></tr>
<tr><td rowspan="2">3</td><td rowspan="2">道床状态参数</td><td>道床支承刚度(kN/mm)</td><td>70</td><td></td><td></td><td></td><td></td><td>平均值</td><td></td></tr>
<tr><td>道床横向阻力(kN/枕)</td><td>7.5</td><td></td><td></td><td></td><td></td><td>平均值</td><td></td></tr>
</table>

续上表

一般项目	1	道床断面		第5.3.4条							
	2	初期稳定阶段轨道静态质量几何尺寸(mm)	高低	4							
			轨向	4							
			扭曲	4							
			轨距	±2							
			水平	4							
施工单位检查评定结果	专职质量检查员 年 月 日 分项工程技术负责人 年 月 日 分项工程负责人 年 月 日										
监理单位验收结论	监理工程师 年 月 日										

说明:

1.主控项目

(1)道碴材质应符合铁路碎石道碴相关技术条件的规定。

检验数量:施工单位、监理单位全部检查。

检验方法:查验进场检验证书、生产检验证书和产品合格证,必要时建设单位、施工单位和监理单位共同对采石场进行见证取样检测。

(2)道碴进场时的粒径级配、颗粒形状及清洁度应符合铁路碎石道碴相关技术条件的规定。

检验数量:同一产地品种且连续进场的道碴,每$5000m^3$为一批,不足$5000m^3$时亦按一批计。施工单位每批抽检一次;监理单位全部见证检验。

检验方法:施工单位采用筛分、专用量规检测或特定检验;监理单位检查施工单位检验报告,并进行见证检验。

(3)道床经分层铺设、起道、捣固、稳定作业后,道床达到初期稳定阶段时,道床支承刚度不应小于70kN/mm,道床横向阻力不应小于7.5kN/枕。

检验数量:施工单位以5km作为一个检验批,每千米检测2根轨枕,求平均值;监理单位全部见证检测。

检验方法:施工单位用专用仪器检测;监理单位检查施工单位检测记录,并进行见证检测。

2.一般项目

(1)整道后的道床断面应符合设计要求,曲线外轨超高应按设计要求进行设置,并应在缓和曲线全长范围内均匀递减。

检验数量:施工单位全部检查。

检验方法:观察检查、尺量。

(2)轨道达到初期稳定阶段状态时，轨道静态几何尺寸允许偏差和检验方法应符合下表的规定。

轨道静态几何尺寸允许偏差和检验方法 表 7-5

序号	项目	允许偏差(mm)	检验方法
1	高低	4	10m 弦量
2	轨向	4	直线 10m 弦量，曲线 20m 弦量
3	扭曲(基长 6.25 m)	4	轨距尺量
4	轨距	±2	
5	水平	4	

检验数量：施工单位每 5km 抽检 2 处，每处各抽检 10 个测点。

［有碴道床］

道岔铺碴整道检验批质量验收记录表 表 7-6

01010203□□□□

单位工程名称			
分部工程名称			
分项工程名称		验收部位	
施工单位		项目负责人	
施工质量验收标准名称及编号	《客运专线铁路轨道工程施工质量验收暂行标准》(铁建设［2005］160 号)		

施工质量验收标准的规定					施工单位检查评定记录						监理单位验收记录
主控项目	1	道碴材料		第 5.4.1 条							
	2	道碴粒径级配、颗粒形状及清洁度		第 5.4.2 条							
	3	道碴碾压和压实密度		第 5.4.3 条							
	4	道岔范围内的道床状态参数	道床支承刚度(kN/mm)	70						平均值	
			道床横向阻力(kN/枕)	7.5						平均值	
一般项目	1	道碴碴面平整度		10mm/3m							
	2	预留起道量		≤50mm							
	3	道岔前后顺坡、碾压		第 5.4.7 条							

施工单位检查评定结果	专职质量检查员 年 月 日 分项工程技术负责人 年 月 日 分项工程负责人 年 月 日
监理单位验收结论	监理工程师 年 月 日

说明：

1. 主控项目

(1)道碴材质应符合铁路碎石道碴相关技术条件的规定。

检验数量:施工单位、监理单位全部检查。

检验方法:查验进场检验证书、生产检验证书和产品合格证,必要时建设单位、施工单位和监理单位共同对采石场进行见证取样检测。

(2)道碴进场时的粒径级配、颗粒形状及清洁度应符合铁路碎石道碴相关技术条件的规定。

检验数量:同一产地品种且连续进场的道碴,每 5000m^3 为一批,不足 5000m^3 时亦按一批计。施工单位每批抽检 1 次;监理单位全部见证检验。

检验方法:施工单位采用筛分、专用量规检测或特定检验;监理单位检查施工单位检验报告,并进行见证检验。

(3)预铺道碴应采用压强不小于 160kPa 的机械碾压,道床密度不应低于 1.7g/cm^3。

检验数量:施工单位道床密度每组道岔抽检 3 个点位;监理单位全部见证检测。

检验方法:施工单位检算碾压机械压强,用道床密度仪或灌水法检测道床密度;监理单位检查施工单位检算资料和检测记录,并进行见证检测。

(4)道岔焊接前,道岔范围内 III 型枕的道床支承刚度不应小于 70kN/mm,道床横向阻力不应小于 7.5kN/枕。

检验数量:施工单位每组道岔前、直股后和侧股后各检测两根轨枕,分别对道床支承刚度、道床横向阻力求平均值;监理单位全部见证检测。

检验方法:施工单位仪器测量;监理单位检查施工单位检测记录,并进行见证检测。

2. 一般项目

(1)预铺道碴碴面应平整,其平整度允许偏差为 10mm/3m。

检验数量:施工单位每组道岔抽检 4 处。

检验方法:观察检查、3m 靠尺量。

(2)预留起道量不应大于 50mm。

检验数量:施工单位每组道岔抽检 4 处。

检验方法:尺量。

(3)道岔前后 30m 范围应做好顺坡并碾压。

检验数量:施工单位每组道岔抽检 4 处。

检验方法:观察检查。

[有碴轨道]

基地钢轨焊接检验批质量验收记录表

表 7-7

01010301□□□□

单位工程名称			
分部工程名称			
分项工程名称		验收部位	
施工单位		项目负责人	
施工质量验收标准名称及编号	《客运专线铁路轨道工程施工质量验收暂行标准》(铁建设[2005]160号)		
施工质量验收标准的规定	施工单位检查评定记录	监理(建设)单位验收记录	

续上表

<table>
<tr><td rowspan="10">主控项目</td><td>1</td><td colspan="2">待焊钢轨材质</td><td>第 6.0.4 条</td><td></td><td></td></tr>
<tr><td>2</td><td colspan="2">待焊钢轨外观、类型、规格</td><td>第 6.0.5 条</td><td></td><td></td></tr>
<tr><td>3</td><td colspan="2">钢轨焊接接头的型式检验</td><td>第 6.0.6 条</td><td></td><td></td></tr>
<tr><td>4</td><td colspan="2">钢轨焊接接头的生产检验</td><td>第 6.0.7 条</td><td></td><td></td></tr>
<tr><td>5</td><td colspan="2">钢轨焊接接头的探伤检查</td><td>第 6.0.8 条</td><td></td><td></td></tr>
<tr><td>6</td><td colspan="2">钢轨焊接接头的外观质量</td><td>第 6.0.9 条</td><td></td><td></td></tr>
<tr><td>7</td><td colspan="2">钢轨焊接接头的打磨质量</td><td>第 6.0.10 条</td><td></td><td></td></tr>
<tr><td rowspan="3">8</td><td rowspan="3">焊接接头平直度(mm)</td><td>轨顶面</td><td>第 6.0.11 条</td><td></td><td></td></tr>
<tr><td>轨头内侧工作面</td><td>第 6.0.11 条</td><td></td><td></td></tr>
<tr><td>轨底(焊筋)</td><td>第 6.0.11 条</td><td></td><td></td></tr>
<tr><td>一般项目</td><td>1</td><td colspan="2">长钢轨及焊接接头编号标记和记录</td><td>第 6.0.12 条</td><td></td><td></td></tr>
<tr><td colspan="3">施工单位检查评定结果</td><td colspan="4">专职质量检查员 年 月 日
分项工程技术负责人 年 月 日
分项工程负责人 年 月 日</td></tr>
<tr><td colspan="3">监理单位验收结论</td><td colspan="4">监理工程师
年 月 日</td></tr>
</table>

说明:

1. 主控项目

(1)待焊钢轨材质应符合设计要求和《客运专线 250km/h 和 350km/h 钢轨检验及验收暂行标准》的规定。

检验数量:施工单位、监理单位全部检查。

检验方法:查验钢轨产品合格证、质量证明文件,必要时建设单位、施工单位和监理单位共同对生产厂家见证取样检测。

(2)待焊钢轨外观、类型、规格应符合设计要求和《客运专线 250km/h 和 350km/h 钢轨检验及验收暂行标准》的规定。

检验数量:施工单位、监理单位全部检查。

检验方法:查验钢轨产品合格证、质量证明文件,尺量、观察检查。

(3)钢轨焊接接头的型式检验应符合客运专线铁路钢轨焊接的有关要求。

检验数量:施工单位按客运专线铁路钢轨焊接的规定数量检验;建设单位、监理单位全部见证取样检测。

检验方法:施工单位按客运专线铁路钢轨焊接的规定进行检验;建设单位、监理单位检查施工单位型式检验报告,并进行见证取样检测。

(4)钢轨焊接接头的生产检验应符合客运专线铁路钢轨焊接的有关规定。

检验数量:施工单位按客运专线铁路钢轨焊接的规定数量检验;监理单位全部见证检验。

检验方法:施工单位按客运专线铁路钢轨焊接的规定进行检验;监理单位检查施工单位生产检验报告,并进行见证检验。

(5)钢轨焊头应进行探伤检查。焊头不得有未焊透、过烧、裂纹、气孔夹渣等有害缺陷。

检验数量:施工单位全部检查;监理单位平行检验10%。

检验方法:施工单位观察检查、探伤仪检查;监理单位检查施工单位探伤检查记录,并进行平行检验。

(6)钢轨焊缝及两侧各100mm范围内不得有明显压痕、碰痕、划伤等缺陷,焊头不得有电击伤。

检验数量:施工单位全部检查;监理单位平行检验10%。

检验方法:施工单位观察检查;监理单位检查施工单位检验记录,并进行平行检验。

(7)轨底上表面焊缝两侧各150 mm范围内及距两侧轨底角边缘各35 mm的范围内应打磨平整,不得打亏。

检验数量:施工单位全部检查;监理单位平行检验10%。

检验方法:施工单位观察检查、尺量;监理单位检查施工单位检验记录,并进行平行检验。

(8)钢轨焊接接头应纵向打磨平顺,不得有低接头,钢轨焊接接头平直度应符合表7-8的规定。

钢轨焊接接头平直度允许偏差(mm/1m) 表7-8

序号	部位	旅客列车设计行车速度 v(km/h)	
		200	200<v≤250及300≤v≤350
1	轨顶面	+0.30	+0.20
2	轨头内侧工作面	+0.30	+0.20
3	轨底(焊筋)	+0.50	+0.50

注:①轨顶面中符号"+"表示高出钢轨母材轨顶基准面;②轨头内侧工作面中符号"+"表示凹进;③轨底(焊筋)中符号"+"表示凸出。

检验数量:施工单位全部检查;监理单位平行检验10%。

检验方法:施工单位用1m直尺或专用平直度检查仪检查;监理单位检查施工单位检验记录,并进行平行检验。

2.一般项目

长钢轨及焊接接头编号应标记齐全,字迹清楚,记录完整。

检验数量:施工单位全部检查。

检验方法:检查记录,观察检查。

[有碴轨道]

铺枕铺轨检验批质量验收记录表 表7-9

01010401□□□□

单位工程名称			
分部工程名称			
分项工程名称		验收部位	
施工单位		项目负责人	
施工质量验收标准名称及编号	《客运专线铁路轨道工程施工质量验收暂行标准》(铁建设[2005]160号)		
施工质量验收标准的规定	施工单位检查评定记录		监理单位验收记录

续上表

主控项目	1	长钢轨类型、规格、质量		第7.1.3条		
	2	轨枕及配件类型、规格、质量		第7.1.4条		
	3	轨枕的外观质量和各部尺寸		第7.1.5条		
	4	扣件的扣压力		第7.1.6条		
	5	扣配件的型式尺寸		第7.1.7条		
	6	轨枕及扣配件的铺设数量		第7.1.8条		
	7	钢轨胶接绝缘接头的类型、规格、铺设位置质量		第7.1.9条		
一般项目	1	轨枕方正	间距允许偏差	±20mm		
			连续6根轨枕的距离允许偏差	±30mm		
	2	轨道中心线允许偏差		30mm		
	3	胶接绝缘接头设置	左右两股的接头应相对	第7.1.12条		
			轨缝绝缘端板距轨枕边缘	不宜小于100mm		
	4	联结轨枕时	绝缘轨距块的配置	第7.1.13条		
			各种零件安装	第7.1.13条		
施工单位检查评定结果					专职质量检查员 年 月 日 分项工程技术负责人 年 月 日 分项工程负责人 年 月 日	
监理单位验收结论					监理工程师 年 月 日	

说明：

1. 主控项目

(1)长钢轨的类型、规格、质量应符合设计要求。

检验数量：施工单位、监理单位全部检查。

检验方法：查验产品合格证、质量证明文件，观察检查、尺量。

(2)轨枕及其扣配件类型、规格、质量应符合设计及产品标准规定。

检验数量：施工单位、监理单位全部检查。

检验方法：查验产品合格证、质量证明文件、观察检查。

(3)轨枕的外观质量和各部尺寸应符合产品标准的规定。

检验数量：施工单位抽检2%；监理单位平行检验数量为施工单位检验数量的10%。

检验方法：施工单位用刻度1mm的钢尺及其他专用工具测量、观察检查；监理单位检查施工记录，并进行平行检验。

(4)扣件的扣压力应符合产品标准的规定。

检验数量：施工单位抽检2%；监理单位平行检验数量为施工单位检验数量的10%。

检验方法：施工单位用弹条扣压力测定仪测定；监理单位检查施工单位记录，并进行平行检验。

(5)扣配件的型式尺寸应符合产品标准的规定。

检验数量：施工单位抽检2%；监理单位平行检验数量为施工单位检验数量的10%。

检验方法：施工单位尺量；监理单位检查施工单位记录，并进行平行检验。

(6)轨枕及其扣配件的铺设数量应符合设计要求。

检验数量：施工单位全部检查；监理单位平行检验10%。

检验方法：施工单位对照设计文件、点数；监理单位检查施工单位检查记录，并进行平行检验。

(7)钢轨胶接绝缘接头的类型、规格、铺设位置应符合设计要求，质量应符合相关技术条件要求。

检验数量：施工单位、监理单位全部检查。

检验方法：查验产品合格证、观察检查、尺量、仪器测量。

2.一般项目

(1)轨枕应正位，并与轨道中心线垂直。枕间距为600mm，允许偏差为±20mm，连续6根轨枕的距离为3m±30mm。

检验数量：施工单位每千米抽检100m。

检验方法：尺量。

(2)轨道中心线与线路设计中心线应一致，允许偏差为30mm。

检验数量：施工单位每2km抽检100m，每10m一个测点。

检验方法：尺量。

(3)左右两股钢轨的钢轨胶接绝缘接头应相对铺设，且绝缘接头轨缝绝缘端板距轨枕边缘不宜小于100mm。

检验数量：施工单位全部检查。

检验方法：尺量。

(4)联结轨枕时应符合下列要求：

①绝缘轨距块的配置，应符合设计要求。

②各种零件应安装齐全，位置正确。

检验数量：施工单位每千米抽检100m。

检验方法：尺量、观察检查。

[有碴轨道]

工地钢轨焊接检验批质量验收记录表 表7-10

01010402□□□□

<table>
<tr><td>单位工程名称</td><td colspan="4"></td></tr>
<tr><td>分部工程名称</td><td colspan="4"></td></tr>
<tr><td>分项工程名称</td><td colspan="2"></td><td>验收部位</td><td></td></tr>
<tr><td>施工单位</td><td colspan="2"></td><td>项目负责人</td><td></td></tr>
<tr><td colspan="2">施工质量验收标准名称及编号</td><td colspan="3">《客运专线铁路轨道工程施工质量验收暂行标准》(铁建设[2005]160号)</td></tr>
<tr><td colspan="2">施工质量验收标准的规定</td><td colspan="2">施工单位检查评定记录</td><td>监理单位验收记录</td></tr>
</table>

续上表

主控项目	1	钢轨焊接接头的型式检验		第6.0.6条		
	2	钢轨焊接接头的生产检验		第6.0.7条		
	3	钢轨焊接接头的探伤检查		第6.0.8条		
	4	胶接绝缘接头的电绝缘性能		第7.2.8条		
	5	工地钢轨焊接要求		第7.2.9条		
	6	焊接接头的外观质量		第7.2.10条		
	7	焊接接头平直度(mm)	轨顶面	第6.0.11条		
			轨头内侧工作面	第6.0.11条		
			轨底(焊筋)	第6.0.11条		
一般项目	1	左右股单元轨节锁定焊接头相对错动量		不宜大于100mm		
	2	单元轨节起止点设置		第7.2.13条		
	3	工地钢轨焊接接头编号标记和记录		第7.2.14条		
施工单位检查评定结果	专职质量检查员 年 月 日 分项工程技术负责人 年 月 日 分项工程负责人 年 月 日					
监理单位验收结论	监理工程师 年 月 日					

说明:

1. 主控项目

(1)钢轨焊接接头的型式检验应符合客运专线铁路钢轨焊接的有关要求。

检验数量:施工单位按客运专线铁路钢轨焊接的规定数量检验;建设单位、监理单位全部见证取样检测。

检验方法:施工单位按客运专线铁路钢轨焊接的规定进行检验;建设单位、监理单位检查施工单位型式检验报告,并进行见证取样检测。

(2)钢轨焊接接头的生产检验应符合客运专线铁路钢轨焊接的有关规定。

检验数量:施工单位按客运专线铁路钢轨焊接的规定数量检验;监理单位全部见证检验。

检验方法:施工单位按客运专线铁路钢轨焊接的规定进行检验;监理单位检查施工单位生产检验报告,并进行见证检验。

(3)钢轨焊头应进行探伤检查。焊头不得有未焊透、过烧、裂纹、气孔夹渣等有害缺陷。

检验数量:施工单位全部检查;监理单位平行检验10%。

检验方法:施工单位观察检查、探伤仪检查;监理单位检查施工单位探伤检查记录,并进行平行检验。

(4)钢轨胶接绝缘接头焊接前应测定电绝缘性能,并应符合相关技术条件的规定。

检验数量：施工单位、监理单位全部检查。

检验方法：仪器测量。

(5)工地钢轨焊接应符合长钢轨布置图，其加焊轨长度不得小于 12 m。

检验数量：施工单位、监理单位全部检查。

检验方法：尺量、观察检查。

(6)焊缝及两侧各 100mm 范围内不得有明显压痕、碰痕、划伤等缺陷，焊头不得有电击伤。

检验数量：施工单位、监理单位全部检查。

检验方法：观察检查。

(7)钢轨焊接接头应纵向打磨平顺，不得有低接头，钢轨焊接接头平直度应符合表 7-11 的规定。

钢轨焊接接头平直度允许偏差(mm/m) 表 7-11

序号	部位	旅客列车设计行车速度 v(km/h)	
		200	200＜v≤250 及 300≤v≤350
1	轨顶面	+0.30	+0.20
2	轨头内侧工作面	+0.30	+0.20
3	轨底(焊筋)	+0.50	+0.50

注：①轨顶面中符号“+”表示高出钢轨母材轨顶基准面；②轨头内侧工作面中符号“+”表示凹进；③轨底(焊筋)中符号“+”表示凸出。

检验数量：施工单位全部检查；监理单位平行检验 10%。

检验方法：施工单位用 1m 直尺或专用平直度检查仪检查；监理单位检查施工单位检验记录，并进行平行检验。

2. 一般项目

(1)左右股单元轨节锁定焊接头宜相对，相错量不宜大于 100 mm。

检验数量：施工单位全部检查。

检验方法：尺量。

(2)单元轨节起止点不应设置在不同轨道结构过渡段以及不同线下基础过渡段范围。

检验数量：施工单位全部检查。

检验方法：观察检查。

(3)工地钢轨焊接接头编号应标记齐全，字迹清楚，记录完整。

检验数量：施工单位全部检查。

检验方法：观察检查。

[有碴轨道]

设置位移观测桩检验批质量验收记录表 表 7-12

01010403□□□□

单位工程名称			
分部工程名称			
分项工程名称		验收部位	
施工单位		项目负责人	

续上表

<table>
<tr><td colspan="3">施工质量验收标准名称及编号</td><td colspan="3">《客运专线铁路轨道工程施工质量验收暂行标准》(铁建设[2005]160号)</td></tr>
<tr><td colspan="4">施工质量验收标准的规定</td><td>施工单位检查评定记录</td><td>监理(建设)单位验收记录</td></tr>
<tr><td rowspan="4">主控项目</td><td>1</td><td>位移观测桩的式样、规格和材料</td><td>第7.3.3条</td><td></td><td></td></tr>
<tr><td rowspan="3">2</td><td>位移观测桩预先设置牢固情况</td><td rowspan="3">第7.3.4条</td><td></td><td></td></tr>
<tr><td>位移观测桩设置的对数、位置</td><td></td><td></td></tr>
<tr><td>单元轨节两端就位后标记情况</td><td></td><td></td></tr>
<tr><td rowspan="2">一般项目</td><td rowspan="2">1</td><td>位移观测桩的编号情况</td><td rowspan="2">第7.3.5条</td><td></td><td rowspan="2"></td></tr>
<tr><td>每对位移观测桩基准点连线与线路中线的垂直情况</td><td></td></tr>
<tr><td colspan="3">施工单位检查评定结果</td><td colspan="3">专职质量检查员 年 月 日
分项工程技术负责人 年 月 日
分项工程负责人 年 月 日</td></tr>
<tr><td colspan="3">监理单位验收结论</td><td colspan="3">监理工程师
年 月 日</td></tr>
</table>

说明:

1.主控项目

(1)位移观测桩的式样、规格和材料应符合设计要求。

检验数量:施工单位、监理单位全部检查。

检验方法:对照设计文件、观察检查、尺量。

(2)位移观测桩应预先设置牢固,对数、位置符合设计要求。在单元轨节两端就位后应立即进行标记,标记应明显、耐久、可靠。

检验数量:施工单位、监理单位全部检查。

检验方法:对照设计文件、点数、观察检查、尺量。

2.一般项目

位移观测桩应编号,每对位移观测桩基准点连线与线路中线应垂直。

检验数量:施工单位全部检查。

检验方法:观察检查、方尺量。

[有碴轨道]

线路锁定检验批质量验收记录表 表7-13

01010404□□□□

<table>
<tr><td>单位工程名称</td><td colspan="3"></td></tr>
<tr><td>分部工程名称</td><td colspan="3"></td></tr>
<tr><td>分项工程名称</td><td></td><td>验收部位</td><td></td></tr>
</table>

续上表

施工单位				项目负责人	
施工质量验收标准名称及编号		《客运专线铁路轨道工程施工质量验收暂行标准》(铁建设[2005]160号)			
施工质量验收标准的规定				施工单位检查评定记录	监理单位验收记录
主控项目	1	应力放散时的钢轨位移量	第7.4.5条		
	2	实际锁定轨温	设计要求		
		相邻单元轨节间的锁定轨温之差	不应大于5℃		
		同一单元轨节左右股钢轨的锁定轨温之差	不应大于3℃		
		同一区间内单元轨节的最高与最低锁定轨温之差	不应大于10℃		
一般项目	1	轨道纵向位移“零点”标记	第7.4.7条		
施工单位检查评定结果	专职质量检查员 年 月 日 分项工程技术负责人 年 月 日 分项工程负责人 年 月 日				
监理单位验收结论	监理工程师 年 月 日				

说明:

1. 主控项目

(1)应力放散时,应每隔100m左右设一位移观测点,观测放散时钢轨的位移量,应力放散应均匀。

检验数量:施工单位、监理单位全部检查。

检验方法:施工单位尺量、观察检查;监理单位检查施工单位施工记录,并观察检查。

(2)线路锁定时,实际锁定轨温应在设计锁定轨温范围内,相邻单元轨节间的锁定轨温之差不应大于5℃,同一单元轨节左右股钢轨的锁定轨温差不应大于3℃,同一区间内单元轨节的最高与最低锁定轨温之差不应大于10℃。

检验数量:施工单位、监理单位全部检查。

检验方法:施工单位用轨温计测定并记录;监理单位检查施工单位记录;监理单位旁站监理。

2. 一般项目

轨道纵向位移“零点”标记应齐全,标记大小应适当、一致,色泽均匀清晰。

检验数量:施工单位全部检查。

检验方法:观察检查。

[有碴轨道]

轨道整理检验批质量验收记录表(Ⅰ) 表 7-14

01010405□□□□

<table>
<tr><td colspan="4">单位工程名称</td><td colspan="6"></td></tr>
<tr><td colspan="4">分部工程名称</td><td colspan="6"></td></tr>
<tr><td colspan="4">分项工程名称</td><td colspan="2"></td><td colspan="2">验收部位</td><td colspan="2"></td></tr>
<tr><td colspan="4">施工单位</td><td colspan="2"></td><td colspan="2">项目负责人</td><td colspan="2"></td></tr>
<tr><td colspan="4">施工质量验收标准名称及编号</td><td colspan="6">《客运专线铁路轨道工程施工质量验收暂行标准》(铁建设[2005]160号)</td></tr>
<tr><td colspan="5">施工质量验收标准的规定</td><td colspan="4">施工单位检查评定记录</td><td>监理单位验收记录</td></tr>
<tr><td rowspan="10">主控项目</td><td rowspan="4">1</td><td rowspan="4">道床稳定状态参数指标</td><td>道床密度(g/cm³)</td><td>第7.5.5条</td><td colspan="3"></td><td>平均值</td><td></td></tr>
<tr><td>道床刚度(kN/mm)</td><td>第7.5.5条</td><td colspan="3"></td><td>平均值</td><td></td></tr>
<tr><td>道床横向阻力(kN/枕)</td><td>第7.5.5条</td><td colspan="3"></td><td>平均值</td><td></td></tr>
<tr><td>道床纵向阻力(kN/枕)</td><td>第7.5.5条</td><td colspan="3"></td><td>平均值</td><td></td></tr>
<tr><td>2</td><td colspan="2">钢轨头部工作边实际横断面允许偏差</td><td>±0.3mm</td><td colspan="4"></td><td></td></tr>
<tr><td rowspan="5">3</td><td rowspan="5">轨道静态平顺度(mm)</td><td>轨距</td><td>第7.5.7条</td><td colspan="4"></td><td></td></tr>
<tr><td>高低</td><td>第7.5.7条</td><td colspan="4"></td><td></td></tr>
<tr><td>水平</td><td>第7.5.7条</td><td colspan="4"></td><td></td></tr>
<tr><td>扭曲</td><td>第7.5.7条</td><td colspan="4"></td><td></td></tr>
<tr><td>轨向</td><td>第7.5.7条</td><td colspan="4"></td><td></td></tr>
<tr><td colspan="2">施工单位检查评定结果</td><td colspan="8">专职质量检查员 年 月 日
分项工程技术负责人 年 月 日
分项工程负责人 年 月 日</td></tr>
<tr><td colspan="2">监理单位验收结论</td><td colspan="8">监理工程师
年 月 日</td></tr>
</table>

说明

主控项目

(1)道床达到稳定状态时,道床状态参数指标应符合表7-15的规定。

道床状态参数指标(平均值)　　表 7-15

旅客列车设计行车速度 v(km/h)	枕下道床密度(g/cm³)	枕下道床刚度(kN/mm)	道床横向阻力(kN/枕)	道床纵向阻力(kN/枕)
200	≥1.70	≥100	≥10	≥12
200<v≤250	≥1.75	≥110	≥10	≥12
300≤v≤350	≥1.75	≥120	≥12	≥14

检验数量:施工单位以 5km 作为一个检验批,每千米检测两根轨枕,求平均值,要求每一实测值与批平均值之差不超过平均值的 20%。有桥梁和隧道的区间应在桥隧范围内至少抽检 10 根轨枕;监理单位全部见证检测。

检验方法:施工单位仪器测量;监理单位检查施工单位检测记录,并进行见证检测。

(2)全线钢轨预打磨作业后,应检查钢轨平直度和钢轨横断面尺寸。钢轨平直度应符合设计要求。钢轨头部工作边实际横断面与理论横断面相比允许偏差为±0.3mm。

检验数量:施工单位每 1000m 检测一次;监理单位全部见证检测。

检验方法:施工单位仪器测量;监理单位检查施工单位记录,并进行见证检测。

(3)有碴轨道静态平顺度铺设精度标准及检验方法应符合表 7-16 的规定。

有碴轨道静态平顺度铺设精度标准(mm)**及检验方法**　　表 7-16

序号	项　目	旅客列车设计行车速度 v(km/h)		检验方法
		200	200<v≤250 及 300≤v≤350	
1	轨距	±2	±2	轨检小车检测
2	高低	3	2	
3	水平	3	2	
4	扭曲(基长 6.25m)	3	2	
5	轨向	3	2	

注:扭曲基长为 6.25m,但在延长 18m 的距离内无超过表列的扭曲。

检验数量:施工单位每 5km 抽检 2 处,每处各抽检 10 个测点;监理单位全部见证检测。

[有碴轨道]

轨道整理检验批质量验收记录表(II)　　表 7-17

01010405□□□□

单位工程名称					
分部工程名称					
分项工程名称				验收部位	
施工单位				项目负责人	
施工质量验收标准名称及编号			《客运专线铁路轨道工程施工质量验收暂行标准》(铁建设[2005]160 号)		
施工质量验收标准的规定				施工单位检查评定记录	监理单位验收记录
一般项目	1	轨道外观	第 7.5.9 条		
	2	道床质量	第 7.5.10 条		
	3	钢轨预打磨后的表面质量	第 7.5.11 条		

续上表

<table>
<tr><td rowspan="8">一般项目</td><td rowspan="3">4</td><td rowspan="8">允许偏差(mm)</td><td colspan="2">道床厚度</td><td>—20</td><td></td><td></td></tr>
<tr><td colspan="2">碴肩宽度</td><td>±20</td><td></td><td></td></tr>
<tr><td colspan="2">碴肩堆高</td><td>不得有负偏差</td><td></td><td></td></tr>
<tr><td rowspan="5">5</td><td rowspan="3">轨面高程</td><td>一般路基上</td><td>±20</td><td></td><td></td></tr>
<tr><td>建筑物上</td><td>±10</td><td></td><td></td></tr>
<tr><td>紧靠站台</td><td>0,+20</td><td></td><td></td></tr>
<tr><td colspan="2">轨道中线</td><td>30</td><td></td><td></td></tr>
<tr><td colspan="2">线间距</td><td>0,+20</td><td></td><td></td></tr>
<tr><td colspan="2">施工单位检查
评定结果</td><td colspan="6">专职质量检查员　　　　年　月　日
分项工程技术负责人　　　　年　月　日
分项工程负责人　　　　年　月　日</td></tr>
<tr><td colspan="2">监理单位验收结论</td><td colspan="6">监理工程师
年　月　日</td></tr>
</table>

说明：

主控项目

(1)轨面应远视平顺，轨向应直线顺直、曲线圆顺，钢轨编号及标记应正确齐全、字体端正、字迹清晰。

检验数量：施工单位每千米抽检100m。

检验方法：观察检查、尺量。

(2)道床应饱满，道床断面和轨枕埋深等应符合设计要求，清洁无杂物，碴面整齐。

检验数量：施工单位每千米抽检4处。

检验方法：尺量、观察检查。

(3)线路钢轨经过预打磨后，表面应平顺，无斑点。

检验数量：施工单位全部检查。

检验方法：观察检查。

(4)道床厚度、碴肩宽度及堆高允许偏差应符合表7-18的规定。

道床厚度、碴肩宽度及堆高允许偏差　　表7-18

序号	项　目	允许偏差(mm)
1	道床厚度	—20
2	碴肩宽度	±20
3	碴肩堆高	不得有负偏差

检验数量：施工单位每千米抽检5处。

检验方法：尺量。

(5)轨面高程、轨道中线、线间距允许偏差及检验方法应符合表7-19的规定。

轨面高程、轨道中线、线间距允许偏差及检验方法　　表7-19

序号	项　目		允许偏差(mm)	检验方法
1	轨面高程	一般路基上	±20	水准仪测量
		在建筑物上	±20	
		紧靠站台	0,+20	

续上表

序号	项目	允许偏差(mm)	检验方法
2	轨道中线与设计中线	30	尺量
3	线间距	0,+20	

检验数量:施工单位每5km抽检2处,每处各抽检10个测点。

[有碴轨道]

铺道岔检验批质量验收记录表

表7-20

01010501□□□□

单位工程名称					
分部工程名称					
分项工程名称			验收部位		
施工单位			项目负责人		
施工质量验收标准名称及编号		《客运专线铁路轨道工程施工质量验收暂行标准》(铁建设[2005]160号)			
施工质量验收标准的规定				施工单位检查评定记录	监理单位验收记录
主控项目	1	道岔的类型、规格和质量	第8.1.6条		
	2	岔枕的类型、规格、质量、铺设数量和布置	第8.1.7条		
	3	基本轨、尖轨、辙叉及配件	第8.1.8条		
	4	道岔转辙器安装	第8.1.9条		
	5	辙叉安装	第8.1.10条		
一般项目	1	道岔轨道中心线	第8.1.11条		
		零配件安装与标记	第8.1.11条		
	2	螺栓扭矩	第8.1.12条		
	3	道岔各部分允许偏差	第8.1.13条		
施工单位检查评定结果	专职质量检查员 年 月 日 分项工程技术负责人 年 月 日 分项工程负责人 年 月 日				
监理单位验收结论	监理工程师 年 月 日				

说明：

1. 主控项目

(1)道岔的类型、规格和质量应符合设计要求和产品标准规定。

检验数量：施工单位、监理单位全部检查。

检验方法：查验产品合格证、质量证明文件，观察检查、尺量。

(2)岔枕的类型、规格、质量、铺设数量和布置应符合设计要求。

检验数量：施工单位、监理单位全部检查。

检验方法：查验产品合格证、质量证明文件，观察检查、尺量、点数。

(3)道岔基本轨、尖轨、辙叉及配件应按道岔设计文件铺设。

检验数量：施工单位、监理单位全部检查。

检验方法：观察检查、尺量。

(4)道岔转辙器安装应符合设计要求。

检验数量：施工单位、监理单位全部检查。

检验方法：观察检查、尺量。

(5)辙叉安装后应符合设计要求。

检验数量：施工单位、监理单位全部检查。

检验方法：观察检查、尺量。

2. 一般项目

(1)道岔轨道中心线应与其连接轨道的中心线重合，零配件安装正确齐全，标记正确、齐全、清晰。

检验数量：施工单位全部检查。

检验方法：观察检查、尺量。

(2)螺栓的扭力矩应符合设计文件要求。

检验数量：施工单位每组道岔抽检扣件、紧固螺栓各3个，涂油全部检查。

检验方法：测力扳手检测，观察检查。

(3)道岔各部分允许偏差应符合设计要求。

检验数量：施工单位全部检查。

检验方法：观察检查、尺量。

[有碴轨道道岔]

设置位移观测桩检验批质量验收记录表 表7-21

01010502□□□□

单位工程名称				
分部工程名称				
分项工程名称			验收部位	
施工单位			项目负责人	
施工质量验收标准名称及编号		《客运专线铁路轨道工程施工质量验收暂行标准》（铁建设[2005]160号）		

续上表

施工质量验收标准的规定				施工单位检查评定记录	监理(建设)单位验收记录
主控项目	1	位移观测桩的式样、规格和材料	第7.3.3条		
	2	位移观测桩预先设置牢固情况	第7.3.4条		
		位移观测桩设置的对数、位置			
		单元轨节两端就位后标记情况			
一般项目	1	位移观测桩的编号情况	第7.3.5条		
		每对位移观测桩基准点连线与线路中线的垂直情况			
施工单位检查评定结果	专职质量检查员　　年　月　日 分项工程技术负责人　　年　月　日 分项工程负责人　　年　月　日				
监理单位验收结论	监理工程师 年　月　日				

说明

1. 主控项目

(1)位移观测桩的式样、规格和材料应符合设计要求。

检验数量:施工单位、监理单位全部检查。

检验方法:对照设计文件、观察检查、尺量。

(2)位移观测桩应预先设置牢固,对数、位置符合设计要求。在单元轨节两端就位后应立即进行标记,标记应明显、耐久、可靠。

检验数量:施工单位、监理单位全部检查。

检验方法:对照设计文件、点数、观察检查、尺量。

2. 一般项目

位移观测桩应编号,每对位移观测桩基准点连线与线路中线应垂直。

检验数量:施工单位全部检查。

检验方法:观察检查、方尺量。

[有碴轨道]

道岔焊接及锁定检验批质量验收记录表　　表7-22

01010503□□□□

单位工程名称			
分部工程名称			
分项工程名称		验收部位	

续上表

<table>
<tr><td colspan="4">施工单位</td><td colspan="2"></td><td>项目负责人</td><td></td></tr>
<tr><td colspan="4">施工质量验收标准名称及编号</td><td colspan="4">《客运专线铁路轨道工程施工质量验收暂行标准》（铁建设[2005]160号）</td></tr>
<tr><td colspan="5">施工质量验收标准的规定</td><td colspan="2">施工单位检查评定记录</td><td>监理(建设)单位验收记录</td></tr>
<tr><td rowspan="9">主控项目</td><td>1</td><td colspan="2">道岔全长偏差</td><td>±20mm</td><td colspan="2"></td><td></td></tr>
<tr><td>2</td><td colspan="2">道岔胶接绝缘接头焊接前的电绝缘性能</td><td>第8.3.5条</td><td colspan="2"></td><td></td></tr>
<tr><td>3</td><td colspan="2">锁定焊接</td><td>第8.3.6条</td><td colspan="2"></td><td></td></tr>
<tr><td>4</td><td colspan="2">道岔与相邻轨条锁定轨温差</td><td>不应大于5℃</td><td colspan="2"></td><td></td></tr>
<tr><td>5</td><td colspan="2">钢轨焊接接头探伤检查</td><td>第8.3.8条</td><td colspan="2"></td><td></td></tr>
<tr><td>6</td><td colspan="2">钢轨焊接接头外观质量</td><td>第8.3.9条</td><td colspan="2"></td><td></td></tr>
<tr><td rowspan="3">7</td><td rowspan="3">焊接接头平直度(mm)</td><td>轨顶面</td><td>第6.0.11条</td><td colspan="2"></td><td></td></tr>
<tr><td>轨头内侧工作面</td><td>第6.0.11条</td><td colspan="2"></td><td></td></tr>
<tr><td>轨底(焊筋)</td><td>第6.0.11条</td><td colspan="2"></td><td></td></tr>
<tr><td rowspan="3">一般项目</td><td>1</td><td colspan="2">铝热焊焊缝距离轨枕边缘</td><td>不应小于100mm</td><td colspan="2"></td><td rowspan="3"></td></tr>
<tr><td>2</td><td colspan="2">道岔内焊接接头打磨质量</td><td>第8.3.12条</td><td colspan="2"></td></tr>
<tr><td>3</td><td colspan="2">纵向位移“零点”标记</td><td>第8.3.13条</td><td colspan="2"></td></tr>
<tr><td colspan="3">施工单位检查评定结果</td><td colspan="5">专职质量检查员　　年　月　日
分项工程技术负责人　　年　月　日
分项工程负责人　　年　月　日</td></tr>
<tr><td colspan="3">监理单位验收结论</td><td colspan="5">监理工程师
年　月　日</td></tr>
</table>

说明：

1. 主控项目

(1)由道岔前端和辙叉跟端接头焊缝决定的道岔全长偏差不得超过±20mm。

检验数量：施工单位、监理单位全部检查。

检验方法：尺量。

(2)道岔胶接绝缘接头焊接前应测定电绝缘性能，并应符合其相关技术条件的规定。

检验数量：施工单位、监理单位全部检查。

检验方法：仪器测量。

(3)无缝道岔内锁定焊接及道岔与两端无缝线路锁定焊接应同日在设计锁定轨温范围内进行。

检验数量：施工单位、监理单位全部检查。

检验方法：施工单位用轨温计测定并记录；监理单位检查施工单位记录。监理单位旁站监理。

(4)无缝道岔与相邻轨条的锁定轨温差不应大于5℃。

检验数量：施工单位、监理单位全部检查。

检验方法：施工单位用轨温计测定并记录；监理单位检查施工单位记录。监理单位旁站监理。

(5)钢轨焊头必须进行探伤检查，焊接质量应符合相关技术条件的规定。

检验数量：施工单位全部检查；监理单位全部见证检测。

检验方法：施工单位观察检查、探伤仪检查；监理单位检查施工单位探伤记录，并进行见证检测。

(6)焊缝及两侧各100mm范围内不得有明显压痕、碰痕、划伤等缺陷，焊头不得有电击伤。

检验数量：施工单位、监理单位全部检查。

检验方法：观察检查。

(7)道岔工地钢轨焊接接头平直度允许偏差应符合表7-23的规定。

钢轨焊接接头平直度允许偏差(mm/m) 表7-23

序号	部位	旅客列车设计行车速度 v(km/h)	
		200	200＜v≤250及300≤v≤350
1	轨顶面	+0.30	+0.20
2	轨头内侧工作面	+0.30	+0.20
3	轨底(焊筋)	+0.50	+0.50

注：①轨顶面中符号"+"表示高出钢轨母材轨顶基准面；②轨头内侧工作面中符号"+"表示凹进；③轨底(焊筋)中符号"+"表示凸出。

检验数量：施工单位、监理单位全部检查。

检验方法：用1m直尺或专用平直度检查仪检查。

2.一般项目

(1)钢轨铝热焊焊缝距离轨枕边缘不应小于100mm。

检验数量：施工单位全部检查。

检验方法：尺量。

(2)道岔内焊接接头应打磨平顺、光洁。

检验数量：施工单位全部检查。

检验方法：观察检查、尺量。

(3)轨道纵向位移"零点"标记应齐全，标记大小应适当、一致，色泽均匀清晰。

检验数量：施工单位全部检查。

检验方法：观察检查。

[有碴轨道]

道岔整理检验批质量验收记录表(Ⅰ)

表 7-24

01010504□□□□

单位工程名称			
分部工程名称			
分项工程名称		验收部位	
施工单位		项目负责人	
施工质量验收标准名称及编号	《客运专线铁路轨道工程施工质量验收暂行标准》（铁建设[2005]160号）		

施工质量验收标准的规定					施工单位检查评定记录						监理单位验收记录
主控项目	1	道床稳定状态参数指标	道床密度（g/cm^3）	第7.5.5条						平均值	
			道床刚度（kN/mm）	第7.5.5条						平均值	
			道床横向阻力（kN/枕）	第7.5.5条						平均值	
			道床纵向阻力（kN/枕）	第7.5.5条						平均值	
	2	导曲线设置		第8.4.3条							
	3	道岔(直向)静态平顺度(mm)	轨距	第8.4.4条							
			高低	第8.4.4条							
			轨向	第8.4.4条							
			扭曲	第8.4.4条							
			水平	第8.4.4条							

施工单位检查评定结果	专职质量检查员　　年　月　日 分项工程技术负责人　　年　月　日 分项工程负责人　　年　月　日
监理单位验收结论	监理工程师 年　月　日

说明：

主控项目

(1)线路开通前，岔区道床应达到稳定状态，其状态参数指标应符合表7-25的规定。

道床状态参数指标(平均值)　　表 7-25

旅客列车设计行车速度 v(km/h)	枕下道床密度(g/cm³)	枕下道床刚度(kN/mm)	道床横向阻力(kN/枕)	道床纵向阻力(kN/枕)
200	≥1.70	≥100	≥10	≥12
200<v≤250	≥1.75	≥110	≥10	≥12
300≤v≤350	≥1.75	≥120	≥12	≥14

检验数量:施工单位每组道岔前、直股后和侧股后知检测两根轨枕,求平均值,要求每一实测值与平均值之差不超过平均值的20%。监理单位全部见证检测。

检验方法:施工单位仪器测量;监理单位检查施工单位检测记录,并进行见证检测。

(2)导曲线应圆顺,不得有反超高。

检验数量:施工单位、监理单位全部检查。

检验方法:仪器测量、观察检查。

(3)道岔(直向)静态平顺度铺设精度标准及检验方法应符合表7-26的规定。

道岔(直向)静态平顺度铺设精度标准(mm)及检验方法　　表 7-26

序号	项　目	旅客列车设计行车速度 v(km/h)		检 验 方 法
		200	200<v≤250 及 300≤v≤350	
1	轨距	±1	±1	轨检小车检测
2	高低	3	2	
3	轨向	3	2	
4	扭曲(基长6.25m)	3	2	
5	水平	3	2	

检验数量:施工单位、监理单位全部检查。

[有碴轨道]

道岔整理检验批质量验收记录表(II)　　表 7-27

01010504□□□□

<table>
<tr><td colspan="5">单位工程名称</td><td colspan="3"></td></tr>
<tr><td colspan="5">分部工程名称</td><td colspan="3"></td></tr>
<tr><td colspan="5">分项工程名称</td><td></td><td>验收部位</td><td></td></tr>
<tr><td colspan="5">施工单位</td><td></td><td>项目负责人</td><td></td></tr>
<tr><td colspan="5">施工质量验收标准名称及编号</td><td colspan="3">《客运专线铁路轨道工程施工质量验收暂行标准》(铁建设[2005]160号)</td></tr>
<tr><td colspan="6">施工质量验收标准的规定</td><td>施工单位检查评定记录</td><td>监理单位验收记录</td></tr>
<tr><td rowspan="8">一般项目</td><td>1</td><td colspan="3">道岔质量</td><td>第8.4.6条</td><td></td><td rowspan="8"></td></tr>
<tr><td>2</td><td colspan="3">道床质量</td><td>第8.4.7条</td><td></td></tr>
<tr><td>3</td><td colspan="3">钢轨打磨后的表面质量</td><td>第8.4.8条</td><td></td></tr>
<tr><td rowspan="3">4</td><td rowspan="5">允许偏差(mm)</td><td colspan="2">道床厚度</td><td>−20</td><td></td></tr>
<tr><td colspan="2">碴肩宽度</td><td>±20</td><td></td></tr>
<tr><td colspan="2">碴肩堆高</td><td>不得有负偏差</td><td></td></tr>
<tr><td rowspan="2">5</td><td rowspan="2">轨面高程</td><td>在有碴道床上</td><td>±20</td><td></td></tr>
<tr><td>在建筑物上</td><td>±10</td><td></td></tr>
</table>

续上表

施工单位检查评定结果	专职质量检查员　　年　月　日 分项工程技术负责人　　年　月　日 分项工程负责人　　年　月　日
监理单位验收结论	监理工程师 年　月　日

说明：

主控项目

(1)道岔直股方向与其连接的线路应一致，远视直顺；侧股方向与其连接曲线应连接圆顺。

检验数量：施工单位全部检查。

检验方法：仪器测量、观察检查。

(2)道床应饱满，道床断面和岔枕埋深符合设计要求，标记正确齐全、字迹清晰，清洁无杂物，碴肩、边坡和中部碴面整齐。

检验数量：施工单位全部检查。

检验方法：尺量、观察检查。

(3)道岔钢轨经过预打磨后，表面应平顺，无斑点。

检验数量：施工单位全部检查。

检验方法：观察检查。

(4)道床厚度、碴肩宽度及堆高允许偏差应符合表7-28的规定。

道床厚度、碴肩宽度及堆高允许偏差　　表7-28

序号	项　　目	允许偏差(mm)
1	厚度	−20
2	碴肩宽度	±20
3	碴肩堆高	不得有负偏差

检验数量：施工单位每组道岔抽检5处。

检验方法：尺量。

(5)道岔起道以设计高程为准，其轨面应与线路平顺连接。道岔轨面高程允许偏差及检验数量与方法应符合表7-29的规定。

道岔轨面高程允许偏差及检验数量与方法　　表7-29

项　　目		允许偏差(mm)	检验数量	检验方法
轨面高程	在有碴道床上	±20	3个点	水平仪测量
	在建筑物上	±10		

检验数量：施工单位全部检查。

[有碴轨道]

铺钢轨伸缩调节器检验批质量验收记录表

表7-30

01010601□□□□

单位工程名称	
分部工程名称	

续上表

分项工程名称				验收部位	
施工单位				项目负责人	
施工质量验收标准名称及编号			《客运专线铁路轨道工程施工质量验收暂行标准》（铁建设[2005]160号）		
施工质量验收标准的规定				施工单位检查评定记录	监理单位验收记录
主控项目	1	钢轨伸缩调节器的种类、型号、方向和质量	第9.1.4条		
	2	钢轨伸缩调节器范围内的轨道部件	第9.1.5条		
	3	钢轨伸缩调节器的铺设位置	第9.1.6条		
	4	钢轨伸缩调节器基本轨、尖轨及配件的铺设	第9.1.7条		
	5	螺栓扭矩	第9.1.8条		
	6	扣件扣压力	第9.1.9条		
一般项目	1	零配件安装外观质量	第9.1.10条		
	2	轨枕间距允许偏差	±20mm		
		连续6根轨枕的距离允许偏差	±30mm		
	3	轨道中线允许偏差	30mm		
施工单位检查评定结果				专职质量检查员 年 月 日 分项工程技术负责人 年 月 日 分项工程负责人 年 月 日	
监理单位验收结论				监理工程师 年 月 日	

说明：

1. 主控项目

(1)钢轨伸缩调节器的种类、型号、方向应符合设计要求，质量应符合其技术条件的规定。

检验数量：施工单位、监理单位全部检查。

检验方法：查验产品合格证、质量证明文件，观察检查、尺量。

(2)钢轨伸缩调节器设计长度(包括钢轨伸缩调节器自身长度及其两端对轨枕、扣件有设计要求的范围)范围内的轨道部件应符合设计及各自技术条件的规定。

检验数量：施工单位、监理单位全部检查。

检验方法：查验产品合格证、质量证明文件，观察检查、尺量。

(3)钢轨伸缩调节器的铺设位置应符合设计要求。

检验数量：施工单位、监理单位全部检查。

检验方法：对照设计图纸、尺量。

(4)钢轨伸缩调节器基本轨、尖轨及配件应按设计铺设。

检验数量：施工单位、监理单位全部检查。

检验方法：对照设计图纸、尺量。

(5)钢轨伸缩调节器的螺栓扭力矩应符合规定。

检验数量：施工单位全部检查；监理单位平行检验10%。

检验方法：施工单位测力扳手测量；监理单位检查施工单位测量记录，并进行平行检验。

(6)钢轨伸缩调节器两端设计长度范围内的扣件扣压力应满足设计要求。

检验数量：施工单位抽检2%；监理单位平行检验数量为施工单位检验数量的10%，但不少于一组。

检验方法：施工单位用弹条扣压力测定仪测定；监理单位检查施工单位记录，并进行平行检验。

2.一般项目

(1)钢轨伸缩调节器零配件安装正确，标记齐全、准确、清晰，表面平整，棱线平直，无飞边。

检验数量：施工单位全部检查。

检验方法：观察检查、尺量。

(2)钢轨伸缩调节器两端设计长度范围内的轨枕应方正，枕间距允许偏差±20mm，连续6根轨的距离为3m±30mm。

检验数量：施工单位全部检查。

检验方法：观察检查、尺量。

(3)钢轨伸缩调节器轨道中心与线路设计中心线应一致，允许偏差为30mm。

检验数量：施工单位在钢轨伸缩调节器自身长度范围内抽检3处，在两端设计长度范围内，各抽检两处。

检验方法：尺量。

[有碴轨道钢轨伸缩调节器]

设置位移观测桩检验批质量验收记录表 表7-37

01010602□□□□

单位工程名称					
分部工程名称					
分项工程名称				验收部位	
施工单位				项目负责人	
施工质量验收标准名称及编号			《客运专线铁路轨道工程施工质量验收暂行标准》（铁建设[2005]160号）		
施工质量验收标准的规定				施工单位检查评定记录	监理（建设）单位验收记录
主控项目	1	位移观测桩的式样、规格和材料	第7.3.3条		
	2	位移观测桩设置牢固情况	第7.3.4条		
		位移观测桩设置的对数、位置			
		单元轨节两端就位后标记情况			

续上表

一般项目	1	位移观测桩的编号情况	第7.3.5条			
		每对位移观测桩基准点连线与线路中线的垂直情况				
施工单位检查评定结果	专职质量检查员 年 月 日 分项工程技术负责人 年 月 日 分项工程负责人 年 月 日					
监理单位验收结论	监理工程师 年 月 日					

说明：

1. 主控项目

(1)位移观测桩的式样、规格和材料应符合设计要求。

检验数量：施工单位、监理单位全部检查。

检验方法：对照设计文件、观察检查、尺量。

(2)位移观测桩应预先设置牢固，对数、位置符合设计要求。在单元轨节两端就位后应立即进行标记，标记应明显、耐久、可靠。

检验数量：施工单位、监理单位全部检查。

检验方法：对照设计文件、点数、观察检查、尺量。

2. 一般项目

位移观测桩应编号，每对位移观测桩基准点连线与线路中线应垂直。

检验数量：施工单位全部检查。

检验方法：观察检查、方尺量。

[有碴轨道钢轨伸缩调节器]

工地钢轨焊接检验批质量验收记录表 表7-32

01010603□□□□

单位工程名称				
分部工程名称				
分项工程名称			验收部位	
施工单位			项目负责人	
施工质量验收标准名称及编号	《客运专线铁路轨道工程施工质量验收暂行标准》（铁建设[2005]160号）			

施工质量验收标准的规定				施工单位检查评定记录	监理(建设)验收记录
主控项目	1	锁定轨温测定及预留伸缩量计算、伸缩起点标记	第9.3.3条		
	2	钢轨焊接接头的探伤检查	第9.3.4条		
	3	焊接接头的外观质量	第9.3.5条		

续上表

<table>
<tr><td rowspan="3">主控项目</td><td rowspan="3">4</td><td rowspan="3">焊接接头平直度(mm)</td><td>轨顶面</td><td>第6.0.11条</td><td></td><td></td></tr>
<tr><td>条轨头内侧工作面</td><td>第6.0.11条</td><td></td><td></td></tr>
<tr><td>轨底(焊筋)</td><td>第6.0.11条</td><td></td><td></td></tr>
<tr><td>一般项目</td><td>1</td><td colspan="2">伸缩起点标志标记</td><td>第9.3.7条</td><td></td><td></td></tr>
<tr><td colspan="2">施工单位检查评定结果</td><td colspan="5">专职质量检查员　　年　月　日
分项工程技术负责人　　年　月　日
分项工程负责人　　年　月　日</td></tr>
<tr><td colspan="2">监理单位验收结论</td><td colspan="5">监理工程师
年　月　日</td></tr>
</table>

说明:

1. 主控项目

(1)在应力放散后锁定线路时,应根据轨温计算预留伸缩量,并及时做好伸缩起点标记。

检验数量:施工单位、监理单位全部检查。

检验方法:施工单位用轨温计测定并记录;监理单位检查施工单位记录。监理单位旁站监理。

(2)钢轨焊头必须进行探伤检查,接头质量应符合相关技术条件的规定。

检验数量:施工单位全部检查;监理单位全部见证检测。

检验方法:施工单位观察检查、探伤仪检查;监理单位检查施工单位探伤记录,并进行见证检测。

(3)焊缝及两侧各100mm范围内不得有明显压痕、碰痕、划伤等缺陷,焊头不得有电击伤。

检验数量:施工单位、监理单位全部检查。

检验方法:观察检查。

(4)工地钢轨焊接接头平直度允许偏差应符合表7-33的规定。

钢轨焊接接头平直度允许偏差(mm/m)　　表7-33

序号	部位	旅客列车设计行车速度 v(km/h)	
		200	200<v≤250及300≤v≤350
1	轨顶面	+0.30	+0.20
2	轨头内侧工作面	+0.30	+0.20
3	轨底(焊筋)	+0.5	+0.5

注:①轨顶面中符号"+"表示高出钢轨母材轨顶基准面;②轨头内侧工作面中符号"+"表示凹进;③轨底(焊筋)中符号"+"表示凸出。

检验数量:施工单位、监理单位全部检查。

检验方法:用1m直尺或专用平直度检查仪检查。

2. 一般项目

伸缩起点标志标记应齐全，标记大小应适当、一致，色泽均匀清晰。

检验数量：施工单位全部检查。

检验方法：观察检查。

［有碴轨道钢轨伸缩调节器］

轨道整理检验批质量验收记录表（Ⅰ）

表 7-34

01010604□□□□

单位工程名称			
分部工程名称			
分项工程名称		验收部位	
施工单位		项目负责人	
施工质量验收标准名称及编号	《客运专线铁路轨道工程施工质量验收暂行标准》（铁建设[2005]160号）		

施工质量验收标准的规定					施工单位检查评定记录						监理单位验收记录
主控项目	1	道床稳定状态参数指标	道床密度（g/cm³）	第7.5.5条						平均值	
			道床刚度（kN/mm）	第7.5.5条						平均值	
			道床横向阻力（kN/枕）	第7.5.5条						平均值	
			道床纵向阻力（kN/枕）	第7.5.5条						平均值	
	2	基本轨伸缩及尖轨锁定工作状态		第9.4.3条							
	3	轨道静态平顺度（mm）	轨距	第9.4.4条							
			高低	第9.4.4条							
			水平	第9.4.4条							
			扭曲	第9.4.4条							
			轨向	第9.4.4条							

施工单位检查评定结果	专职质量检查员 年 月 日 分项工程技术负责人 年 月 日 分项工程负责人 年 月 日
监理单位验收结论	监理工程师 年 月 日

说明：

主控项目

(1)线路开通前，道床应达到稳定状态，其道床状态参数指标应符合表 7-35 的规定。

道床状态参数指标(平均值)　　　　表 7-35

旅客列车设计行车速度 v(km/h)	枕下道床密度(g/cm^3)	枕下道床刚度(kN/mm)	道床横向阻力(kN/枕)	道床纵向阻力(kN/枕)
200	≥1.70	≥100	≥10	≥12
200<v≤250	≥1.75	≥110	≥10	≥12
300≤v≤350	≥1.75	≥120	≥12	≥14

检验数量：施工单位在钢轨伸缩调节器两端设计长度范围内各抽检 5 根轨枕，分别对各参数求平均值，要求每一实测值与批平均值之差不超过平均值的 20%；监理单位全部见证检测。

检验方法：施工单位仪器测量；监理单位检查施工单位检测记录，并进行见证检测。

(2)钢轨伸缩调节器铺设调整后，应达到基本轨伸缩无障碍，尖轨锁定不爬行。

检验数量：施工单位、监理单位全部检查。

检验方法：观察检查。

(3)钢轨伸缩调节器静态铺设精度标准应符合客运专线铁路钢轨伸缩调节器的相关技术要求。

检验数量：施工单位、监理单位全部检查。

检验方法：尺查、弦量。

[有碴轨道钢轨伸缩调节器]

轨道整理检验批质量验收记录表(II)　　　　表 7-36

01010604□□□□

<table>
<tr><td colspan="5">单位工程名称</td><td colspan="3"></td></tr>
<tr><td colspan="5">分部工程名称</td><td colspan="3"></td></tr>
<tr><td colspan="5">分项工程名称</td><td></td><td>验收部位</td><td></td></tr>
<tr><td colspan="5">施工单位</td><td></td><td>项目负责人</td><td></td></tr>
<tr><td colspan="5">施工质量验收标准名称及编号</td><td colspan="3">《客运专线铁路轨道工程施工质量验收暂行标准》（铁建设[2005]160 号）</td></tr>
<tr><td colspan="6">施工质量验收标准的规定</td><td>施工单位检查评定记录</td><td>监理单位验收记录</td></tr>
<tr><td rowspan="9">一般项目</td><td>1</td><td colspan="3">道床质量</td><td>第 9.4.6 条</td><td></td><td rowspan="9"></td></tr>
<tr><td>2</td><td colspan="3">钢轨预打磨后的表面质量</td><td>第 9.4.7 条</td><td></td></tr>
<tr><td rowspan="3">3</td><td rowspan="7">允许偏差(mm)</td><td colspan="2">道床厚度</td><td>—20</td><td></td></tr>
<tr><td colspan="2">碴肩宽度</td><td>±20</td><td></td></tr>
<tr><td colspan="2">碴肩堆高</td><td>不得有负偏差</td><td></td></tr>
<tr><td rowspan="4">4</td><td rowspan="2">轨面高程</td><td>一般路基上</td><td>±20</td><td></td></tr>
<tr><td>在建筑物上</td><td>±10</td><td></td></tr>
<tr><td colspan="2">轨道中线</td><td>30</td><td></td></tr>
<tr><td colspan="2">线间距</td><td>0,+20</td><td></td></tr>
</table>

续上表

施工单位检查评定结果	专职质量检查员　　年　月　日 分项工程技术负责人　　年　月　日 分项工程负责人　　年　月　日
监理单位验收结论	监理工程师 年　月　日

说明：

一般项目

(1)道床应饱满，道床断面和轨枕埋深等应符合设计要求，清洁无杂物，各种标记齐全、字迹清晰，碴面整齐。

检验数量：施工单位全部检查。

检验方法：尺量、观察检查。

(2)钢轨经过预打磨后，表面应平顺，无斑点。

检验数量：施工单位全部检查。

检验方法：观察检查。

(3)道床厚度、碴肩宽度及堆高允许偏差应符合表7-37的规定。

道床厚度、碴肩宽度及堆高允许偏差　　表7-37

序号	项　目	允许偏差(mm)
1	道床厚度	−20
2	碴肩宽度	±20
3	碴肩堆高	不得有负偏差

检验数量：施工单位每组钢轨伸缩调节器抽检两处。

检验方法：尺量。

(4)轨面高程、轨道中线、线间距允许偏差及检验方法应符合表7-38的规定。

轨面高程、轨道中线、线间距允许偏差及检验方法　　表7-38

序号	项　目		允许偏差(mm)	检验方法
1	轨面高程	一般路基上	±20	水准仪测量
		在建筑物上	±10	
2	轨道中线与设计中线		30	尺量
3	线间距		0，+20	

检验数量：施工单位每组钢轨伸缩调节器抽检两处。

线路及信号标志检验批质量验收记录表　　表7-39

01010701□□□□

单位工程名称			
分部工程名称			
分项工程名称		验收部位	

续上表

<table>
<tr><td colspan="2">施工单位</td><td colspan="2"></td><td>项目负责人</td><td></td></tr>
<tr><td colspan="3">施工质量验收标准名称及编号</td><td colspan="3">《铁路轨道工程施工质量验收标准》 TB 1043—2003</td></tr>
<tr><td colspan="4">施工质量验收标准的规定</td><td>施工单位检查评定记录</td><td>监理单位验收记录</td></tr>
<tr><td rowspan="2">主控项目</td><td>1</td><td>标志的材质、规格、图案</td><td>第 10.0.2 条</td><td></td><td></td></tr>
<tr><td>2</td><td>标志的数量、位置、高度、标示方向、牢固程度</td><td>第 10.0.3 条</td><td></td><td></td></tr>
<tr><td rowspan="3">一般项目</td><td>1</td><td>标志设置端正</td><td>第 10.0.4 条</td><td></td><td></td></tr>
<tr><td>2</td><td>标志的涂装、色泽</td><td>第 10.0.4 条</td><td></td><td></td></tr>
<tr><td>3</td><td>标志的图像、字迹</td><td>第 10.0.4 条</td><td></td><td></td></tr>
<tr><td colspan="2">施工单位检查评定结果</td><td colspan="4">专职质量检查员 年 月 日
分项工程技术负责人 年 月 日
分项工程负责人 年 月 日</td></tr>
<tr><td colspan="2">监理单位验收结论</td><td colspan="4">监理工程师
年 月 日</td></tr>
</table>

说明：

1.主控项目

(1)线路及信号标志的材质、规格、图案字样均应符合设计要求。

检验数量：施工单位、监理单位全部检查。

检验方法：施工单位对照设计文件、观察检查、尺量；监理单位检查施工单位检验记录，并观察检查。

(2)各种标志的数量、位置、高度及标示的方向应符合设计要求，标志应设置牢固。

检验数量：施工单位全部检查。监理单位平行检验10%。

检验方法：施工单位对照设计文件、点数、观察检查、尺量；监理单位检查施工单位检验记录，并进行平行检验。

2.一般项目

各种标志应设置端正，涂料色泽鲜明，图像字迹清晰完整。

检验数量：施工单位全部检查。

检验方法：观察检查。

第八章　工程管理资料填写简要说明

工程管理资料填写方式说明如下。

1.工程名称　新建××铁路。

2.施工标段　全线。

3.编号　铁程管(质统)表中“编号”填写本标段该表的流水号，从001开始；变更设计表中‘编号’按《向莆铁路变更设计管理细则》(试行)的规定填写；施工质量验收表‘编号’按《铁路工程施工质量验收标准应用指南》(2004)的规定填写；工程试验表‘编号’按《铁建函〔2003－97号〕文》的规定填写。

4.施工单位　施工承发包合同中的施工单位或施工单位以文件形式明确的施工项目经理部。施工负责人栏目由施工合同中法人委托人或经建设单位批准的更换人签署；技术负责人栏目由标段项目总工程师签署、质检工程师由标段负责质量检查的专业工程师签署；试验负责人由标段中心实验室主任签署；主管工程师栏目由主管该单位工程的技术负责人签署。

5.监理单位　委托监理服务合同中监理单位的全称或监理单位以文件形式明确的该项目监理机构全称。总监理工程师应是委托监理合同中的项目监理机构负责人，也可以是监理单位以文件形式明确的经建设单位批准的该项目监理负责人。该负责人必须具有总监理工程师任职资格。

6.设计单位　勘察设计合同签章的单位全称。项目负责人为合同的签字人或按规定程序委托的该项目现场负责人。

7.建设单位　合同中的建设单位全称或建设单位以文件形式明确的工程指挥部，也可以填写受委托的管理机构全称。建设单位负责人是合同签字人或按规定程序委托的代表人。

8.表格中的内容应为打印机打印或档案规定用笔填写，签名应为手写。表格采用A4纸，页边距上2.5cm、下2.0cm、左3.0cm、右2.0cm。

9.工程管理表格填报程序和要求

(1)铁程管-01～10、铁程管-12～14、铁程管-22～25、铁程管-30～32表格由施工单位填报；铁程管-11、铁程管-15～21、铁程管-26、铁程管-28表格由监理单位填写；其他为共用表格。

(2)在工程开工前，施工单位须将指挥部管理(技术)人员填写‘铁程管-01’表，报总监理工程师审查，建设单位审批，作为标段开工报告的附件；单位工程开工前，施工单位须将该工程分项、分部、单位工程的施工、技术负责人及专职质量检查员等填写未报审的人员在任何施工资料上不具有签字权。

(3)工程开工前，施工单位应将进场的施工机械设备出厂质量证明文件、技术性能检验报告(由指挥部上级单位的机械、设备管理部门现场检测后出具)、使用说明书等质量性能证明文件，填写‘铁程管-02’表，报监理机构审查，如同意使用，报建设单位审批，并作为标段工程和单位工程开工报告的附件；如不同意使用，提出审查意见，返回施工单位。如果使用的施工机械、设备有变化，也应填写‘铁程管-02’表进行报审。

(4)对普通(常用)的材料、构配件、设备施工单位填写‘铁程管-03表’报项目监理机构审批，审批人为总监理工程师或专业监理工程师负责人；对特种或贵重的材料、构配件、设备施工单位填写'铁程管-03a表'监理机构审查，报建设单位审批；表中合格证的填写，应为证书编号，若合格证为复印件应注明原件存放处，复印件上加盖供货单位的章，监理审查意见的填写应为"合格或不合格"，总/专业监理工程师审查意见的填写应为"同意或不同意使用"。

(5)单位工程开工报告、单位工程施工组织设计(方案)施工单位分别填写'铁程管-10'表和'铁程管-04a'表，由专业监理工程师审查后，报项目总监理工程师或专业监理工程师负责人审批。对规模大(全标段)、结构复杂或属于新结构、特种结构的工程开工报告、施工组织设计(方案)施工单位分别填写'铁程管-06'表和'铁程管-04'表，开工报告由总监理工程师审查后，报建设单位审批；施工组织设计(方案)经总监理工程师审查后，报送监理单位技术负责人审查完毕，再报建设单位审批，必要时与建设单位协商，组织有关专家会审。已批准的施工组织设计，如对其内容做较大变更，需重新报审，由监理机构审批。

(6)工程开工前，施工单位应将控制桩校核等复测资料、设置的平面坐标控制网和高程控制网等测量资料，填写'铁程管-13'表，报专业监理工程师审查签认，作为标段开工报告附件；单位工程开工前，施工单位将单位工程的测量放样控制资料，也应填写'铁程管-13'表，报专业监理工程师审查签认，作为单位工程开工报告附件；施工过程中的测量放样控制资料，仍应填写'铁程管-13'表报验，变形或沉降观测资料也应填写'铁程管-13'表报验。

(7)单位工程开工前，施工单位应将主要专业工种作业人员填写'铁程管-07'表，报专业监理工程师审查，总监理工程师或专业监理工程师负责人审批，作为单位工程开工报告附件。

(8)标段工程开工报告的附件：铁程管-01、02、03(或03a)、04、05、13；单位工程开工报告附件：铁程管-04a、07、08、09、13。

(9)'铁程管-15～铁程管-21'是监理发出各项指令使用的表格，'铁程管-21'《监理工程师通知》在上述指令以外的情况使用该表，上述指令也可以使用该表发出；施工单位在完成监理指令要求的工作后，填写'铁程管-22'《________________回复单》。

(10)施工单位在隐蔽工程完工且自检合格后，应填写相应的隐蔽工程检查表及《工程报验申请表》，报项目监理机构，由专业监理工程师检查签认；施工单位在检验批、分项工程完工且自检合格后，应填写验收记录表及《工程报验申请表》，报项目监理机构，由专业监理工程师组织施工单位的专职质量检查员、分项工程技术负责人、分项工程负责人对检验批、分项工程质量进行验收，签署验收意见，对有混凝土、砂浆、水泥浆强度等级(或弹性模量)的工程，可先进行对其他项目的检验，待试块试验报告出来后再进行判定；施工单位在分部工程完工且自检合格后，应填写验收记录表及《工程报验申请表》，报项目监理机构，由专业监理工程师负责人或总监理工程师组织施工单位项目负责人、技术负责人、质量负责人对分部工程进行验收，签署验收意见；单位工程完工后，施工单位应自行组织有关人员进行检查评定，并向建设单位提交工程验收报告。

(11)《工程报验申请表》中的监理工程师意见应为"同意或不同意报验"，检验不合格的监理工程师应发出《工程质量问题通知单》，注明整改限期。

10. 工程质量统计表格是施工过程中施工单位填写的表格。

11. 隐蔽工程检查表的"□"中，同意该项打"√"，不同意打"×"，没有的打"/"。

12. 铁路工程施工质量验收表格按《铁路工程施工质量验收标准应用指南》的要求填写。

13. 工程竣工验收表格按《铁路建设项目竣工文件编制移交文件汇编》的要求填写。

14. 工程试验表格按《铁建函〔2003—97〕号》文规定的表格和要求填写。

铁程管-01

主要进场人员报审表

表 8-1

工程名称：　　　　施工标段：　　　　编号：

致：________________：

兹证明这些管理(技术)人员满足招标文件要求，请予以审查。

附：报审人员资格证明复印件。

承包单位(章)________

负　　责　　人________

日　　　　　期________

序号	姓名	性别	出生年月	职务	学历	专业	职称	专业年限	资格证编号
1									
2									
3									
4									
5									
6									
7									

监理单位意见：	建设单位意见：
监理机构(章)________ 总监理工程师________ 日　　　　期________	建设单位(章)________ 负　　责　　人________ 日　　　　期________

铁程管-02

进场施工机械、设备报验单

表 8-2

工程名称：　　　　施工标段：　　　　编号：

致：________________：

下列施工机械、设备能满足工程施工需要，请审查签证并准予使用。

承包单位(章)________

技 术 负 责 人________

日　　　　　期________

序号	机械设备名称	规格及型号	数量	技术状况	进场日期	使用工点	备注
1							
2							
3							
4							
5							
6							
7							
8							
9							

专业监理工程师意见：

专业监理工程师________

日　　　　期________

总监理工程师意见：	建设单位意见：
监理机构(章)________ 总监理工程师________ 日　　　　期________	建设单位(章)________ 负　　责　　人________ 日　　　　期________

注：对性能、数量不符合要求需更换或补充的原因另附说明。

铁程管-03

进场材料/构配件/设备检验结果报验单

表 8-3

工程名称：　　　　　　　　　　　　施工标段：　　　　　　　　　　　　编号：

致：

下列原材料/构件/设备经自检符合技术规范要求，报请验证并准予在指定的部位使用。

附件：1. 出厂质量保证书(产品合格证)；

2. 出厂检验报告；

3. 自检试验报告。

承包单位(章)________

负　责　人________

日　　　期________

名称				
规格及型号				
本批数量				
供货单位				
到达时间				
合格证				
来源或产地				
使用工点及部位				
自验情况	取样地点及日期			
	检验人及检验日期			
	检验结果			
使用日期				
监理审查意见				

专业监理工程师意见：

专业监理工程师________

日　　　期________

监理单位意见：

监理机构(章)________

总/专业监理工程师________

日　　　期________

铁程管-04

施工组织设计(方案)报审表

表 8-4

工程名称：　　　　　　　　　　　　施工标段：　　　　　　　　　　　　编号：

致：________

我单位根据施工合同的有关规定已编制完成________工程的施工组织设计(方案)，并经我单位技术负责人审查批准，请予以审查。

附：施工组织设计(方案)

承包单位(章)________

负　责　人________

日　　　期________

总监理工程师审查意见：

监理机构(章)________

总监理工程师________

日　　　期________

监理单位意见：

监理单位(章)________

技术负责人________

日　　　期________

建设单位指挥部审核意见：

建设单位(章)________

审　核　人________

日　　　期________

建设单位(公司)审批意见：

建设单位(章)________

审　批　人________

日　　　期________

铁程管-05

工地中心实验室报审表

表 8-5

工程名称：　　　　　　　　　　　施工合同段：　　　　　　　　　　　编号：

致______________________：

我单位根据施工合同的有关规定已完成工地实验室的组建工作，并经我单位中心实验室检查验收，请予以审查，并允许工地中心实验室承担本标段表中所列项目的试验、检测工作。

附：实验室报审资料（含试验、检测方案，实验室及人员资质证明材料，试验、检测项目及相应的检测设备和计量器具等）

承包单位（章）________
负　　责　　人________
日　　　　　期________

专业监理工程师审查意见：

专业监理工程师________
日　　　　　期________

总监理工程师意见：	建设单位意见：
监理机构（章）________ 总监理工程师________ 日　　　期________	建设单位（章）________ 审　批　人________ 日　　　期________

铁程管-06

工程开工/复工报审表

表 8-6

工程名称：　　　　　　　　　　　施工标段：　　　　　　　　　　　编号：

工程名称		工程地点	
申请开工/复工日期		计划工期	

致______________________：

我方承担的________工程，已完成各项准备工作，具备了开工/复工条件，特此申请施工，请核查并签发开工/复工指令。

附件：1. 开工/复工报告
　　　2.（证明文件）

承包单位（章）________
负　　责　　人________
日　　　　　期________

监理单位审核意见：

监理机构（章）________
总监理工程师________
日　　　　　期________

建设单位指挥部审核意见：	建设单位（公司）审批意见：
建设单位（章）________ 审　核　人________ 日　　　期________	建设单位（章）________ 审　批　人________ 日　　　期________

铁程管-07

特种专业工种作业人员报审表

表 8-7

工程名称：　　　　　　　　　　施工标段：　　　　　　　　　　编号：

致＿＿＿＿＿＿＿＿：

兹证明这些主要工种作业人员满足招标文件要求，请予以审查。

附：报审人员资格证明复印件。

承包单位(章)＿＿＿＿

负　责　人＿＿＿＿

日　　　期＿＿＿＿

序号	姓名	性别	出生年月	工种	级别	工种年限	资格证编号
1							
2							
3							
4							

<table>
<tr><td>专业监理工程师意见：

专业监理工程师＿＿＿＿
日　　期＿＿＿＿</td><td>监理单位意见：

监理单位(章)＿＿＿＿
总/专业监理工程师＿＿＿＿
日　　期＿＿＿＿</td></tr>
</table>

铁程管-08

混凝土、砂浆配合比审批报表

表 8-8

工程名称：　　　　　　　　　　施工标段：　　　　　　　　　　编号：

<table>
<tr><td colspan="3">申报单位</td><td colspan="3"></td><td>申报日期</td><td colspan="2"></td></tr>
<tr><td colspan="3">设计标准</td><td colspan="3"></td><td>试验工程师签字</td><td colspan="2"></td></tr>
<tr><td colspan="5">原材料及其审批报表编号</td><td>配比</td><td>实用料(kg)</td><td colspan="2">拟用工程名称里程</td></tr>
<tr><td>1</td><td colspan="2"></td><td colspan="2"></td><td></td><td></td><td colspan="2" rowspan="3"></td></tr>
<tr><td>2</td><td colspan="2"></td><td colspan="2"></td><td></td><td></td></tr>
<tr><td>3</td><td colspan="2"></td><td colspan="2"></td><td></td><td></td></tr>
<tr><td>4</td><td colspan="2"></td><td colspan="2"></td><td></td><td></td><td colspan="2" rowspan="3">拟用部位</td></tr>
<tr><td>5</td><td colspan="2"></td><td colspan="2"></td><td></td><td></td></tr>
<tr><td>6</td><td colspan="2"></td><td colspan="2"></td><td></td><td></td></tr>
<tr><td colspan="2">试验项目</td><td colspan="2">试验方法</td><td>试验表编号</td><td>试验值</td><td>试模尺寸(cm)</td><td>修正值</td><td>实际值</td></tr>
<tr><td colspan="2"></td><td colspan="2"></td><td></td><td></td><td></td><td></td><td></td></tr>
<tr><td colspan="6">中心试验室意见：

试验室主任＿＿＿＿＿＿　年　月　日

质检工程师＿＿＿＿＿＿　年　月　日</td><td colspan="3">专业监理工程师意见：

专业监理工程师＿＿＿＿＿＿

年　月　日</td></tr>
</table>

铁程管-09

施工图现场核对结果报验单

表 8-9

工程名称：　　　　施工标段：　　　　编号：

单位工程名称		单位工程地点	
拟开工日期			

致____________：

根据合同要求，我单位已完成______________单位工程施工图现场核对工作，报请验证。

附件：情况说明：(如施工图存在问题应填此项)

承包单位(章)______________

负　　责　　人______________

日　　　　期______________

序　　号	项　　　目	核　对　结　果
1	施工图合法资格	
2	图纸和说明书是否齐全	
3	有无“差、错、漏、碰”问题	
4	有无相互矛盾和不便施工之处	
5	高程情况	
6	长度情况	

专业监理工程师意见：

专业监理工程师______________

日　　　　期______________

监理单位意见：

监 理 机 构 (章)______________

总/专业监理工程师______________

日　　　　期______________

铁程管-10

____年____月单位工程开工报告汇总表

表 8-10

工程名称：　　　　施工标段：　　　　编号：

单位工程名称	单位工程地点	施工标段承包人	开 工 日 期	审　批	
				日期	审批人

填报人：　　　　总监理工程师：　　　　年　月　日

铁程管-11

分包单位资格报审表

表 8-11

工程名称： 施工标段： 编号：

致______________：

经考察，我方认为选择的______________(分包单位)具有承担下列工程的施工资质和施工能力，可以保证本工程项目按合同的规定进行施工。分包后，我方仍承担总包单位的全部责任。请予以审查和批准。

附：1. 分包单位资质材料；

2. 分包单位业绩材料；

3. 分包合同。

分包工程名称(部位)	工程数量(单位)	拟分包工程合同额(万元)	分包工程占总包工程(%)
合计			

承包单位(章)______________

负 责 人______________

日 期______________

专业监理工程师意见：

专业监理工程师______________

日 期______________

总监理工程师意见：

监理机构(章)______________

总监理工程师______________

日 期______________

建设单位意见：

建设单位(章)______________

负 责 人______________

日 期______________

铁程管-12

施工测量放样报验单

表 8-12

工程名称： 施工标段： 编号：

致________________：

根据合同要求，我单位已完成________________的施工测量放样工作，清单如下，请予以核验。

附件：测量及放样资料

工程地点	放样内容	备注

测量人________

审核人________

主管工程师________

日期________

专业监理工程师的结论：

检验合格 □

纠正偏差后合格 □

纠正偏差后再报 □

专业监理工程师________

年 月 日

铁程管-13

工程报验申请表(工序报验)

表 8-13

工程名称： 施工标段： 编号：

致________________：

根据施工承包合同和设计文件的要求，我单位已完成________________工程并自验合格，报请检查。

项目 1：

项目 2：

项目 3：

项目 4：

附件：自检资料

主管工程师________

质检工程师________

日期________

监理工程师意见：

专业监理工程师________

年 月 日

铁程管-14

总监理工程师巡视记录

表 8-14

工程名称：　　　　　　　　　　施工标段：　　　　　　　　　　编号：

巡视时间	巡视工点名称	存在问题	分析原因	处理意见	承包人签收
总监理工程师：　　　　　　年　月　日					

铁程管-15

现 场 指 示

表 8-15

工程名称：　　　　　　　　　　施工标段：　　　　　　　　　　编号：

致＿＿＿＿＿＿＿＿＿＿＿＿＿： 请你方按下述指示内容立即执行： 指示单位： 指 示 人：　　　　　　年　月　日
第＿＿＿号现场指示于＿＿＿年＿＿＿月＿＿＿日＿＿＿时收到，我将根据指示内容执行。 受指示单位： 接收人：　　　　　　年　月　日

铁程管-16

监理工程师通知单

表 8-16

工程项目名称：　　　　　　　　施工合同段：　　　　　　　　编号：

致＿＿＿＿＿＿＿＿＿＿＿＿＿： 事由(说明、关键词)： 通知内容： 总/专业监理工程师＿＿＿＿＿＿＿＿　　　　年　月　日　时
收件人＿＿＿＿＿＿＿＿　　　　年　月　日　时

注：本表一式 4 份，承包单位 2 份，监理单位、建设单位各 1 份。

铁程管-17

监理工程师通知回复单

表 8-17

工程项目名称：　　　　施工合同段：　　　　编号：

致________________________：

我方接到编号________的总监巡视记录(现场指示、指令、通知)后，已按要求完成了________工作，现报上，请予以复查。

详细内容：

承包单位(章)________________

负　责　人________________

日　　　期________________

复查意见：

监理机构(章)________________

总/专业监理工程师________________

日　　　期________________

铁程管-18

工程暂停指令

表 8-18

工程名称：　　　　施工标段：　　　　编号：

致________________________：

由于________________________________的原因，现通知你方必须于____年____月____日____时起对________________________________(工程项目名称及里程)工程暂停施工。

停工主要内容：

停工原因：

整改要求：

监理单位意见：

监理机构(章)________________

总监理工程师________________

日　　　期________________

建设单位意见：

建设单位(章)________________

负　责　人________________

日　　　期________________

铁程管-19

工程复工指令

表 8-19

工程名称：　　　　　　　　　　　　　　施工标段：　　　　　　　　　　　　　　编号：

<table>
<tr><td>
致______________________：
　鉴于____________________工程暂停通知所述工程暂停因素已经消除，请你于_____年_____月_____日_____时起对__________________________（工程项目名称及里程）工程恢复施工。

根据造成工程暂停的原因和合同规定其责任是：

决定：
　1. 于此日起开始计算你的工期，直到后面的暂停或竣工。
　2. 合同工期不变，由指令变更的工期不变。
　3. 停工费用由你方自负或由责任方承担。

总监理工程师：　　　　　　　　　　　年　月　日
</td></tr>
</table>

铁程管-20

工程质量事故报告单

表 8-20

工程名称：　　　　　　　　　　　　　　施工标段：　　　　　　　　　　　　　　编号：

<table>
<tr><td>
致：______________________（项目监理机构）：
　_____年_____月_____日_____时，在__________________发生工程质量事故，报告如下：

1. 事故经过及原因简要说明（详见附件）：

2. 事故性质：

3. 预计造成损失：

4. 应急措施：

5. 初步处理意见：

6. 待进行现场调查后，另作详细汇报。

承包单位（章）：

项目经理：　　　　　　　　　　　_____年_____月_____日
</td></tr>
<tr><td>
收件人__________

_____年_____月_____日
</td></tr>
</table>

注：本表一式 4 份，施工单位两份，监理单位、建设单位各 1 份。

铁程管-21

索 赔 报 审 表

表 8-21

工程名称：　　　　　　　　　　施工标段：　　　　　　　　　　编号：

<table>
<tr><td colspan="2">致________________________：
根据________合同第_____条规定，由于________________原因，我方要求索赔金额（大写）/时间________________，请予以审查批准。
索赔的详细理由及经过：

索赔金额计算：

附：证明材料

索赔单位（章）________________
索赔单位负责人________________
日　　　期________________</td></tr>
<tr><td>监理单位审核意见：

监理机构（章）________________
总监理工程师________________
日　　　期________________</td><td>建设单位意见：

建设单位（章）________________
负　责　人________________
日　　　期________________</td></tr>
</table>

铁程管-22

索 赔 审 批 表

表 8-22

工程名称：　　　　　　　　　　施工标段：　　　　　　　　　　编号：

<table>
<tr><td>致________________________：
根据施工合同条款____________的规定，你方提出的________________________费用（工期）索赔申请（编号____________），索赔（大写）________________，经我方审核：
□不同意索赔。
□同意索赔，金额为（大写）________________，工期顺延____________。
同意/不同意索赔的理由：
金额计算：

时间计算：

监理单位（章）________________
总监理工程师________________
日　　　期________________</td></tr>
<tr><td>建设单位意见：

建设单位（章）________________
负　责　人________________
日　　　期________________</td></tr>
</table>

铁程管-23

会 议 签 到 表

表 8-23

工程名称:新建向莆铁路

时　间	2008-9-12	地　　点	二分部会议室	主　持　人	蔡春海
议题	关于桩基混凝土离析问题分析与控制				
姓名	单位名称			职务	联系电话

铁程管-24

旁站监理记录表

表 8-24

工程名称:　　　　　　　　施工标段:　　　　　　　　编号:

日　期		气候		工程地点	
旁站监理部位或工序					
旁站监理开始时间		旁站监理结束时间			
施工情况:					
发现并已处理的安全质量问题:					
未完成整改的安全质量问题:					
离开施工现场时施工现状简述及要求:					
旁站监理人员__________ 日　　期__________					

铁程管-25

工 程 联 系 单

表 8-25

工程名称：　　　　　　　　施工标段：　　　　　　　　编号：

<table>
<tr><td>邀约单位：</td><td>被约单位：</td></tr>
<tr><td colspan="2">致________________：

事由与要求：

邀约单位(公章)________________
邀约单位负责人________________
日　　　　期________________</td></tr>
<tr><td colspan="2">应约单位意见：

应约单位(公章)________________
应约单位负责人________________
日　　　　期________________</td></tr>
</table>

第九章 竣工验收资料

一 总则

(1)本竣工文件的编制办法适用于高等级公路工程建设项目,力求使公路工程技术管理工作,技术资料整理规范化、统一化并尽量使编制竣工文件资料少重复。

(2)本办法根据交通部交公路发[1995]1081号文《公路工程竣工验收办法》、交公路发[1998]61号文《关于加强公路工程项目验收工作的通知》、人民交通出版社2001年9月第一版《公路工程竣工资料编制指南》以及档案管理的有关规定制定。

(3)竣工资料的表格,即为施工建设期采用的《某公路项目施工管理表格》及增加的表格,表格包括:竣工表、检查评定表、检查记录表、监理表、施工原始记录表、试验表等项目(A、B、C、D、E、F表)。

(4)在制表时只收集制定了工程上必备的常用表格并适当制定一些多用的表格,在使用过程中,如遇竣工文件的表格资料未列入的项目,可按交通部有关文件、规范的规定办理。

(5)竣工图、表应全面反映实际工程的竣工状况。

(6)凡原设计图、表涉及的内容、竣工图、表均应反映,不得遗漏。

(7)竣工文件的表格资料的A、B、C、D、E、F等表格的格式、尺寸大小及表格代号是统一确定,在使用时不准变动。有缺项时可不填,如无隧道工程,可不填隧道方面的表格,但不可改变其他表格的表格代号。

(8)为保证资料的真实性、可靠性和完整性,表格填写必须统一,数据真实、及时,字迹工整、签署齐全并加盖公章。

(9)竣工文件在编制过程中有何意见和建议请及时向贵州省交通建设工程质量监督站和某高等级公路总监理工程师办公室反映,以便补充修改。

(10)《竣工文件的表格资料》由贵州省交通建设工程质量监督站及某公路总监办负责解释。

二 竣工文件的分类及图表资料规格

(1)竣工文件分为甲、乙两种,分别装订。

甲种文件:

第一部分 综合文件

第二部分 竣工决算

乙种文件:

第三部分 竣工图表

第四部分 技术、施工文件

每个部分的文件必须单独装订成册。

(2)公路竣工文件根据项目实施的情况分为施工和监理两大序列,并按路基(含桥、隧)工程、路面工程、交通工程、绿化工程、站点建设分别编制。各合同段按施工承担的工程内容进行编制。

(3)按照档案部门立卷的要求,资料档案规格为(A4)厚度55mm以下,必须附有卷内文件目录,卷内文件目录编制式样见附件五,并逐页编写页码,图纸规格为(A3)297×420mm。

(4)所有文字部分的字体一律为楷书,除标题部分为2号字外,其余均为4号字。

(5)竣工文件字体为楷书,竣工图的封面标题为大粗号黑体,其余为小2号字。

(6)竣工图按(A3)297×420mm图幅规格提供,所有竣工图纸必须用AutoCAD制图软件进行绘制,图纸署名签章完整,并提供设计、变更、竣工数量对照表。

(7)所有通用图均按A3图幅装入竣工图中,并另册装订。

(8)竣工文件总目录的格式见附件一(册号栏由施工、监理单位编写)。

(9)各合同段必须把标段内的单位工程用表格列出,并注明所在册号。

(10)竣工文件封面按附件二、三制作。案卷外封面格式见《公路工程竣工资料编制指南》。

(11)路面工程、交通工程、绿化工程、站点建设工程的竣工文件编制内容及图表格式,以施工设计图为基础,按照路基工程的格式及编制竣工文件的有关通用规定执行。

(12)每册竣工文件的扉页与封面相同,并在文件编制单位处应有项目经理、总工程师署名签字,并加盖公章。

三 编制说明

对于各施工单位来说,竣工文件的编制工作主要集中在乙种文件,即第三部分竣工图表及第四部分技术、施工文件。为使各施工单位能按总监办要求收集齐全的各类资料准确地归档分册特编制本说明。

(1)所有文件图表资料必须按附件所列的竣工文件目录进行分类归档。

(2)"征地拆迁资料"由州、县、市征拆指挥部负责整理。

(3)"路基、路面工程交接表"由路基交工验收后转交给路面施工的主持单位负责完成。

(4)取消"竣工表"中"路地分界一览表"及"过水路堤工程一览表",竣工表中的"统一里程"是指排除长短链等因素后全线实际的起终点换算后的统一里程。

(5)竣工文件一式三份(其中原件一份)。

四 附件

1.资料表格分类

(1)按对象分类

①施工用表;②监用表;③监督用表;④试验用表

(2)按作用分类

①原始记录表;②自检表;③抽检表;④统计汇总表;⑤试验检测表;⑥管理表

2.自/抽检表填写

(1)承包商和监理单位一栏:项目部、监理部可统一打印。

(2)合同号:不需填写。

(3)编号:编号数字统一用阿拉伯数字填写(正式归档前用铅笔填写)有续页的时候可采用二级编号,如 1-1。

(4)工程名称:①对于路基:填写起止桩号+填或挖方,如 K0+100-K0+200 段路基填方;②对于桥梁:填写单位工程名称,包括中心桩号、孔径、孔跨数和结构形式,如 K1+1787-40m 预应力混凝土连续 T 梁。

(5)工程项目:填写分项工程名称。

(6)桩号及部位:填写具体桩号及分项工程名称具体部位,如路基 K1+870-K1+975 第二十层,桥梁 K1+298 3#墩 2#桩。

(7)时间填写:年、月、日不得简写,用阿拉伯数字填写,如 2009 年 6 月 20 日。

3. 监表填写

(1)监表。

(2)分项开工申请批复单。

(3)分项开工申请按分项划分情况进行整理,由施工单位申报一式两份,经驻地监理技术负责人签认后,监理存档一份,附件包括:①施工组织计划及安全保障措施和质量保证体系,以及人员、机械设备、材料的进场情况;②工程技术交底卡片;③施工放样报告单;④本分项工程所需的标准试验报告;⑤原材料检验报告及材料合格签认单和材料出厂合格证。

铁验表-1

______________竣工申请表　　　　表 9-1

建设项目名称			
申请验收范围			
工程承包单位			
施工负责人		技术负责人	
工程完成情况			
工程质量情况			
竣工文件情况			
监理单位意见			
施工单位: （章） 负责人:　年　月　日			

铁验表-2a

______初验申报表

表 9-2

第 1 页共 2 页

项 目 名 称	完 成 情 况
主体工程	
配套工程	
生产设施	
必要的生活设施	
环保、水土保持	
耕地占补措施	
劳动安全卫生设施	
消防设施	
国外新技术、设备	
竣工文件及资料	
其他	
质量监督机构意见	

铁验表-2b

______初验申报表

表 9-3

第 2 页共 2 页

需要说明的问题	
建设单位	(章) 负责人:年 月 日
监理单位	(章) 负责人:年 月 日
质量监督单位	(章) 负责人:年 月 日
审批单位意见	(章) 负责人:年 月 日

铁验表-3

_______________初验专业小组记录表　　表 9-4

项 目 名 称		专　　业	
验收范围			
验收工程数量			
质量情况			
存在问题			
小组意见			
专业组长： 专业副组长：		接管单位： 建设单位： 设计单位： 施工单位： 监理单位： 年　月　日	

铁验表-4a

_______________正式验收申报表　　表 9-5

第 1 页共 2 页

项 目 名 称	完 成 情 况
主体工程	
配套工程	
生产设施	
必要的生活设施	
环保、水土保持	
耕地占补措施	
劳动安全卫生设施	
消防设施	
国外新技术、设备	
竣工文件及资料	
其他	
质量监督机构意见	

铁验表-4b

______________正式验收申报表

表 9-6

第 2 页共 2 页

需要说明的问题	
建设单位	（章） 负责人:年　月　日
监理单位	（章） 负责人:年　月　日
质量监督单位	（章） 负责人:年　月　日
审批单位意见	（章） 负责人:年　月　日

铁验表-5a

______________竣工验收交接记录表

表 9-7

第 1 页共 2 页

建设项目名称		项目地点	
设计概算		工程决算	
开工日期		竣工日期	
验交范围 及工程数量			
存在问题			
处理意见			

铁验表-5b

______________竣工验收交接记录表

表 9-8

第 2 页共 2 页

质 量 等 级	
建设单位	（章） 代表:　　年　月　日
设计单位	（章） 代表:　　年　月　日
施工单位	（章） 代表:　　年　月　日

续上表

质量等级	
接管单位	（章） 代表：　年　月　日
监理单位	（章） 代表：　年　月　日
监督单位	（章） 代表：　年　月　日

概算及决算支出对照表

表9-9

单位：万元

决算附表一

章　节	工程及经费名称	概算额	决算额	决算与概算比较	附　注

填报单位：　　　　制表：　　　　复核：　　　　主管：　　　　年　月　日

注：该表按铁路基本建设工程设计概算编制规定章节只填写“章”、有关取费及总额。该表由建设单位填报。

建设项目名称＿＿＿＿＿＿＿＿自＿＿＿＿＿至＿＿＿＿＿

工程主要材料及人工消耗统计表

表 9-10

决算附表二

材料名称	计算单位	消耗指标		平均每公里消耗		实际消耗点概算%	附注
		概算	实际数量	概算	实际数量		
钢材	吨						
木材	立方米						
水泥	吨						
人工	万工天						

填报单位：　　　　制表：　　　　复核：　　　　主管：　　　　年　月　日

注：该表由建设单位汇总后填报。

建设项目名称________________自________至________

设计与竣工主要工程数量及投资对照表

表 9-11

（第 1 页共 2 页）

决算附表三

序号	项 目 名 称	计 算 单 位	设计、竣工主要工程数量情况				备 注
			设计	竣工	竣工与设计对比		
					增减	%	
1	运营长度	公里					
2	建筑长度	公里					
3	路基土石方	万立方					
4	路基防护圬工	万立方					
5	桥梁	座/公里					
	其中:特大桥	座/公里					
	大桥	座/公里					
	中桥	座/公里					
	小桥	座/公里					
6	涵洞	座/公里					
7	隧道及明洞	座/公里					
	其中:单线	座/公里					
	双线	座/公里					
	三线	座/公里					
8	铺轨	公里					
	其中:正线	公里					
	站线	公里					
9	通信干线线路	公里					
10	通信电缆	公里					
11	通信光缆	公里					
12	微波工程	公里					
13	无线列调	公里					
14	信号	站					
	其中:微机连锁	站					
	电气集中	站					
	色灯信号	站					
	臂板信号	站					

设计与竣工主要工程数量及投资对照表 表 9-12

（第 2 页共 2 页） 决算附表三

序号	项 目 名 称	计 算 单 位	设计、竣工主要工程数量情况				备 注
			设计	竣工	竣工与设计对比		
					增减	%	
15	自动闭塞	公里					
16	电力线	公里					
	其中：高压	公里					
	低压	公里					
	接触网	公里					
17	变配电所	个					
18	给水所	个					
19	车站	个					
	其中：枢纽	个					
	区段站	个					
	中间站	个					
	会让站	个					
	缓开站	个					
20	房屋	万平米					
	其中：生产房屋	万平米					
	生活房屋	万平米					
21	地亩	市亩					
22	拆迁工作量	万元					
23	其中：房屋	平方米					
	树木	株					
	地下管道	公里					
	电线路	公里					
24	其他						
25	投资总额	万元					

填报单位： 制表： 复核： 主管： 年 月 日

注：该表由建设单位汇总填报。

建设项目名称＿＿＿＿＿＿＿＿＿＿自＿＿＿＿＿至＿＿＿＿＿

铁路建设项目剩余工程数量及投资表

表 9-13

投资单位:万元

决算附表四

序号	项目名称	计算单位	剩余工程		备注
			数量	投资	

填报单位：　　制表：　　复核：　　主管：　　年　月　日

注:该表由建设单位汇总填报。

建设项目名称＿＿＿＿＿＿＿＿＿＿自＿＿＿＿＿至＿＿＿＿＿

工程技术条件表

表 9-14

建交-1

一、建设规模及地址	
二、铁路技术条件	
1.铁路等级	2.最小曲线半径
3.限制坡度	4.线路最高最低海拔
5.股道有效长度	6.路基宽度(路堑路基土石分写)
7.正线钢轨类型	8.站线钢轨类型
9.道床种类及尺寸	10.轨枕种类及布置
三、桥隧道技术条件	
1.地震等级	2.桥涵荷载等级
3.桥梁净空限界	4.隧道净空限界
5.最大设计洪水周期	6.最低冻结线
四、运行技术条件	
1.牵引种类	2.机车类型
3.牵引定数	4.最高行车速度
5.通过能力	6.最大最小区间
7.困难区间行车时分	8.限制速度
五、其他建筑技术条件	
1.天桥限界净空	2.最短旅客站台长度
3.房屋最高层数	4.房屋最大跨度
5.水塔最大容量	

填报单位　　　　　制表　　　　　复核　　　　　主管　　　　　年　月　日

注:该表由建设单位汇总填报。

建设项目名称____________________自__________至__________

车 站 表

表 9-15

建交-2

第 页 共 页

中心里程		站名	距离	类别	股道		线路情况		最大通过能力	列车往返时间	附属设备	备注
施工	统一				数目	有效长度	曲线半径	坡度%				

填报单位　　　　制表　　　　复核　　　　主管　　　　年　月　日

附注：1. 线路情况如系直线在曲线半径栏内写“直”字；2. 本表应根据坡度表算出二站间之列车往返时间根据运行图注明最大通过能力；3. 站台、围墙、栅栏等填在附属设备栏内；4. 煤台、三角线等设备应在备注栏内注明；5. 表中计量单位：距离为“km”；有效长度及曲线半径为“m”；最大通过能力为“对/日”；列车往返时间为“min”。

建设项目名称____________ 自________ 至________

路基加固及防护工程数量表

表 9-16

建交-3

第　页　共　页

起讫里程		位置	长度	最高高度	最大顶宽	最大底宽	体积	基础情况	建筑材料	式样	备　注
施工	统一										

填报单位　　　　制表　　　　复核　　　　主管　　　　年　月　日

附注：1. 位置栏按其在线路的“上”、“下”、“左”、“右”填写；2. 表中计量单位：长度、最大顶宽、最大底宽为“m”；体积为“m^3”；3. 新结构、新材料及试验项目在备注栏内注明。

建设项目名称____________________自__________至__________

水 准 点 表

表 1-17

建交-4-1

第 页 共 页

基点编号		高程(m)	位 置				备 注
			里程		距离(m)		
旧有	移交		施工	统一	左	右	

填报单位 制表 复核 主管 年 月 日

附注：备注栏内应注明何种基点、基点的构造材料、具体位置。

建设项目名称____________________自__________至__________

控 制 桩 表

表 9-18

建交-4-2

第　页　共　页

编号	基桩种类	位置				构造材料	备注
		里程		距离(m)			
		施工	统一	左	右		

填报单位　　　　制表　　　　复核　　　　主管　　　　年　月　日

附注:构造材料注明基桩材料种类、临时桩尺寸、永久桩草图或基根据图号等。

建设项目名称____________自________至________

统一里程与施工里程对照表

表 9-19

建交-5

第　页　共　页

统一里程	施工里程	断链(m)		断链增减累计(m)		实际长度计(km)	备注
		增长	减短	增长	减短		

填报单位　　　　制表　　　　复核　　　　主管　　　　年　月　日

附注:1. 断链处所其施工里程栏应填入相对应的两个里程,其余者仅填上半栏按统一里程每整公里列入;2. 统一里程即竣工连续里程;3. 本表仅限新建铁路填列。

建设项目名称____________________自__________至__________

铁路建设用地、青苗及拆迁建筑物补偿费清册

表 9-20

建交-6

第 页 共 页

村 名	里程及位置	类 别	单 位	数 量	单价(元)	金额(元)	领款人签字盖章	备 注

土地管理局 （章） 经办单位 （章） 负责人 经办人 年 月 日

建设项目名称____________自________至________

铁路用地界桩表

表 9-21
建交-7
第　页　共　页

原产权单位		起讫里程		宽度(m)				长度(m)	面积(市亩)
				左		右			
乡	村	统一里程	施工里程	外	内	内	外		

土地管理局　（章）　经办单位　（章）　负责人　经办人　年　月　日

建设项目名称＿＿＿＿＿＿＿＿自＿＿＿＿至＿＿＿＿

桥 梁 表

表 9-22
建交-8
第 页 共 页

编 号	中心里程		桥梁名称	孔跨及式样	全长(m)	桥跨控制因素	基础情况	备 注
	施工	统一						

填报单位： 制表： 复核： 主管： 年 月 日

附注：1.本表特大桥、大桥、中桥、小桥通用，分别在表明前加填“特大”、“大”、“中”、“小”；2.桥跨控制因素填写“梁底至最高洪水位(或路面)的高度(m)等；3.基础情况填写墩、台基础结构情况；4.调节河流建筑物、通航者、公路立交桥在备注栏内注明。

建设项目名称________________自__________至__________

钢梁挠度及振动试验表

表 9-23

建交-9

第　页　共　页

中心里程或桥名	钢梁式样	试验日期	机车类型及号码	钢梁位置	行车速度	最大挠度	为跨度之(%)	振动情况	制造工厂	备　注

填报单位：　　　　制表：　　　　复核：　　　　主管：　　　　年　月　日

建设项目名称＿＿＿＿＿＿＿＿＿＿自＿＿＿＿＿至＿＿＿＿＿

旅客天桥、地道表

表 9-24
建交-10
第　页　共　页

站名或地名	式　样	中心里程		交叉道(m)		交叉角(度分秒)	长度(m)	备　注
		施工	统一	高度	宽度			

填报单位：　　　　制表：　　　　复核：　　　　主管：　　　　年　月　日

附注：1. 交叉道高度系指轨顶至上层交叉道净空；2. 长度系指横跨轨道上之桥梁净跨；3. 天桥、地道应分开各自填表，并应表名的其他相应名称删去。

建设项目名称____________自________至________

涵 洞 表

表 9-25

建交-11

第　页　共　页

编号	中心里程		式样种类	孔数	跨度或直径	填土高	涵长	基础情况	备注
	施工	统一							

填报单位：　　　　制表：　　　　复核：　　　　主管：　　　　年　月　日

附注：1. 包括泄水洞在备注栏内说明衬砌情况及涵管曲线和坡度情况；2. 表中计量单位：跨度或直径、填土高及涵长均为“m”。

建设项目名称____________自________至________

隧道及明洞表

表 9-26
建交-12
第　页　共　页

编号	中心里程		隧道或明洞名称	长度(m)	地质情况	线路情况		备注
	施工	统一				R(m)	i(‰)	

填报单位：　　　　制表：　　　　复核：　　　　主管：　　　　年　月　日

附注：线别（单、双、三线）、明洞、辅助导洞及道床类型在备注栏内注明。R 为曲线半径，i 为线路坡度。

建设项目名称____________自________至________

正线线路上部建筑铺设材料汇总表

表 9-27

建交-13

第 页 共 页

编号	铺设标准	单位	数量	防爬器（个）	防爬支撑（个）		道碴（立方）		轨距杆（根）	备注
					木	钢筋混凝土	碎石	天然级配		

填报单位： 制表： 复核： 主管： 年 月 日

附注：铺设标准中按钢轨类型、轨枕类型、每公里轨枕铺设标准分别填写。

建设项目名称____________________自__________至__________

站线线路上部建筑铺设材料汇总表

表 9-28

建交-14

第　页　共　页

序号	铺设标准	单位	数量	防爬器（个）	防爬支撑（根）		轨距杆（根）	道岔种类								异形鱼尾板（块）	道碴（方）	
					木制	混凝土		P—	P—	P—	P—	P—	P—	P—	P—		碎石	天然级配
								1/	1/	1/	1/	1/	1/	1/	1/			
附注																		

填报单位：　　　　制表：　　　　复核：　　　　主管：　　　　年　月　日

附注：铺设标准按钢轨类型、轨枕类型、每公里轨枕铺设标准分别填写。道岔的标准及其类别、型号、左右开在相应栏目中填写清楚。

建设项目名称________自________至________

平 立 交 道 表

表 9-29

建交-15

第　页　共　页

中 心 里 程		路基中心高		线 路 情 况		平交道长 (m)	道路宽度 (m)	交叉口 (度分秒)	道 口 设 备	备　注
施工	统一	填 (m)	挖 (m)	R (m)	i (‰)					

填报单位：　　　　制表：　　　　复核：　　　　主管：　　　　年　月　日

附注：1. 路基中心高及线路情况均指铁路；2. 道口设备栏填写护轮轨道口枕木、栏杆、栅门、警标、看守房、照明、信号等设备名称及有、无人看守；3. 备注栏注明公路、人行道、立交桥的孔跨等。

建设项目名称____________ 自________ 至________

通信、信号、电力工程竣工数量表

表 9-30

建交-16

第 页 共 页

编号	设备项目名称	材料设备类型、规格、型号	单位	竣工数量					
				站	区间	变电所			

填报单位： 制表： 复核： 主管： 年 月 日

附注：1. 编号按设计文件工程数量表所列顺序填写；2. 通信、信号、电力公开各自填表，并将表中的其他相应名称删去。

建设项目名称____________________自__________至__________

房 屋 总 清 册

表 9-31

建交-17

第 页 共 页

序号	部 门	房屋名称	里程或地点	建筑面积（m^2）	层数	跨度（m）	吊车吨位（t）	建筑结构特征								备 注
								基础类型	结构类型	吊车梁	屋顶结构	屋面构造	围护结构	地面	室内装修	

填报单位： 制表： 复核： 主管： 年 月 日

附注：1. 本表按生产、生活房屋分类填写；2. 备注栏填写地下室、暖通空通、给排水、消防等情况。

建设项目名称____________ 自________ 至________

机务运转整备设备表

表 9-32

建交-18

第　页　共　页

编号	设置地点	设备类别	设备名称	规格型号	单位	数量	备注

填报单位：　　　　制表：　　　　复核：　　　　主管：　　　　年　月　日

附注：1. 本表按设置地点和设备类别顺序排列；2. 设备类别按上煤、上水、清灰、给沙、转头、给油、机车清刷、灰坑、检查坑等填写。

建设项目名称＿＿＿＿＿＿＿＿＿＿自＿＿＿＿＿至＿＿＿＿＿

给水排水设备数量汇总表

表 9-33
建交-19
第　页　共　页

给水站名	给水站间距离	水源							给水机械								水塔或山上水槽				水鹤				吸水导管		送水管		配水管		给水栓			备注
									原动机				扬水机																					
		种类	构造	口径	深度	涌水量	水质硬度	其他	种类	尺寸	马力	如数	种类	尺寸	扬水能力	台数	种类	构造	容量	有效水头	位置	型式	口径	数量	口径	长度	口径	长度	口径	长度	用途	口径	数量	

填报单位：　　　　制表：　　　　复核：　　　　主管：　　　　年　月　日

附注：1. 水源其他栏对于采用天然水或其他水源时填写取水设备情况；2. 水鹤位置栏，填写“站内”“机务段内”；3. 对于没有净软水设备或消毒设备者，可在备注栏内注明；4. 表中计量单位：口径除水源栏为“m”外，其余均匀为“cm”；水源涌水量为“m^3/d”；有效水头及长度为“m”；容量为“m^3”；扬水能为“m^3/h”。

建设项目名称____________________自__________至__________

电气化设备表

表 9-34

建交-20

第　页　共　页

设备名称	规格型号	台　数	备　注

填报单位：　　　　制表：　　　　复核：　　　　主管：　　　　年　月　日

附注：先填主要设备，后填附属设备。附属设备及简要记事在备注栏内注明。

建设项目名称____________________自__________至__________

接触网主要工程数量表

表 9-35
建交-21
第　页　共　页

区间或车站名称：			
亘长公里：			
钢筋混凝土 支柱和铁路	支柱	铁塔	合计
拉线			
绝缘子	棒式	悬式	合计
软横跨、硬横跨	软横跨	硬横跨	合计
腕臂			
隧道悬挂点			
承力索	类别	锚段	延长公里
接触导线	类别	锚段	延长公里
接触网隔离开关			
避雷器			
地线			
吸流变压器			
馈电线			

填报单位：　　　　制表：　　　　复核：　　　　主管：　　　　年　月　日

建设项目名称____________________自__________至__________

送电线路数量表

表 9-36

建交-22

第　页　共　页

序　号	干 线 名 称	单　位	数　　量
1	明线亘长公里		
2	电缆亘长公里		
3	受电点		
4	电柱总数量		
5	拉线总数量		
6	绝缘子总数量		
7	横担总数量		
8	电线种类及延长公里		
9	隔离开关总数量		
10	避雷器		

填报单位：　　　　制表：　　　　复核：　　　　主管：　　　　年　月　日

建设项目名称＿＿＿＿＿＿＿＿＿＿自＿＿＿＿＿至＿＿＿＿＿

配电线路数量表

表 9-37

建交-23

第 页 共 页

高压电线路长度						公里
亘长	架空		电缆		合计	
延长	架空				合计	
低压电线路长度						公里
亘长	架空		电缆		合计	
延长	架空				合计	
电杆数量合计						
电杆	木杆		钢筋混凝土杆		铁杆	
灯塔	钢筋混凝土塔		铁塔		合 计	
横担	高压		低压		合计	
绝缘子	高压		低压		合计	
开关	高压油开关及复合开关		高压隔离开关		高压熔断器	
	低压开关箱					
避雷器						
变压器容量及台数						
外灯	投光灯		其他		合计	
用户设备	电灯	kW	动力	kW	合计	
电压	高压		低压			
电源						
备注：						

填报单位：　　　　制表：　　　　复核：　　　　主管：　　　　年　月　日

附注：高压电线路长度中包括与低压线共同架设部分，低压电线路长度中不包括与庙坟线共同架设部分。

建设项目名称____________________自__________至__________

燃料设备表

表 9-38

建交-24

第　页　共　页

设置地点	名　称	说　明	面积(m^2)	备　注

填报单位：　　　　制表：　　　　复核：　　　　主管：　　　　年　月　日

附注：本表填写燃料厂、储煤厂、卸煤装置加油站等。

建设项目名称__________自________至________

标准、非标准机械设备表

表 9-39

建交-25

第　页　共　页

序　号	机械设备名称	规 格 型 号	单　位	数　量	主要附属品	使 用 处 所	备　注

填报单位：　　制表：　　复核：　　主管：　　年　月　日

附注：1. 本表按配属站段分别填写，本表包括养路及装卸机械；2. 国家统一分配标准设备和非标准设备分别填表。

建设项目名称____________________自__________至__________

消防、环保、安全、医药卫生、空调设备表

表 9-40

建交-26

第　页　共　页

序　号	设备名称	规格型号	单　位	数　量	备　注

填报单位：　　　制表：　　　复核：　　　主管：　　　年　月　日

附注：消防、环保、安全、医药卫生、空调设备分别填写本表，并将表名中的其他相应名称删去。

铁路建设项目用地、拆迁及各项补偿全部完结结案表

表 9-41
建交-27

<table>
<tr><td>铁路建设项目名称</td><td></td></tr>
<tr><td>建设项目审批文号</td><td></td></tr>
<tr><td>建设项目设计依据文号</td><td></td></tr>
<tr><td>建设单位</td><td></td></tr>
<tr><td>设计单位</td><td></td></tr>
<tr><td>施工单位</td><td></td></tr>
<tr><td>接管单位</td><td></td></tr>
<tr><td>建设项目位置或里程</td><td></td></tr>
<tr><td>土地原所属县(市)名称</td><td></td></tr>
<tr><td colspan="2">建设、施工单位意见：

（章）
年　月　日</td></tr>
<tr><td colspan="2">县(市)土地管理部门意见：

（章）
年　月　日</td></tr>
<tr><td colspan="2">县(市)人民政府意见：

（章）
年　月　日</td></tr>
</table>

建设项目名称____________ 自______ 至______

铁路建设补充耗地及交纳开垦费清册

表 9-42

建交-28

第　页　共　页

村　名	里程及位置	占用耕地类别	面积（m^2）	补充耕地情况		开垦费(元)		备　注
				平方米	地点	单价	金额	

土地管理局：　（章）　经办单位：　（章）　负责人：　经办人：　年　月

曲 线 表

表 9-43

建交-29

建设项目名称：________________第________页 共________页

曲线号数	起讫里程				偏角（°）	圆曲线半径（m）	切线长度（m）	圆曲线长度（m）	缓和曲线长度（m）	备 注
	ZH 或 ZY		HZ 或 YZ							
	施工	交工	施工	交工						
1	2	3	4	5	6	7	8	9	10	11

制表：　　　　复核：　　　　技术负责人：　　　　年　月　日

附注：偏角应分别“左”“右”冠于度数之前。

坡 度 表

表 9-44
建交-30

建设项目名称：＿＿＿＿＿＿＿＿第＿＿＿＿页 共＿＿＿＿页

里程		转折点高程（m）	距离（m）	坡度（‰）			竖曲线长度（m）	备注
施工	交工			上	平	下		
1	2	3	4	5	6	7	8	9

制表： 复核： 技术负责人： 年 月 日

线 路 标 志 表

表 9-45

建交-31

建设项目名称：　　　　第　页　共　页

标志名称：							
里程		单位	数量	埋设位置	正面所对方向	构造材料	备　注
施工	交工						
1	2	3	4	5	6	7	8

制表：　　　复核：　　　技术负责人：　　　年　月　日

附注：线路上各种标志，应分别列表填注。

建设项目名称____________________自__________至__________

铁路建设项目竣工文件交接清单

表 9-46

第　页共　页

序　号	竣工文件名称	交 接 数 量	备　　注

移交单位：　　　　经办人：　　　　接收单位：　　　　经办人：

参考文献

[1] 中华人民共和国交通部. JTG B01—2003 公路工程技术标准[S]. 北京:人民交通出版社,2003.

[2] 中华人民共和国建设部. CJJ 37—1990 城市道路设计规范[S]. 北京:中国建筑工业出版社,1991.

[3] 姚祖康等. 道路路基和路面工程[M]. 上海:同济大学出版社,1994.

[4] 中华人民共和国交通部. JTG G10—2006 公路工程施工监理规范[S]. 北京:人民交通出版社,2006.

[5] 中华人民共和国交通部. JTG F10—2006 公路路基施工技术规范[S]. 北京:人民交通出版社,2006.

[6] 中华人民共和国交通部. JTG F80/1—2004 公路工程质量检验评定标准[S]. 北京:人民交通出版社,2004.

[7] 王德元. 中国建设项目审计指南[M]. 北京:中国计划出版社出版,1997.

[8] 夏红光等. 公路工程资料编制与填写范例[M]. 北京:地震出版社,2006.

[9] 邓学钧. 路基路面工程[M]. 北京:人民交通出版社,2000.